地下结构最优化方法

汤永净　主编

同濟大學出版社
TONGJI UNIVERSITY PRESS

内 容 提 要

本书是《地下工程》教材在地下结构优化设计方面的延伸。全书以地下工程优化技术为中心课题，详细阐述了各种优化方法的基本思想和理论依据，并在对比分析地下结构不同优化方法的基础之上引入较多工程应用例题，对各类实际问题进行了示范解答，尽力使读者在较短时间内掌握本书所涉及的内容。

本书内容涵盖结构优化设计的基本概念，地下结构的主要类型，传统优化方法、智能优化方法、数值模拟方法在地下结构优化中的应用，以及工程综合应用案例。

本书适合高等学校地下建筑工程及相关专业师生使用，也可供有关工程技术人员参考。

图书在版编目(CIP)数据

地下结构最优化方法 / 汤永净主编. —上海：同济大学出版社，2019.12

ISBN 978-7-5608-8809-5

Ⅰ.①地… Ⅱ.①汤… Ⅲ.①地下建筑物—结构最优化—结构设计 Ⅳ.①TU93

中国版本图书馆 CIP 数据核字(2019)第 252062 号

地下结构最优化方法

汤永净 **主编**

责任编辑 张智中 **责任校对** 徐春莲 **封面设计** 钱如潺

出版发行 同济大学出版社 www.tongjipress.com.cn

(地址：上海市四平路 1239 号 邮编：200092 电话：021-65985622)

经 销 全国各地新华书店

排 版 南京文脉图文设计制作有限公司

印 刷 大丰科星印刷有限责任公司

开 本 787 mm×1092 mm 1/16

印 张 15.25

字 数 381 000

版 次 2019 年 12 月第 1 版 2019 年 12 月第 1 次印刷

书 号 ISBN 978-7-5608-8809-5

定 价 59.00 元

前　言

本书是作者长年从事教学和科研的结晶，全书以地下工程优化技术为中心课题，详细阐述了各种优化方法的基本思想和理论依据，并在此基础上引入一定数量的工程应用例题，对各类实际问题进行了示范解答。通过学习本书，读者能系统、全面地掌握地下工程优化技术的基本知识、理论方法和相关应用，为以后深入学习、研究地下工程相关领域奠定基础。

本书撰写遵循先进性、科学性和适用性原则。先进性体现在将传统优化算法与有限元分析方法对比融合，方便学生自主学习，并且均与实际工程应用联系起来，具有很强的实践性；科学性体现在教学内容和教学目的两方面，将二者巧妙且严密地组织起来形成一个有序的知识系统，力求全书结构科学合理，正确处理了本门课程教材体系与其他课程体系之间的关系，考虑到与其他课程的衔接；适用性体现在针对学生的培养目标、课程教学要求，力求教材的编排符合认知规律，具有启发性，有利于对学生知识能力和素质的培养。

随着计算机技术的高速发展，以及计算机技术与土木工程行业的高度融合，智能计算已成为土木工程专业现代计算方法中不可缺少的部分。鉴于此，本书将智能计算方法引入地下结构最优化方法之中，并着重介绍智能计算方法的性能、设计思路、实施方案以及实际应用中的注意事项，而对于这些方法如何模仿人的智能或自然规律方面，仅在绪论中加以简略讨论，在其余各章则偶尔提及。这样的处理方式必然要忽略掉许多重大、深入且有趣的课题，但有利于在有限的篇幅内，把智能计算方法的特性与用法阐述得更为清楚。这一点对于将智能计算作为一种方法来解决问题，而不是作为一种理论来进行深入研究的大多数理工科学生和科研工作者来说，也许更为实用和迫切。书中引用了作者的一些相关研究成果和论著。

本书以地下结构最优化为目的，以结构整体或各阶段目标为导向进行结构分析；以数学模型的建立、传统及现代优化算法的选择、算法的实现、对优化结果进行合理的验证为基本步骤。具有以下特色：

(1) 内容精炼，具有代表性。在算法的介绍中，尽量选取相对简单但具有鲜明特点和代表性的算法，以小见大，对类似的一系列算法进行说明。

(2) 注重算法的工程应用和可操作性。本书力求与实际工程相结合，除引用大量的工程应用例题外，还系统介绍了大型工程软件 MATLAB 最优化工具箱的使用方法，以及相关典型工程设计实例的求解过程。

全书共 6 章，其中，第 1 章，第 2 章，第 4 章和第 6 章由汤永净编写，第 3 章由于品编写，

第 5 章由李航编写,秦海洋参与全书的插图、文字整理工作。

本书由同济大学研究生教材建设项目(2019JC16)资助出版,在编写过程中,得到同济大学土木工程学院蔡永昌教授及张洁教授的大力支持,特在此表示诚挚的感谢!

限于作者学识,书中难免有疏漏和不妥之处,恳请使用本书的老师、学生与其他读者给予批评指正。

编　者

2019 年 8 月

目　　录

第 1 章 结构优化设计的基本概念

人们已熟知传统的地下结构设计，而结构优化设计的思想方法与传统的结构设计完全不同。因此，本章的任务首先是阐明结构优化设计与传统的结构设计的区别；然后建立结构优化设计的数学模型；据此介绍求解一个实际地下工程优化问题的主要步骤。

1.1 结构设计和结构优化设计

传统的结构设计，实际上指的是地下结构分析，其过程大致是假设—分析—校核—重新设计。重新设计的目的是要选择一个合理的方案，但它只属"分析"的范畴，且只能凭设计者的经验，作很少的几次尝试，以通过"校核"为满足。

结构优化设计指的是地下结构综合，其过程大致是假设—分析—搜索—最优设计。搜索过程也是修改设计的过程，这种修改是按一定的优化方法使设计方案达到"最佳"的目标，是一种主动的、有规则的搜索过程，并以达到预定的"最优"目标为满足。

下面举一个简单的例子来说明。图 1-1 为一重力式挡土墙，墙高 $H=4.6$ m，挡土墙墙体容重为 22 kN/m^3，挡土墙内所填土渣容重为 17 kN/m^3，库仑主动土压力系数为 0.357，挡土墙基底对地基的摩擦系数为 0.5，地基允许承载力为 190 kPa。基底最大和最小压应力分别为 80.5 kPa 和 39.9 kPa。要求抗滑安全系数大于 1.3，抗倾覆安全系数大于 1.5，墙基最大应力小于地基允许承载力，最大应力与最小应力之比小于 2.5，墙顶宽大于 0.5 m。问如何确定墙顶的宽度 B_1 和墙底的宽度 B_2？

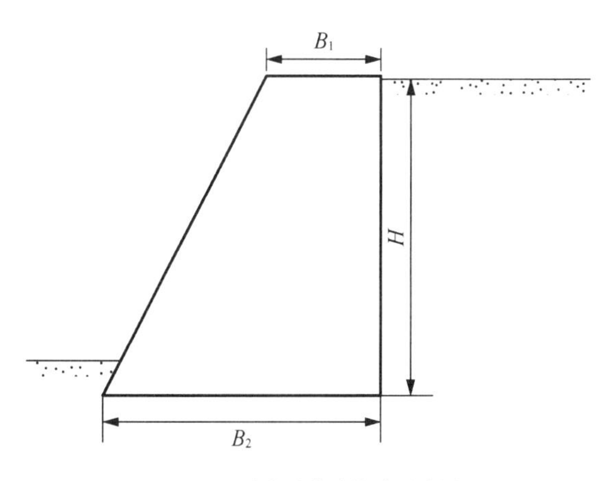

图 1-1　重力垂直式挡墙示意图

传统的设计是按挡土墙的材料重度及挡土墙外土体的重度和力学性能等，进行地基承载力计算及稳定性验算。一般是凭经验或多次试算来确定。可按抗滑稳定要求，$\frac{(B_2+B_1)\gamma_k\mu}{\gamma_c H^2 K_a} \geqslant 1.3$，先确定一个 B_1（或 B_2），再确定 B_2（或 B_1）。之后，验算其他需要满足的条件，如果满足，设计任务就告完成；如不满足，则需另外选择一组 B_1，B_2 再行校核。根据设计经验，进行有限次选择后，总能得出既满足地基承载力、又满足稳定性要求的挡土墙顶面和底面的宽度。这里可以看出，传统的结构设计没有把设计所追求的目标与应满足的条件有机地联系起来。因此，一般地说，得出的不一定是最优设计。结构优化设计则是从另一角度提出问题：由已知条件 $B_1 \geqslant 0.5$，B_2 可以有无数组组合，但其中必有一组组合既满足地基承载力要求，又满足稳定性要求，且断面面积最小，也就是最优的截面。由于结构优化设计把设计所追求的目标（断面面积最小）与应满足的条件有机地结合起来，用优化方法去搜索，直至达到最优的目标，因此得到的是最优设计。

为求挡土墙断面面积最小，把断面面积表示为关于变量 B_1，B_2 的函数：

$$S=(B_1+B_2)\times H/2 \tag{1.1.1}$$

若赋予 S 以一系列确定的值，则由方程式(1.1.1)，可以在 B_1，B_2 设计空间中得一等值曲线族。由于墙的最轻设计应同时满足上述地基承载力和稳定性要求。因此，最小断面的等值线应位于可行区域的极限位置。最优设计点相应的断面面积 S^*、墙顶宽度 B_1^*、墙底宽度 B_2^* 分别为

$$S^*=7.59\ \mathrm{m}^2,\ B_1^*=0.53\ \mathrm{m},\ B_2^*=2.77\ \mathrm{m}$$

若将 $B_1 \geqslant 0.5$ m 的几何约束条件改为 $B_1 \geqslant 0.6$ m，则断面最小的优化设计点将会发生变化。在这种情况下，相应的断面面积 S^*，墙顶宽度 B_1^*，墙底宽度 B_2^* 分别为

$$S^*=7.68\ \mathrm{m}^2,\ B_1^*=0.60\ \mathrm{m},\ B_2^*=2.74\ \mathrm{m}$$

上例说明：

1）约束条件变了，最优点一般也要发生变化。

2）最优点总位于某一或某些不等式约束成为等式约束的边界上。

十分明显，传统的结构设计只要在可行域中任意取一点都符合设计要求。但“设计”一词本身包含有“优化”的意思，一个设计者总想把设计做得既安全、又经济，光凭经验显然是不能达到这个目的的。结构优化设计则要求在可行域内用优化方法去搜索所有的设计方案，并从中找出最优设计方案。结构优化设计与传统的结构设计一样，都满足有关规范的一切条件，因而完全具有规范所规定的安全度；结构设计是一种仅从经验出发的被动校核，而结构优化设计是经验与优化理论相结合的主动搜索。

1.2 结构优化设计的数学表达式

我们将 1.1 节列举的挡土墙例子进行结构优化设计，可以写成如下数学形式：

$$
\left.\begin{array}{ll}
\text{求设计变量} & B_1,\ B_2 \\
\text{使目标函数} & S=(B_1+B_2)\times H/2 \rightarrow \min \\
\text{且满足地基承载力约束} & \dfrac{B_1^2\gamma_k H+\gamma_c H^3 K_a}{B_2^2}\leqslant 1.2\sigma \\
 & \dfrac{B_1^2\gamma_k H+\gamma_c H^3 K_a}{(B_2^2+B_1B_2-B_1^2)\gamma_k H-\gamma_c H^3 K_a}\leqslant 2.5 \\
\text{抗滑稳定约束} & \dfrac{(B_2+B_1)\gamma_k\mu}{\gamma_c H^2 K_a}\geqslant 1.3 \\
\text{抗倾覆稳定约束} & \dfrac{(2B_2^2+2B_1B_2-B_1^2)\gamma_k}{\gamma_c H^2 K_a}\geqslant 1.5 \\
\text{界限约束} & B_1\geqslant 0.5
\end{array}\right\} \tag{1.2.1}
$$

式中　B_1，B_2—— 挡土墙顶、底宽度；

γ_k—— 挡土墙墙体容重；

γ_c—— 挡土墙内所填土渣容重；

H—— 挡土墙高度；

K_a—— 库仑主动土压力系数；

μ—— 挡土墙基底对地基的摩擦系数；

σ ——地基允许承载力。

若令

$$
x_1=B_1,\ x_2=B_2,\ X=(x_1,\ x_2)^{\mathrm{T}}
$$

$$
f(X)=f(x_1,\ x_2)=S(B_1,\ B_2)
$$

并用 $g(X)\leqslant 0$ 统一表示约束条件，于是式(1.2.1)可以表示成如下数学形式：

$$
\left.\begin{array}{ll}
\text{求} & X=(x_1\quad x_2)^{\mathrm{T}} \\
\min & f(X) \\
\text{s.t.} & g_j(X)\leqslant 0\quad (j=1,\ 2,\ \cdots,\ m) \\
 & x_1\geqslant a_1,\ x_2\geqslant a_2
\end{array}\right\} \tag{1.2.2}
$$

式(1.2.2)即为结构优化设计的一般数学表达式。从这个数学表达式中，可以看出结构优化设计有三大要素：设计变量、目标函数和约束条件。

1. 设计变量

一个地下结构设计的方案是用若干个变量来描述的。以基坑工程为例，这些变量可以是各个构件的截面尺寸、面积、惯性矩等设计截面的几何参数，也可以是柱的高度、梁的间距、拱的矢高和节点坐标等结构总体的几何参数，以及诸如材料的弹性模量、混凝土标号等选用材料的参数。这些参数中的一部分是按照某些具体要求给定的，它们在优化设计过程中始终保持不变，称为预定参数；另一部分在优化设计过程中可视为变量，称为设计变量。式(1.2.1)中，γ_k，γ_c，μ，K_a 和 H 保持不变，称为预定参数；B_1，B_2 则为设计变量。关于设计变量，可以是连续的，也可以是离散跳跃的。遇到离散的设计变量，如结构中有关尺寸要符合模数的要求，为了简化计算，有时可以权宜地视为连续变量，而在最后决定方案时，再选择最接近的离散值。

为了方便矩阵运算，可以用设计向量表示，n 维设计变量，即

$$\boldsymbol{X}=(x_1 \quad x_2 \quad \cdots \quad x_n)^{\mathrm{T}} \tag{1.2.3}$$

一个设计向量代表一个设计方案，它的 n 个分量可以组成一个设计空间。于是，一个设计向量在相应的设计空间中可用一个点表示，这个点在设计空间中的 n 个坐标也就是这个向量的 n 维分量。

2. 目标函数

目标函数有时称价值函数，它是设计变量的函数。有时设计变量本身是函数，则目标函数所表示的是泛函。

目标函数是用来作为选择"最佳设计"的标准的，故应代表设计中某个最重要的特征，大多数结构设计将结构最轻取为目标。如果结构的造价和维护费用等能够确切定量，而且"经济"是工程的主要矛盾时，则应进行最经济设计。但也有这种情况，材料的重量并不是矛盾的主要方面，在设计中主要需突出某一性能：如对长桩吊点位置的优化中，选择最好的吊点位置，使长桩在吊运、吊立过程中桩的最大内力（弯矩 M）最小。总之，目标函数随着问题的要求不同，表现的形式也是不一样的，因此，对具体情况需要进行具体分析。

在某些设计中，可能出现两个以上的目标，这时可以采取：

(1) 构造一个复合的目标函数。

(2) 对目标函数之一加上限制并把它当作一个约束。

3. 约束条件

在结构设计中应该遵循的条件称为约束条件。约束条件大体上可以分为以下三类：

(1) 结构静力分析中的平衡方程、变形协调方程，动力分析中的运动方程，等等。这类约束都呈现为等式约束。

(2) 保证结构正常工作的强度、刚度和稳定条件，即对应力和位移的限制。呈现为≤类的不等式约束。

(3) 满足设计规范的有关要求，如在钢筋混凝土隧道衬砌的优化设计中，要满足最小厚度、最小配筋率等构造要求，这类约束可以是≤类的不等式约束，也可以是≥类的不等式约束。有时称它为界限约束。

满足约束方程 $g_j(X)=0$ 的 X 值的集合在设计空间内形成一个超曲面。这个超曲面的意义是：把设计空间分成两部分，一部分 $g_j(X)\leqslant 0$ 构成可行区域；另一部分 $g_j(X)>0$ 是不可行区域。结构优化设计就是在可行区域内（包括边界点），寻找使目标函数 $f(X)$ 最优的设计向量 $\boldsymbol{X}^*$。

1.3 实际工程最优化的步骤

对一个实际问题进行最优化，我们往往不是通过直接对实际系统进行试验获得最优解。而往往是通过另外一条路径，实际系统→模型→模型最优化→实际系统最优化→实际系统，它

是首先对实际系统建模，然后在计算机上对系统模型最优化，再把模型的最优解转换成相应的有物理意义的项予以实现。求解一个实际工程最优化问题，大致可分为下列六个主要步骤：

1）确定实际问题的最优化数学模型。

2）求解的准备。这一步的主要工作是：对问题与模型作些简单修正，把它调整成计算机运算所需的形式，避免一些潜在的数值计算困难，提高计算的有效性，识别一些能指导实际计算的模型结构特征。

3）选择一个合适的最优化算法。

4）为所选的算法准备一个有效的计算机执行策略。

5）在计算机上进行运算，对问题和算法的参数进行必要的调整，求出数值解。

6）用实际系统对所得的可靠解进行解释，并且执行这个解。

上面各步中，最费时间与经费的是数学模型的建立、求解的准备，以及在计算机上进行最初的调试工作。遗憾的是，这几方面的知识是一些不容易区别、分析和讲授的技艺，掌握它们的较好方法是从实践中学习，并对过去成功和失败的经验作出仔细的分析。至于最优化算法的计算机程序，在大多数的工程应用中，都是使用经过考核的现成软件，可以从已有的程序库中获得，也可以向软件公司购买或租用。

在应用最优化技术时，对这门技术在工程设计中所起的作用要有全面的评估。工程设计从广义上讲，可指在工程项目中，为追求某些立项目标而进行的各种决策，所以它不仅包括对新产品、新系统的设计，而且也包括了对已有设备与过程的改造、调优，以及工程计划的制订等方面。在工程设计中，如果能有效地使用最优化技术，一般能很大程度地缩短工程设计的时间，产生一些有较大改进、效率较高、能获得明显经济效益的决策。但是有一点很重要，作为一个工程决策者必须理解：工程最优化技术是在实际问题模型化的基础上运用计算机数值计算技术来得到决策的，因而得到的几乎总是近似的最优设计，极少会得到绝对的最优设计，盲目地追求绝对“最优”，最终得到的往往是最优“最大”的失望。比较切合实际的认识是，与传统设计通常只能产生可行设计方案相比，工程最优化技术是一种使用比较简便、能很大程度上提高设计效率和水平、产生较优设计的工具。

这里就几个在最优化实践中较为重要的问题给出一些使用指南与建议。

1.3.1 建立实际问题的数学模型

在解决实际优化问题时，最重要的一步是建立该问题的数学模型，这一步将决定所得的解是否具有物理意义，以及最终是否可以得到工程实现。如前所述，最优化问题的数学模型由三个部分组成：目标函数（性能指标）、独立变量和约束。为了能真实地反映客观事物，总是希望模型尽可能的详细，然而经费、时间、人力等方面的耗费，会随模型的详细程度的增加而急剧增加，所以实际模型的详细程度是受许多条件限制的，应该结合具体问题的性质和可以获得的信息的质量来决定。例如，当一个输入输出模型就能满足要求时，就不必去开发一个详细的动态操作模型；当可得的数据较少且不太可靠时，开发一个复杂的模型是没有用处的；另一方面，由于优化是针对模型进行的，而不是直接对实际系统进行的，所以模型也不能太粗糙、太简单，否则不能很好地逼近真实系统的最优状态。

1.3.1.1 模型的类型及选择

解决一个系统的最优化问题，投入最多的就是建模，因为它首先要求建模者对实际系统进行深入的调查和分析，并找出主要应解决的问题。因而建模时必须选择实际系统的主要方面，而对次要方面则应做必要的忽略，必须确认哪些假设成立，选择适当的模型形式，以及模型产生的方法。应该说建模的花费将随着模型的复杂程度而增长，因此，有必要进行合理的分析与判断，选择适当的模型细节描述的标准，使其与研究的目的和有关系的信息相适应。

模型方面的工作隐含着一定程度的随意性。同一个问题，不同的人来建模在形式上可能有很大的不同。然而，对同一系统不同形式的模型，无论它们多么详细多么复杂，没有一个包含非线性函数的模型，只有在它更精确地表达了实际系统时，才比线性函数的模型好。

选择什么样的模型有相当程度的主观性，比如一个模型可能在某一方面比另一模型精确，但在另一方面却又没有那个模型精确。在这种情况下，可以选择一个总体上看比另一模型精度为低的模型，但在某个重要的子系统中却有很高的精度，因为最优化的目标往往是对某一个方面感兴趣。例如对基坑工程设计优化，关心的是造价和进度。在这种情况下，没有必要去追求整个系统模型的力、变形、稳定性大小具有什么样的高要求，对它们只要求其满足某些约束即可。

应注意的一点是:模型和它所代表的系统之间的联系，最多是一些貌似正确的关系，模型只是实际系统的简化，没有绝对的标准，建模总是存在主观的判断，存在对实际系统特性的直觉因素。因此常常存在这样的情况，对一个系统模型及其细节的描述标准，不同的人有不同的看法。建模的过程中，要求彻底掌握被建模系统的特性，必须知道基于模型要素的工程方面的原则，而且解决最优化设计问题时，要掌握求得一个可行解的所有计算方面的问题。

一个已知输入输出的静态模型已能满足要求，那就没有必要去建立一个对象的动态模型。当用于估计模型参数的量测数据少而且不可靠时，去建立一个复杂的模型也就没有必要了。另一方面，由于我们是对模型进行优化，而并不直接对系统进行最优化，假若模型过于简单，以致不能代表实际系统的近似最优解，这种简化也是没有意义的。

因而模型的详细程度应该适中，即应与我们的要求相适应。然而，要实现这个目标却是很困难的。利用前人的研究成果可以对某些特定类型系统模型的复杂程度预先有个适当的估计。但对找不到前人研究成果的问题，就很难做到这点，这时可采用一个简单的方法，即交替建模与优化的方法，先从一个最简单的模型开始，直到模型的最优解逐步逼近要求的精度。然而这是一个费力的处理方法，有时所耗费的时间和费用是不能容忍的。因而一个通常的方法是，选择一个适当的设计人员熟悉的模型，和一个以前曾经用过的最优化方法去解决。

当然，有时把一个问题建成特殊的模型形式是必要的，比如建成一个非线性规划问题的形式，建模时还必须记住可用的各种最优化方法的潜在能力和局限性。显然，把一个非线性规划问题的维数估计为能用市场上线性规划软件所能解决问题的维数是不适当的。当然维数的大小服从于对问题的要求。

在工程最优化中常用的模型有下面所述的三种类型。

1. 面向方程的大模型

这类模型由基本的物理平衡和能量平衡方程、工程设计关系、物理性质方程组成，汇集成显式的方程组和不等式组。原则上方程中可以含有积分或微积分运算。但是，实践中最好的办法是用求积公式或近似方法将这些项消去，使模型变为纯代数运算。由于面向方程的模型是用基本工程原理来描述系统的特性的，所以它们的有效范围比下面所述的响应曲面模型更宽。

2. 响应曲面模型

这类模型的建立方法是：先选择一个具有某种形式的方程组，方程组中含有一些未知系数，然后使用直接或间接测量得到的系统响应数据去拟合这些系数，得到一组表示整个系统或它的组成部分的近似方程。如果对系统的响应理解不透，或系统响应太复杂以致不可能从基本工程原理出发构造精细的模型时，可使用响应曲面模型。这种模型有简化结构的优点，但是它们通常只在系统变量的有限取值范围内有效。

3. 面向过程或面向模拟的模型

这类模型是把描述系统特性的基本方程安排成分离的一些模块或子程序组，每个模块或子程序是独立的单位，代表设备的特殊部件或一组与系统状态变化有关的活动，内部可以含有方程求解、积分或逻辑分支等数值步骤。在方程含有隐式确定变量而求值复杂、在选择一个计算步骤或适当方程的逻辑块受到系统状态的限制或在模型必须涉及蒙特卡罗(Monte Carlo)采样技术的随机因素时，常使用这类模型。一般来说，它们比前两类复杂得多，通常需要更大量的计算机资源。

在多数场合，模型的选择取决于三个因素：可从系统获得信息的程度，对发生在系统内部现象的理解程度和系统本身内在的复杂性，有条件时应优先采用面向方程的模型，因为用传统的非线性规划技术处理是最方便的。尽管面向过程的模型允许方程递归块的特殊处理，有时可以更有效一些，但在存取中间因变量的值，对它们施加限制，以及交换自变量和因变量的作用等方面是不够方便的。

1.3.1.2　变量的选择原则

在一个最优化设计问题中，变量是影响设计质量的可变参数，变量太多，将使问题变得十分复杂，而变量太少，则涉及的自由度少，优化的程度就差，甚至导出不符合实际的结论。所以要结合具体问题，合理地选定变量。在满足设计要求的前提下，应减少次要的变量，使问题简化。在有状态方程(等式约束)时，变量可分为控制(设计、决策)变量和状态变量，其中控制变量是真正的自变量，必须使它们之间相互独立，否则由于相互之间存在的交互作用，会给优化带来困难。独立的控制变量个数就是设计的自由度。

控制变量应选择对目标函数影响较大的变量，并尽量采用具有物理意义的无因次量，这样不仅便于计算，更主要的是对同类的工程设计问题具有通用性。

1.3.1.3　确定目标函数的原则

目标函数是评价设计方案好坏的标准，一般来说，目标函数可以表示为问题变量的解析表达式，这时可用解析法或直接法进行优化。但有时也存在无法把目标函数表示成变量的解析表达式的情形，这时需要在调优过程中，通过各种方式获得数据，采用直接法进行优化。

通常的设计所追求的目标往往不止一个，应选择其中主要的作为目标函数，其余的列为约束函数。目标函数可以是一个，也可以是多个，但应尽量使目标函数的数目少一些。

1.3.1.4　确定约束条件的原则

约束条件是变量取值范围的限制条件，有等式与不等式两种，它是评定设计方案可行或不可行的标准。为了确定约束就要了解工艺过程，与传统设计相比，这种了解需要更深入更透彻，必须把各种可能发生的故障与危险情形都包括到约束中去。当然，不必要的限制必须去掉，否则将使可行域变小，缩小了设计的范围，影响到最优化的结果。由于大多数最优化算法在无等式约束时运行得较好，所以在规定等式约束时要更为慎重一些。

1.3.2　求解前的准备与分析

有了实际系统数学模型后，就应该做好准备，以便使用适当的优化算法顺利求解问题。如：设法消除可能出现的数值计算障碍、增加计算的有效性以及分析和识别某些对解题有指导意义的数学模型结构上的特征。

在建模以后，准备工作基本包括下面三种工作：

1）修改模型，以避免数值计算中出现困难。

2）改写模型，以提高解题效率。

3）分析模型，以了解解的特性。

1.3.2.1　消除计算上的困难（消除数值计算的障碍）

寻优过程中，数值计算上的困难会导致寻优过程过早地结束，其原因有下面四种情况：

1）定标不当。

2）函数和微分程序不一致。

3）不可微的模型成分。

4）不恰当的变量限制。

大多数情况下，通过仔细分析模型，这些问题都可以发现，并通过简单的修改消除这些问题。

定标指的是被优化模型中该出现数的相对大小。变量的定标指模型变量的相对值；约束定标指的是每个约束的相对值，即灵敏度。理想的情况是，模型中所有的变量应该定标使其值落在0.1～10的范围内。这就能保证搜索方向向量和拟牛顿修正向量有一个合理的值。如果一些变量在估计的近似解处落在这个定标的范围之外，可把它们乘以一个合适的常数，使之回到定标范围之内，并用得到的新变量代替原相应的变量。

在多数情形下，这些障碍可通过对模型的仔细分析辨认出来，然后对问题做简单的修正，把它们消除。

1. 数学模型的尺度变换

尺度变化的方法有多种，最简单的是将变量或函数乘以一个常数，变为一个新变量或新函数，使新变量或函数有一个好的尺度。

例如新的变量可取为

$$X_i'=k_i x_i \quad (i=1, \cdots, n) \tag{1.3.1}$$

式中,常数 k_i 可取初始值的倒数,即

$$k_i = \frac{1}{x_i(0)} \quad (i=1,\ \cdots,\ n) \tag{1.3.2}$$

这样,当初始点 $x(0)$ 选得靠近最优点 x^* 时,$x_i^{(1)}(i=1,\ \cdots,\ n)$ 的值均在1附近变化。

又如,在最优点$[1,\ 1]^{\mathrm{T}}$ 附近的点$[1.1,\ 1.0]^{\mathrm{T}}$ 处考察两个数量级相差很大的约束

$$\begin{cases} h_1(x) = x_1 + x_2 - 2 = 0 \\ h_2(x) = 10^6 x_1 - 0.9 \times 10^6 x_2 - 10^5 = 0 \end{cases} \tag{1.3.3}$$

这时,约束函数值为

$$h_1(1.1,\ 1.0) = 0.1,$$
$$h_2(1.1,\ 1.0) = 10^5$$

显然,二者对变量数值变化的灵敏度相差很大,这将导致二者在惩罚函数中的作用也相差甚远,灵敏度高的约束在优化过程中将首先得到满足,而灵敏度低的却几乎得不到考虑。为了避免这种不正常的情况,应使各个约束规格化,使它们具有相近的量级。为此可将某些约束除以各自的一个常数,使约束值均接近于 0.1～10 之间。例如上例第二个约束除以 10^6,尺度变换后的新约束为

$$\begin{cases} h_1(x) = x_1 + x_2 - 2 = 0 \\ h_2'(x) = \dfrac{h_2(x)^6}{10} = x_1 - 0.9x_2 - 0.1 = 0 \end{cases} \tag{1.3.4}$$

这时,有 $h_2'(1.1,\ 1.0) = 0.1$。

2. 函数与导数值之间的不一致

数值计算有时会使函数值与导数值之间产生不一致性,并且可能会不易察觉地加剧。严重时,会使计算机运行产生错误,所以是一种隐伏的危险。检查函数和梯度值的不一致性的最简单方法是用函数值的差分计算梯度,并且把它与由倒数子程序产生的解析梯度作比较。为了避免这类故障,许多有实际经验的专业人员,总是用函数值的数值差分来计算梯度。但是,一般地讲,使用解析梯度的计算效率要高一些。

3. 函数的不可微性

最常见的函数不可微的两种形式为:条件语句(按照变量或函数的不同取值去执行不同的表达式或模型的不同部分)和最大、最小运算。一般说,在求条件语句转换点附近处的数值梯度或求 max, min 运算的数值梯度时会引起不可微的故障。max 或 min 运算可以用多个不等式来代替,例如

$$g(x) = \max(g_j(x);\ j=1,\ \cdots,\ j) \tag{1.3.5}$$

可以用

$$g(x) = y \geqslant g_j(x);\ j=1,\ \cdots,\ j \tag{1.3.6}$$

替代。但是,如果一个模型广泛使用条件表达式,那么最好用一个不使用梯度值的算法。

4. 在定义区域内求函数值

引起计算机中断运算的一个很普遍原因是在函数的无定义区域中求它的值。可是这一点却经常被人忽略了。在工程模型中形如 $[g(x)]^b$, $\log[g(x)]$[其中 $g(x)$ 为 x 的表达式]的项是十分常见的,如果在优化过程中允许 $g(x)$ 取负或零值,则会发生程序中断。为了避免这个问题,有许多实用的方法,例如在求值前加一条逻辑语句,使变量的值大于某个小正数时,才进行求值运算;或者在模型中加上约束 $g(x) \geqslant \varepsilon > 0$,其中 ε 是某个小容差值。这两种方法中,前一种更实用些,因为不少算法允许搜索暂时进入不可行区域中。

类似的,研究约束关于变量变化值的灵敏度,并在解的估计处评价约束都是很简单的。作为检验,我们可以在解的估计处检验约束的变化率矩阵的元素。一般地说,最好的情况是,所有的约束对变量的变化值有相近的灵敏度,且约束梯度有相同的取值范围,这将保证约束的违反机会是均等的,也将保证约束 Jacobian 矩阵的运算不会产生计算误差。如果不是上述情况,一个补救的方法是用一个合适的变量乘以约束函数,使约束值落在 0.1~10 的范围内,或使约束梯度的元素落在 0.1~10 的范围之内。

1.3.2.2 增加计算的有效性

非线性最优化问题的难度是按变量数和约束数的指数方式递增的。约束方面的规律为:非线性约束比线性约束难,等式约束比不等式约束难。所以在准备阶段,应尝试将模型重新调整,减少约束数(特别是非线性约束数)和减少变量数。可以通过函数和变量的变换、去掉多余的约束以及从某些等式约束中解出部分变量的办法进行这种调整。

1.3.2.3 分析问题的结构特征

问题结构上的某些特征有时会对解过程起重要作用。这些特征是凸性、可行域的有界性、解的唯一性和可行点的存在性。尽管这些概念的本身显得有些抽象和偏于理论,但是,它们的确具有重要的实践意义,所以适当做些努力去辨识它们是很有价值的。

1. 凸性

如果已知问题是个凸规划,那么第一,可保证一个 Kuhn-Tucker(K-T)点将是全局最优点;第二,可以从一个相当宽的范围内选择求解算法,并可期望所用的通用算法的收敛性会比用于非凸情形更好。从另一方面来看,如果已知问题是非凸的,那么就必须在求解过程中准备处理可能有多个局部最优解出现的情形。证明一个问题具有凸性是比较麻烦的,通常先从反面证明给定问题是非凸的,因为后者的判别有时很简单,例如只要问题中存在非线性等式约束,则可肯定是该问题是非凸的。如果问题中没有非线性等式约束,那么就应该检验不等式约束的凸性。有两种常用的检验方法:一种是基于 Hesse 矩阵的正定性;另一种是将函数分界为几个凸函数之和。两种方法都应从最简单的非线性不等式开始检验,越复杂的越放在后面检查,这样可提高检验效率。这种排查的方法是基于假设:多数工程问题是非凸的,以及通过检查比较简单的非线性不等式就可确定问题的非凸性。上述假设是比较现实的。

2. 有界性

在工程实施中,最优化问题总会有一些起平衡作用的因素,在任一个设计变量可能变为任意大或任意小之前,某些技术或经济因素将会阻止它的这种变化。但是在进行最优化求解计算时，使用的是实际系统的近似模型，由于建立模型时有意或无意地删去了实际系统的某些因素或限制，所以这种模型可能会十分简单地产生了不符合实际的无界解。通过直接检查模型往往可以识别出无界的情况，并且总可在所有的变量上加上合理的上、下界限，去防止无界情况的出现。当然一定要避免产生多余的约束。

3. 解的唯一性

在问题分析中，第三个重点是判明问题具有不唯一的解或者存在多个局部最优解的可能性。一般，一个凸规划问题只有一个最优的目标函数值，但是可以在一系列的点处取这个最优值。因而，尽管凸性保证了一个总体最优值，但是不能保证有唯一解。此外，为了使问题具有一个以上的局部最优值，它必须是非凸的，但是非凸性不足以保证必定有多个局部最优值。所以，为了检查问题是否有非唯一解和是否可能有多个局部解，除了凸性试验外，还需要进行附加的分析。

通常，非唯一解的发生是模型的人工产物而不是实际系统的固有特色。因为在工程应用中总是存在多个局部解的威胁，可是又难于确认它们的实际存在性，所以在应用研究中有一种趋向是忽略这个问题。就事实而论，问题是现实的，除非能够证明多个局部最优不可能存在，否则总是需要讨论它的。在进行求解以前对非唯一解和多个局部解的可能性进行分析是有用的。

4. 可行性

最后一个要点是应该对所建模型进行可行性检验。在经过问题的准备和分析各阶段后，可以导出一个数值稳定、有界和无多余部分的数学模型，然而这样的模型还有可能由于计算误差和数据的质量或数量不够，造成问题中的约束把所有的可能解都排除在外。所以不管所选的最优算法是否需要一个可行的初始点，这时必须再次检查模型，用逐点逐段的方式进行，直至找出错误的来源，把模型修整得完善、合理。如果可以生成一个初始点，而且在所生成的点处（也可以是多个点）各变量值显得是合理的，那么就可继续往下进行求解了，并且可以对获得较好的优化效果抱有一定的信心。

1.3.3　在计算机上求解问题的某些实用指南

1.3.3.1　选择最优化方法的原则

各种方法都有其各自的优缺点，选择最优化方法总的原则是：

1）尽可能多地使用可以合理提供的导数信息，使用的信息越多，方法的效果越好。当然这里所指的合理性很重要，如果导数计算不方便，那么随着复杂性的增加，可靠性就会降低，就需使用不需要导数值的方法。

例如，根据这条原则，在选择无约束最优化方法时选用的次序为：牛顿型、拟牛顿型（变尺度型）、共轭梯度型、不用导数的直接法（例如单纯形搜索法等）。当然方法的适用范围的大小，其次序与上述的正好相反。

2）尽可能使最优化问题的结构特征得到最大利用。

例如，对大规模问题，首先考虑它是否具有稀疏性。若有，则尽可能地采用稀疏离散 Newtown 法那一类方法；否则选用共轭梯度型的方法。

又如，选择约束非线性问题的解法时，首先要考虑问题的本身是否要求迭代点必须为可行点。

3）根据可靠的计算软件的可得性及工程问题的时间紧迫性选用不同算法。

如果单纯是为了某个具体问题的应用，一般都选用市场或计算机程序库的成熟软件，这样可节省大量开发软件的时间，如果得不到现成的软件，工程的时间要求又很紧迫，这时可选用容易编制与调试程序的算法，例如 Monte Carlo 方法等。

1.3.3.2 选择算法时应考虑问题的哪些特性？

要考虑的主要几点为：变量数、变量的取值范围、问题中函数的可微性、函数与导数值计算的有效性、大规模问题的稀疏性、约束数与变量数的比较，以及是否出现非线性等式约束、问题的函数在可行域之外值是否可求、是否有意义。

1.3.3.3 选用专用方法还是通用方法

从概念上讲，专用技术的计算速度、精度等方面，通常是优于通用方法的，因而，如果需要反复求解相同类型的问题，就应该考虑采用专用技术。但是，对于只解一次的问题来说，把它作为一个具有特殊结构的问题用专门的方法求解，从由研究问题具有何种特殊结构、选用有关的专用算法、准备相应的程序与所需的输入数据、上机计算等构成的解题全过程来看，可能要比作为一个一般问题用通用方法求解，耗费工程技术人员更多的时间、精力与费用。

1.3.3.4 开始要尽量简单

解题应当从简单的数学模型和程序做起，在简单的情形已能正常工作后，逐步增加复杂性。这样的做法比较容易发现问题，避免错误和绕过困难。例如，存在一些整数变量，开始时可以把它们处理为连续变量；开始使用格式较粗的输出，在各项输出内容已正确无误时，再将输出格式修改的细致、完善；在最基本的软件包已调试通过后，再往里面引入附加的可以有选择的内容；开始运行程序时，先使用程序提供的缺省值(Default)，这种参数值最“安全”，最有代表性。

1.3.3.5 问题运行失败时该注意之点

假如首次最优化的运行是结合一个实际问题进行的，运行的结果是问题不能收敛。那么最优化运行失败的表现形式可能为：初始点是不可行的，迭代点根本没有产生移动；迭代点已经移动了某些距离，但在不可行点处停了下来；迭代点在可行域中移动，但在一个明显的非最优点处停顿下来。

造成上例各种失败的原因可能是：

1）初始点是不可行的，问题在不可行初始点处是病态的。

2）初始点是不可行的，最优化算法又不能很好地处理不可行初始点。

3）问题对于所用的特殊最优化算法而言是病态的。

4）问题的约束过多，以致无可行解存在，或者问题被约束得太紧，使可行域很小。

解决故障的方法：首先需要打印输出该算法最后所得的目标函数、约束函数和各个变量的值，由这些值可以看出失败是属于哪一种表现形式的。如果迭代停止在不可行域中，这时，故障可能是由于问题的约束过多或者问题被约束得太紧造成的。建议首先验证故障产生的原因，放松有关的约束。从最后的打印输出中可看出哪些是没有被满足的约束，这给出了应该放松哪些约束的线索。这可以分成几步来做，直到算法有希望使迭代点移入可行域。如果这样做后仍不能正常运行，则应该更换初始点和试用别的最优化策略；如果失败的表现形式为初始点不可行的，迭代点根本没有产生移动，则另一种解决的方法采用合适的方法求出一个可行初始点。因而求解将分成两个阶段，第一阶段是用一个方法求出可行点，第二阶段可能要用另一个方法求出最优点。如果失败的形式为在一个明显的非最优点处停顿下来，迭代停止在可行域中，这种故障很可能是对所用的算法而言，问题是病态的，至少在部分范围内是这样的。这时，应该使用不同的算法，通过调整算法中所含的可调参数(例如步长等)有可能得到某些改进，但不一定有明显的效果。

1.3.3.6　检验达到的解是否为全局解的实用方法

寻找一个全局最优解不仅是由于它是最好的可行解，而且是由于在研究参数对解的影响时，如果产生多个局部最优解，那么会使研究结果的解释发生严重的混乱。例如，有一组参数使算法结束于某个局部最优值上，而另一组参数使算法结束于另一个不同的局部最优值上，这就很难说明参数变化对解的真实影响。显然，如果在所有的情况下都只能找到全局最优值，那么解释上的混乱就不会存在。

如果是个凸规划，就能保证所得的解是全局解，但是这样的情况很少。实践中最成功、使用最广泛的策略就是全局最优值。当然这里存在一个可信度的问题，运行次数越多，目标函数的一致性越好，所得结果的可信度也越高。如果多次运行得到的目标函数值和变量值都大致相同，则可认为问题具有唯一解；如果目标函数值大致相同，而某些变量值却相差较大，则可认为问题具有不唯一解；目标函数值一致性不好，则可以认为问题具有多个局部最优值。

不同初始点的选取，可使用确定性的格点法，也可使用随机性的取样法。

寻找全局最优的策略是当前的一个研究课题，已有不少研究报告发表，可是至今尚未有一个简单有效的方法，一些较有理论依据的方法大都需要在很严格的条件下才能使用，并且往往需要十分大的计算量，以致除了变量数很小的问题外，一般都不能实际应用。

1.3.4　计算结果的分析和评价

一旦数值解已求得，似乎工程最优化问题已经完成，事实上并非如此。一个好的工程设计人员，并不完全信任数学结果，通常还要根据经验与判断力进一步检查所得的数值解是否合理。在大多数的工程最优化中，最重要的部分为：证实解的有效性以及灵敏度分析，而不是数学求解的本身，求得的解只能作为这个重要部分的基础；最有用的信息也并不是数值解本身，而是这个解附近区域中的系统状态。最优化真正要达到的目的是回答下列这些问题：①在数值解处哪些约束是起作用的？②目标函数中哪一些价值项起支配作用？③该解对参数变化的灵敏度是怎样的？这是因为其作用的约束将指出哪些系统资源是受限制的，或者哪些设计要求限制了系统的进一步改进。价值项的大小将指出组成系统价值的哪些成分应进一步推敲改进。解对模型参数变化的灵敏度将指明哪些参数的估计值需要进一步提高精度。

1.3.4.1 证实解的有效性

本节谈到一个解是有效的，其含义为：这个解是所研究系统的一个可实现的状态，并且是最优状态。

如果一个数学模型已非常好地代表了真实系统，那么它必定含有适当的约束，以确保其在数学上的可行性，当且仅当它是物理上可行的或者说是可实现的。但是，所有的数学模型都是在一定的限制条件下才能使用，所有的相关关系都有一个有效范围；所有的数据都只有有限的精度；以及所有的优化算法的收敛终止准则都不可能完美无缺，等等，所以必须对所得的数值解重新评价。

首先要检查所得的解是否超出了能够使用模型的限制条件，如果超出了这些条件，那么解就不一定有效，这时就应该增加约束，保证所得解能满足这些条件，并且重新进行最优化运行。

几乎所有实际问题的最优点都位于一个或多个不等式约束的边界上，所以该点处的约束函数值至少有一个(近似)等于零。如果所有的约束函数值都不(近似)等于零，这似乎收敛性还未达到，这时应该以这个解为初始点继续进行优化迭代。也可以换用别的初始点或别的方法重新进行计算。如果所有的约束函数值仍然全不接近于零，则应仔细检查原因，并考虑数学模型或最优化过程是否有误。

一旦解的可实现性得到证实，接着要验证它作为系统最优解的合理性。这种验证不是从数学上证明此解满足最优性的充分必要条件，而是从实际意义上解释它，说明它为什么是最优的。如果一个解释是可信的，那么必定可从定性角度，甚至于是从直观的意义上有根据地说明所得变量的合理性。

1.3.4.2 灵敏度分析

1) 确定解对模型参数或假设的变化的敏感程度称为灵敏度分析。进行灵敏度分析的原因为要找出最优解非常敏感的一个或多个参数。如果这样的参数存在，则花些时间与精力改变响应的系统特征可能是很值得的。例如，发现最优解对劳动力的可得性(这是系统受到的一个约束)非常敏感，则有可能通过加班增加劳动力的可得性，来增加整个系统的利益。

2) 为了改进总的实施效果，需要提取对系统进行增补和修改的信息。例如有关增加新的产生能力或中间储备的信息。

3) 为了弄清楚不精确的已知参数变化对系统的影响。某些模型参数可能是很不精确的。灵敏度分析可以指出，是否值得花费资源去求得这些参数更精确的估计值。换句话说，有些参数的精度最初显得关键，经灵敏度分析后才弄清它们的精度并不重要，从而不必作进一步的改进。

4) 为了掌握不可控的外部参数的变化对系统可能产生的影响。某些系统的输入，例如产品的需要量，可能是系统外部的不可控量。灵敏度将给出产品需要量对利润的影响之估计值，因而允许管理人员去确定经济利润率的幅度。

由于这类信息在实现一个解的过程中对实际系统是如此重要，所以在许多情况下，详细的灵敏度分析要比实际最优解本身更有价值。

灵敏度的信息通常是通过两种方法提取得到的：根据拉格朗日乘子的取值情况和通过

参数分析运行。

在工程最优化设计中，总是希望尽可能地缩小实际情况与理论计算之间的差距，总是希望避免因起作用约束的某些变动而引起对设计结果的较大影响以至于使这项设计不能使用，这就要求灵敏度越低越好。

对于实际工程来说，灵敏度分析具有经济意义。因为它能定量地显示出该项设计能有多大的富裕量和安全系数，也能估计出对设计的某些修改所取得的效果，从而使设计节省不必要的投资，获得更好的经济效益。

灵敏度的信息也可通过参数分析得到。其主要思想为：当求出最优点后，有规律地改变最优解中某个变量的值，而暂时固定其余的变量，研究该变量偏离最优点对目标函数及有关性能的影响。该研究所观察的方案不是最优的，研究的目的在于观察某些设计变量偏离最优点后所造成的后果。因此大都用于在方案确定后的研制深化过程中，对控制各参数值起指导作用，并为修改设计时提供参考。

对约束函数和目标函数中的各个参数，也可以进行类似的分析，研究某个参数时，取一定的间隔改变数值，每一次改变会构成一个新问题，求出该问题的最优解。然后比较这一系列最优解的差别，从中看出该参数的变动对最优化结果的影响。

最优化求解过程绝不仅仅是一个程序包的运行，它需要对实际问题本身、模型和算法等方面进行仔细考虑。

1.4　地上结构优化与地下结构优化的联系与区别

本书主要探讨地下结构最优化问题，在建立数学模型和求解时需要考虑地下结构的特点。虽然地下结构与地上结构在优化过程中所采用的优化方法相同，但地下结构因赋存于岩土体中使得问题不确定因素多，结构模型需要考虑岩土体与结构相互作用，岩土体中参数变化大，且难以确定。地下结构具有以下典型特点。

1. 地层自稳能力

地下结构处在地层之中，不像地面结构处在空气介质之中，修建中和建成后要受到地层的作用，受到地层的自重、变形和振动的作用，粗看起来地层是个荷载，但观察大量天然洞室和模型实验，表明地层不单纯是荷载，各类地层有不同程度的自承载能力。当洞室形成时，地层在垂直和水平方向出现临空面，在两个方向均有一定的自稳范围和自稳时间，随着地层种类和构造的不同，其自稳范围和自稳时间在一个很大范围内变化，地下结构如何形成，就是要充分利用或改善地层的自稳范围和自稳时间的大小。

2. 在受荷状态下建造

地下结构不同于地面结构的另一个突出之点，是地面结构建好后受载，地下结构是在受载状态下构筑。地下结构虽在总体上讲是在受载下构筑，而在每一个部件形成时，仍然是构筑后受载。地下工程往往是一个大的空间体系，承受地层实体对人工开挖形成地下空间的作用，在形成过程中都是与地层共同作用构成小空间体系，由小的逐步变化为大的工程要求的空间体系，每一小阶段地下结构修建时都要利用地层的自承载能力。另一方面要说明的是地下结构替代地层实体形成地下空间时，洞室上层的岩体自重产生变形将其作用通过两侧岩体传递到洞室的下部地层，这实际上表明在洞室周围存在着围岩承载环。

3. 地下结构替代地层实体

由于地下工程是以地下结构内含空间替代地层实体，在替代过程中是在某一范围和时间内依赖地层的自承载力逐步实现的，地下结构的刚度无论如何都没有地层实体大，而且中间还要进行由实体到空间的转换，所以这一过程不可避免地要使围岩产生变形。建设者的任务就是将这一变形控制在允许的范围内，完全不变形是不可能的，过小的变形也会带来造价的增高。

4. 松散的连续体

地层包含土体和岩体，除特别软弱的土层需要予以加固之外，考虑它的自承载能力，和围岩承载环特性，一般看成为松散的连续体，进行地下结构的设计计算需有足够的安全度。不利组合可能形成局部的大位移和大应力，不能按连续体处理。

5. 地下含水层对地下结构的影响

含水地层的状态往往对地下建筑和结构产生巨大的影响，绝大部分塌方和滑坡都与水有关，要了解地下水的分布情况，弄清水压和水量，注意地下水状况的变化而带来地层参数的变化，特别是岩体夹层参数的变化，采取相应的结构和防排水措施。

6. 锚喷承载环

锚喷结构的出现，带来地下结构设计和施工的巨大变革，它的重要特点是及时和深入到岩层内加固围岩。锚杆初始的概念是锚头伸入全承载环内，垫板在围岩表面，松动圈或塌落拱内的岩体通过喷射混凝土层—锚杆—承载环。可以说新奥法和挪威法都是在这种结构基础上发展的。锚喷结构的发展，实际中也出现全长灌浆的短而密的锚杆，锚杆的长度没有伸入到承载环内；它是通过改善松动圈或塌落拱内岩体的参数使围岩稳定的。

7. 严格的施工程序

考虑到上述特点，地下结构的形成过程，是一个逐步的、有序的替代过程，因此地下结构的施工步骤要有严格的工程程序。

8. 设计和施工模式

地下结构处在地层中，地质条件在设计时只能提供一个概略资料，许多因素是未知的，只有在施工过程中才能逐步揭露和了解地质状况。另外还有些因素随着施工进程变化，如地层位移、流变和地壳运动（如地震）等，都随时间有一个明显或不明显的变化。因此地下结构的设计和施工一般有一个特殊的模式，即设计→施工及监测→信息反馈→修改设计→修改或加固施工→建成后还需有一段时间的监测。

1.5 地下埋管结构优化设计例题

地下埋管广泛地应用于市政、交通、水利、冶金以及能源等部门，钢筋混凝土管在地下给排水工程中占据重要地位。我国地下埋管工程的建设也具有悠久的历史，随着经济的发展，我国大部分地区工业、农业和生活用水出现紧张趋势，水资源短缺已成为制约当地经济发展的主要因素。因此许多大规模、远距离的管道供水工程正在酝酿或设计施工中。

埋管按埋设方式大致可分为沟埋式、上埋式和隧道式三类。

沟埋式是指在天然地面或老填土上开挖较深的沟槽，然后将管道放至沟底，再回填土料并分层加以夯实。上埋式是指在开阔平坦的地面上直接铺设管道，然后在上面覆土夯实的情况，它又称为地面堆土埋管。在管道施工中，为了保证道路或渠堤的完整性，或为避免大开挖对地面建筑的破坏以及影响交通等问题，有时采用顶管法或盾构法。

1. 设计变量

地下埋管结构的优化设计一般是在埋管内径、内水压力和地面荷载等已确定的条件下，对埋管壁厚度和环向配筋量进行优化计算，从而确定最经济安全的管壁厚度和环向配筋率。因此，一般取埋管管壁厚度 x_1，内层环向钢筋配筋率 x_2、外层环向钢筋配筋率 x_3 为设计变量。

2. 目标函数

对于钢筋混凝土结构来说，钢筋和混凝土两种材料在资源上和价格上有较大的差距，如果使重量最轻，得出的优化设计势必是截面很小，钢筋很密的结构，这显然在造价上是不经济的，施工上也不方便。因此，一般选用结构造价作为目标函数。

在地下埋管的优化设计中，为简化目标函数，将混凝土和环向配筋的费用作为设计变量，而其他因素如箍筋、架立筋、构造筋、模板、施工及敷设费用等，在整个优化设计过程中变化微小，可以作为设计常量，所以目标函数为

$$F(X)=C_c\pi[(R+x_1)^2-R^2]+C_s\gamma_s 2\pi[(R+a)x_2x_1+(R+x_1-a)x_3x_1] \tag{1.5.1}$$

式中　C_c ——混凝土单价，元/m^3；

C_s ——钢筋单价，元/t；

γ_s ——钢筋容重，t/m^3；

a ——混凝土保护层厚度，m；

R ——钢筋混凝土管内半径，m。

3. 地下埋管优化设计的约束条件

1）几何约束

根据钢筋布置，施工和使用要求，对设计变量所加的限制为

$$T_{\min}\leqslant x_1\leqslant T_{\max},\ \rho_{\min}\leqslant x_2\leqslant\rho_{\max},\ \rho_{\min}\leqslant x_3\leqslant\rho_{\max} \tag{1.5.2}$$

式中，$T_{\max}$，$T_{\min}$ 为管壁允许最大、最小厚度，对于低压钢筋混凝土管道可取 $T_{\min}=0.12d$，d 为管内直径。

2）应力约束

考虑在最不利荷载组合条件下，地下埋管三个控制截面(顶管 A、管侧 B、管底 C 上各控制点的环向应力，均限制在许可应力范围内，即

$$\sigma_t\leqslant[\sigma_t],\ |\sigma_c|\leqslant[\sigma_c] \tag{1.5.3}$$

式中　σ ——控制点实际环向应力；

$[\sigma_t]$，$[\sigma_c]$ ——混凝土容许拉、压应力，混凝土抗拉强度一般为极限抗压强度的1/10左右。

对于地下钢筋混凝土压力水管来说，在正常使用状态下，不允许出现裂缝，钢筋与混凝

土之间始终保持共同变形，钢筋的应力水平不高，远远低于钢筋的抗拉极限强度，因此在应力约束条件中无须再加入对钢筋应力的强度约束。

3）变形约束

钢筋混凝土管属于刚性管，当其横截面形状改变量不超过0.1%管径时，一般不会出现裂缝。为了限制裂缝开展，则须满足

$$\Delta \leqslant 0.1\% D \tag{1.5.4}$$

式中 Δ——管直径方向最大变形；

D——管道平均直径。

4. 优化计算模型

根据以上分析，地下埋管结构优化设计的数学模型可表示为

求设计变量 $$X = [x_1, x_2, x_3]^T \tag{1.5.5}$$

使目标函数极小化

$$\min F(X) = C_c \pi [(R + x_1)^2 - R^2] + C_s \gamma_s 2\pi [(R + a) x_2 x_1 + (R + x_1 - a) x_3 x_1]$$

满足约束条件

$$\begin{aligned} & T_{\min} \leqslant x_1 \leqslant T_{\max} \\ & \rho_{\min} \leqslant x_2 \leqslant \rho_{\max} \\ & \rho_{\min} \leqslant x_3 \leqslant \rho_{\max} \\ & \sigma_t \leqslant [\sigma_t] \\ & |\sigma_c| \leqslant [\sigma_c] \\ & \Delta \leqslant 0.1\% D \end{aligned} \tag{1.5.6}$$

5. 地下埋管优化设计实例

1）基本资料

某一上埋式地下钢筋混凝土管道（图1-2）。管内直径 $d=200$ cm，均匀内水压力 $p_0=50.0$ kPa，管顶回填土高度 $H_0=3.8$ m；混凝土采用C25级，钢筋采用Ⅱ级，双筋布置，混凝土保护层厚 $a=35$ cm。

地基：$E=80.0$ MPa（硬基），$\mu=0.25$。

基础：采用弧形刚性混凝土座垫，$E=2.80\times10^4$ MPa，$\mu=0.167$，$\gamma_c=25$ kN/m^3，其中心包角 $2\alpha=90°$。

埋管混凝土：$E=2.80\times10^4$ MPa，$\mu=0.167$，$\gamma_c=25$ kN/m^3，混凝土单价 $C_c=500$ 元/m^3。

钢筋：$E=2.0\times10^5$ MPa，$\gamma_s=78$ kN/m^3，钢筋单价 $C_s=3\ 000$ 元/t。

回填土：$E=10.0$ MPa，$\mu=0.35$，$\gamma=18.0$ kN/m^3。

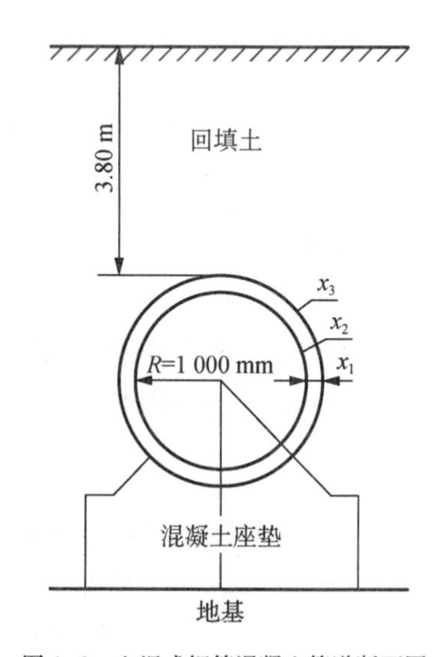

图1-2　上埋式钢筋混凝土管道断面图

约束条件:包括几何约束、应力约束和变形约束。

(1) 几何约束

管壁厚度　　$200\ \text{mm} \leqslant x_1 \leqslant 300\ \text{mm}$

内层环向钢筋配筋率　　$0.4\% \leqslant x_2 \leqslant 2.5\%$

外层环向钢筋配筋率　　$0.4\% \leqslant x_3 \leqslant 2.5\%$

(2) 应力约束

$$\sigma_t \leqslant [\sigma_c] = 1.75\ \text{MPa}, \ |\sigma_c| \leqslant [\sigma_c] = 17.0\ \text{MPa}$$

(3) 变形约束

$$\Delta \leqslant 0.1\% D$$

2) 优化模型

依据前述模型及基本资料,得到相应优化数学模型如下:

求设计变量　　$X = [x_1 \quad x_2 \quad x_3]^T$

目标函数极小化

$$\begin{aligned} \min F(X) &= C_c \pi [(R + x_1)^2 - R^2] + C_s \gamma_s 2\pi [(R + a) x_2 x_1 + (R + x_1 - a) x_3 x_1] \\ &= 500\pi (x_1^2 + 2x_1) + 39\,000\pi [1.035 x_2 x_1 + (0.965 + x_1) x_3 x_1] \end{aligned}$$

满足约束条件

管壁厚度　　$200\ \text{mm} \leqslant x_1 \leqslant 300\ \text{mm}$

内层环向钢筋配筋率　　$0.4\% \leqslant x_2 \leqslant 2.5\%$

外层环向钢筋配筋率　　$0.4\% \leqslant x_3 \leqslant 2.5\%$

应力　　$\sigma_t \leqslant 1.75\ \text{MPa}, \ |\sigma_c| \leqslant 17.0\ \text{MPa}$

变形约束　　$\Delta \leqslant 0.1\% D$

3) 优化结果求解及结果分析

根据以上优化设计模型,经过优化计算,得到的最终优化设计方案如表1-1所示。初始方案也列入表中以便对比。

表1-1　优化方案及与初始方案的对比

设计方案	管壁厚度 x_1/mm	内层环向配筋率 x_2/%	外层环向配筋率 x_3/%	工程造价 F/元
初始方案	250	1.50	1.50	1 917
优化方案	272	0.60	0.55	1 404

由表1-1可以看出,初始设计方案的工程造价 F=1 917元,优化方案的工程造价 F=1 404元,下降了513元,节约了26.7%。对于固定管内径的地下埋管,其管壁厚度与环向配筋率,主要是根据强度及抗裂要求来确定的。在优化方案中,虽然管壁厚度增加了,但配筋率减小了,致使总的工程造价下降了。由此可见,优化设计对工程造价的降低具有其重要的实际意义。

第 2 章
地下结构的主要类型

2.1 地下连续墙

2.1.1 概述

40 多年前,地下连续墙技术首先在意大利被使用。在软土工程施工中,这类技术主要在建造大楼地下室、地下电站、地铁车站、盾构或顶管工作井、引水或排水隧道、地下停车场、大型无水泵站及各类深基础结构物时用作基坑开挖的临时围护结构,有时也兼作永久主体结构的组成部分。

按成槽方式可将地下连续墙分为桩排式、壁式和组合式三类;按挖槽方式可分为抓斗式、冲击式和回转式等类型。

根据地下连续墙在地下工程中的作用与受力工况,通常应对其强度、变形、稳定性、接头构造、防渗漏等内容进行设计与计算。地下连续墙各工况在水平和竖向荷载作用下,其强度应能满足截面承载力与竖向地基承载力的要求;其变形应能满足墙体水平变形和竖向变形的要求;其稳定性应能满足整体稳定性、抗倾覆稳定性、坑底抗隆起稳定性、抗渗流稳定性的安全要求;其接头构造应能满足整体刚度及抗渗漏水的要求。

1. 地下连续墙的厚度

地下连续墙的厚度应根据地下连续墙体的抗渗要求、成槽机械的规格、墙体的受力和变形计算等综合因素决定。常用现浇地下连续墙厚度有 0.6 m, 0.8 m, 1.0 m, 1.2 m 四种。

2. 地下连续墙的单幅槽段长度

地下连续墙单元槽段的平面形状和槽段长度,应根据墙段的结构受力特性、槽壁稳定性、环境条件和施工条件等因素综合确定。单元槽段的平面形状有一字形、L 形、T 形、折板形、π 形等,单元槽段又可组合成格形或圆筒形等形式。现浇地下连续墙一字型的长度不宜大于 6 m, L 形、T 形、π 形等槽段各肢长度总和不宜大于 6 m。部分地下连续墙平面结构形式如图 2-1 所示。

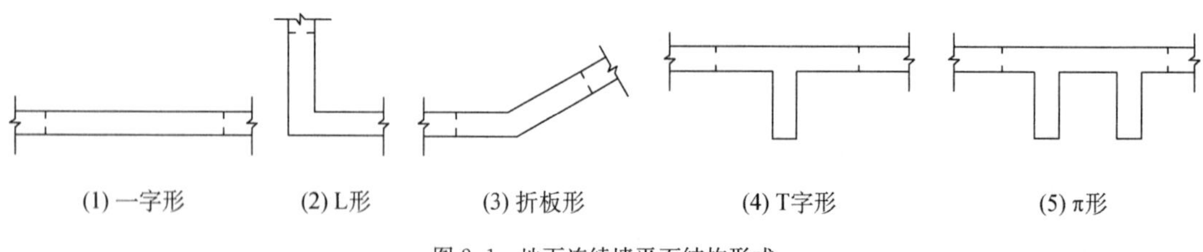

图 2-1 地下连续墙平面结构形式

3. 地下连续墙的入土深度

地下连续墙在地下工程中既承受水土压力，又是隔水帷幕，其入土深度应根据实际工程的挖深，工程地质水文地质条件、受力状态、围护安全、防渗要求，经过各项稳定性分析后合理确定地下连续墙的入土深度。

4. 地下连续墙的接头形式

地下连续墙槽段施工接头，根据其受力特性可分为柔性接头和刚性接头。柔性接头包括：圆形锁口管接头、波形管接头、工字形型钢接头、楔形接头、钢筋混凝土预制接头、预制地下连续墙现浇接头等；刚性接头包括：穿孔钢板接头、钢筋承插式接头、十字型钢接头等。

5. 地下连续墙的防渗要求与强度等级

地下连续墙墙体和槽段施工接头应满足防渗设计要求。地下连续墙槽段混凝土的抗渗等级不宜小于P6级，墙体混凝土设计强度等级不应低于C30。水下浇筑时混凝土强度等级应按相关规范规定要求提高。

6. 地下连续墙内力、变形计算和稳定性验算

地下连续墙内力、变形计算和稳定性验算应按现行国家标准、行业标准和地方标准进行计算或验算。地下连续墙应根据其施工阶段与正常使用阶段各工况不同的受力情况，根据需要宜选用竖向弹性地基梁法、空间弹性地基板法、有限单元法分别进行计算。

7. 地下连续墙的承载力计算

地下连续墙正截面受弯、受压、斜截面抗剪承载力及配筋计算应符合现行国家标准《混凝土结构设计规范》(GB 50010—2010)的相关规定。应根据地下连续墙各工况内力计算包络图，对其进行承载力验算及配筋计算。当地下连续墙仅作为基坑围护结构时，应按照承载能力极限状态对其进行配筋计算；当地下连续墙在正常使用阶段，兼作主体结构外墙时，尚应按照主体结构设计所遵循的相关规范要求。验算永久使用阶段的结构内力和变形等，并应按照正常使用极限状态，根据抗裂控制要求进行配筋计算。

2.1.1.1　地下连续墙受力特点

地下连续墙作为深基坑的一种支护形式，其受力与钢板桩、桩排式灌注桩等挡土结构有许多相似之处。但因为地下连续墙入土深、刚度大、施工过程的工况多，所以设计时又有其本身的特殊性。特别当地下连续墙兼作临时挡土结构和永久性主体结构时，还应按施工阶段和使用阶段两种情况分别进行结构分析。图2-2为地下连续墙施工阶段和使用阶段的几种典型工作状态。图2-2(a)为槽段土方开挖阶段，这时地下墙还未形成，槽段内的泥浆起到护壁作用，槽段侧壁的稳定则成为设计计算的重点。图2-2(b)为地下连续墙已浇筑形成，作为基坑开挖前的初始受力状态。图2-2(c)为基坑第一层土方开挖，地下连续墙处于悬臂受力状态，这时地下墙悬臂状态的强度问题和地面侧向位移的大小成为工程主要关注的问题。图2-2(d)为基坑开挖过程中，有若干道水平支撑作用时的地下连续墙的工作状态，这时连续墙的结构强度和基坑稳定及变形量的大小，是设计计算的重要内容。图2-2(e)为基坑土方工程结束，将要浇筑底板前的工况，这时，估算基坑隆起量，防止发生管涌、流沙和基坑整体失稳成为设计计算的重要课目。图2-2(f)为工程竣工时的情况，地下连续墙作为主体结构的一部分，应验算在水土压力和上部地面建筑的垂直荷载共同作用下的强度和变形。

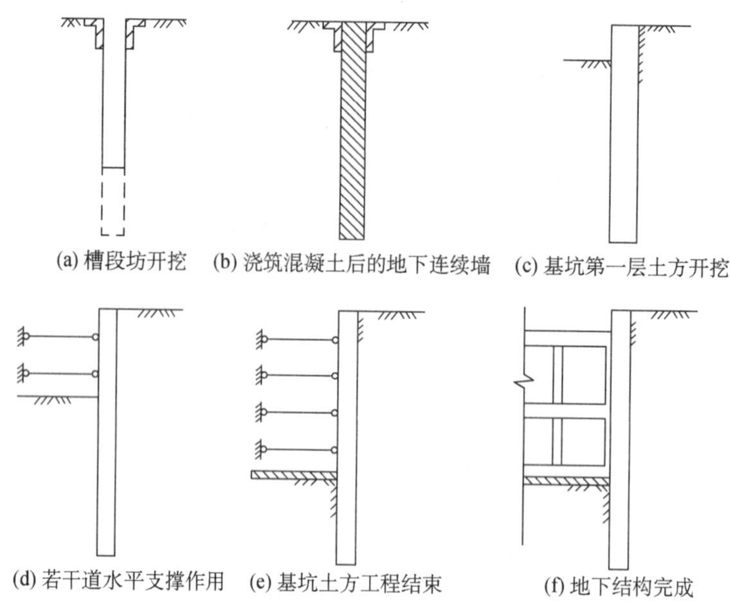

图 2-2　地下连续墙几种典型工作状态

2.1.1.2　地下连续墙挡土结构体系的破坏形式

地下连续墙挡土结构体系是墙体、支撑(或地锚)及墙前后土体组成的共同作用受力体系。它的受力变形状态与基坑形状、尺寸、墙体刚度、墙体插入深度、土体的力学性能、地下水状况、施工程序和开挖方法等多种因素有关。多支撑地下墙本身可能破坏的形式可分为稳定性破坏和强度破坏两类,另外还需控制地下连续墙的变形,变形过大也意味着支护体系的失效。地下连续墙破坏形式的具体表现为:

1. 稳定性破坏

1) 整体失稳

在松软的地层中,因支撑位置不当或施工中支撑系统结合不牢等原因使墙体位移过大或因地下连续墙入土太浅,导致基坑外整个土体产生大滑坡或塌方,致使地下墙支护系统整体失稳破坏(图 2-3(a))。

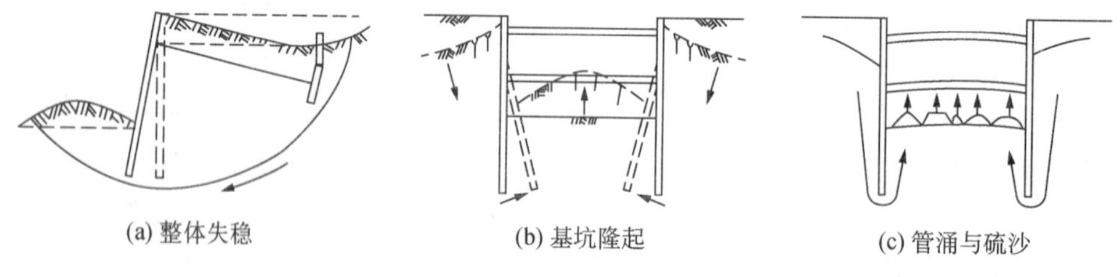

图 2-3　地下连续墙的稳定性破坏

2) 基坑底隆起

所谓基坑底隆起,就是在软弱的黏性土层中,当基坑内土体不断挖去,内外土面的高差使墙外侧的土体在压力作用下,有向基坑内位移趋势,使基坑下方土体向上位移。若墙体插入深度不足,开挖到一定深度后,基坑内土体就会发生大量隆起及基坑外地面的过量沉陷,导致整个地下墙支挡设施失稳毁坏[图 2-3(b)]。

基底隆起破坏与墙体插入深度密切相关。一般来说增加墙体插入深度可以降低隆起的可能性。但是,对于极软弱土层,当开挖深度很大时,即使将墙体的插入深度增加到很大,也无法避免坑底土体的一定隆起量,这时可采取如地基加固等其他措施来减少隆起量。

3) 管涌及流沙

在含水的沙层中采用地下墙作为挡土、挡水结构时,开挖面内挖土抽水使基坑内外产生水头差。当动水压力的渗流速度超过临界流速或水力梯度超过临界梯度时,就会引起管涌及流沙现象[图 2-3(c)]。此时,开挖面内外地层中沙的大量流失导致地面沉降。

2. 强度破坏

1) 支撑强度不足

当设置的支撑强度不足或刚度太小时,在侧向土压力作用下支撑损坏或压屈从而引起墙体上部或下部变形过大,导致支挡系统破坏。

2) 墙体强度不足

由土压力引起的墙体弯矩超过墙体的抗弯能力,导致墙体产生大裂缝后断裂而破坏。

3. 变形过大

由于地下连续墙刚度不足、变形过大或者由于墙体渗水漏泥引起地层损失,导致基坑外的地表沉降和水平位移过大,会引起基坑周围的地下管线断裂和地面房屋的损坏。

2.1.1.3　地下连续墙的主要计算内容

根据上述可能发生的破坏形式,地下连续墙设计计算的主要内容为:

1) 确定在施工过程和使用阶段各工况的荷载,即作用于连续墙的土压力、水压力以及上部传来的垂直荷载。

2) 确定地下连续墙所需的入土深度,以满足整体稳定、抗倾覆、抗管涌、坑底抗隆起,防治基坑整体失稳破坏以及满足地基承载力的需要。

3) 验算开挖槽段的槽壁稳定,必要时重新调整槽段长、宽、深度的尺寸。

4) 地下连续墙结构体系(包括墙体和支撑)的内力分析和变形验算。

5) 地下连续墙结构的截面设计,包括墙体和支撑的配筋设计或截面强度验算;节点、接头的连接强度验算和构造处理。

6) 估算基坑施工对周围环境的影响程度,包括连续墙的墙顶位移和墙后地面沉降值的大小和范围。

2.1.1.4　地下连续墙挡土结构静力计算理论的分类

相对于使用阶段,地下连续墙用作挡土结构时,在施工阶段的受力更为复杂。

用于地下连续墙挡土结构设计计算的理论和方法,除了有一些地方性法规外,至今还未制定全国性统一的设计计算技术规范或规程。通过研究,不少学者提出了许多有用的计算理论和方法,计算理论的多样化又说明每种方法有自身的局限性。

对众多的计算方法进行分类:按设计计算理论推出的时间划分,可分为经典方法和现代计算方法;按解题的手段可分为解析解和数值解。综合考虑理论体系和解算手段可将地下连续墙的静力理论分为以下四类:(1)荷载结构法;(2)修正的荷载结构法;(3)地层结构法;(4)有限单元法。

2.1.2 荷载结构法(经典法)

荷载结构法作用于地下连续墙上的水、土压力均已知,且墙体和支撑的变形不会引起墙体上水、土压力的变化。在计算过程中,首先采用土压力计算的经典理论(如朗金理论),确定作用于连续墙上的水、土压力的大小和分布,然后用结构力学方法,计算墙体和支撑的内力,确定配筋量或验算截面强度。在引入一些假定后,还可以算出连续墙所需的入土深度。属于此类方法的有等直梁法、1/2 分割法、太沙基(Terzaghi)法,另外还包括可用图解法求解的弹性曲线法等。荷载结构法对荷载的计算和边界的约束条件的确定有很大的随意人为性,因而与结构的实际受力情况可能有较大的差别,但是这类方法的计算图式简单明了,能用解析法直接算得结果,所以在工程中仍被广泛采用。

根据地下连续墙不同施工阶段的受力状态,荷载结构法的计算可根据不同情况采用。

2.1.3 修正的荷载结构法

由于地下连续墙一般用于深基坑开挖的挡土结构,基坑内土体的开挖和支撑的设置是分层进行的,作用于连续墙上的水、土压力也是逐步增加的。实际上各工况的受力简图是不一样的。而荷载结构法的各种计算方法是采用取定一种支承情况,荷载一次作用的计算图式,它无法反映施工过程中挡土结构受力的变化情况。为此产生了所谓修正的荷载结构法。其代表方法为日本学者的山间邦男法和《日本建筑结构基础设计规范》中的弹性法和弹塑性法。山间邦男法考虑了逐层开挖和逐层设置支撑的施工过程,此法除假定土压力已知外,还包括以下假定:

1) 下道横撑设置以后,上道横撑的轴力不变;

2) 下道横撑支点以上的挡土结构变位是在下道横撑设置前产生的,下道横撑点以上的墙体仍保持原来的位置,因此下道横撑支点以上的地下连续墙的弯矩不改变;

3) 在黏土地层中,地下连续墙为无限长的弹性体;

4) 地下连续墙背侧主动土压力在开挖面以上取三角形,在开挖面以下取为矩形,这是考虑了已抵消开挖面一侧的静止土压力的结果;

5) 开挖面以下土体横向抵抗反力作用范围可分为两个区域,即高度为 l 的被动土压力塑性区以及被动抗力与墙体变位值成正比的弹性区。

山间邦男法的计算简图如图 2-4 所示。沿地下墙可分成 3 个区域,即第 k 道横撑到开挖面的区域、开挖面以下的塑性区域和弹性区域。建立弹性微分方程式后,根据边界条件及连续条件即可导出第 k 道横撑轴力 N_k 的计算公式及其变位和内力公式,该方法称为山间邦男法的精确解。由于精确解计算方程式中含有未知数的 5 次函数,为简化计算,山间邦男又提出了近似解法,其计算简图如图 2-5 所示。其基本假定与精确法大同小异,不同之处有以下三点:

1) 在黏土地层中,地下连续墙作为底端自由的有限长梁;

2) 开挖面以下土的横向抵抗反力采用线性分布的被动土压力;

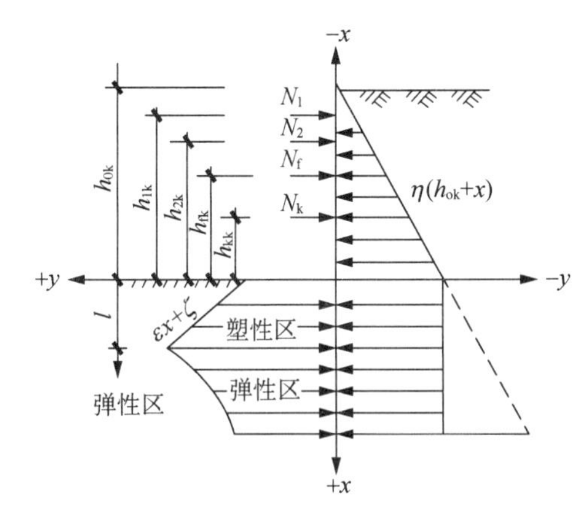

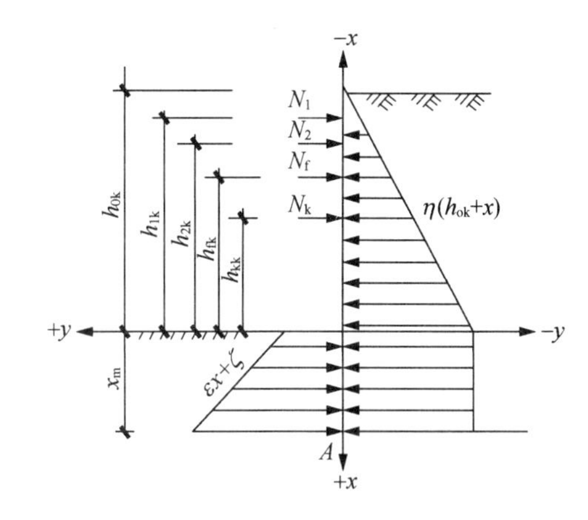

图 2-4　山间邦男法精确解计算简图

图 2-5　山间邦男法近似解计算简图

3）开挖面以下地下连续墙弯矩为零的那点假想为一个铰，忽略此铰以下的挡土结构对铰以上挡土结构的剪力传递。

山间邦男近似解法只需应用两个静力平衡方程式，即作用于地下连续墙的墙前墙后所有水平作用力合力为零和所有水平作用力对地下连续墙墙底自由端合力矩为零。

2.1.4　竖向弹性地基梁的数值解法

随着计算机的普及应用，数值解方法已成为地下连续墙等深基坑挡土结构的设计计算有效方法。其中弹性地基梁数值解法是此类方法中相当实用，且应用广泛的一种计算方法。

弹性地基梁数值解法又称为杆系有限元法，该方法实际上是矩阵位移法与弹性地基梁法的结合。该计算方法沿纵向取单位宽度的地下连续墙挡土结构，将其视为一个竖放的弹性地基梁。连续墙墙体根据要求剖分为若干段梁单元，支撑可用二力杆桁架单元模拟，地层对地下连续墙的约束作用可用一系列弹簧来模拟。弹簧的作用可按通常的弹性地基梁方法假定，即采用所谓的整体变形理论。

作用于地下连续墙墙背的主动土压力的大小和图形分布还随开挖面位置变化而变化。随着开挖面下移，主动土压力也随之增大。图 2-6(a)～图 2-6(d)分别表示了四种不同开挖深度时，作用于连续墙主动土压力值得变化过程。

弹性地基梁数值法可采用多种工况的计算简图，能反映地下连续墙荷载和内力随施工不同阶段的变化过程。图 2-6 表示设有三道支撑地下连续墙的四个阶段的受力状态。从图中可以看出作用于墙背的主动土压力(已扣除了基坑底面以下墙前静止土压力)是随着基坑开挖深度的增加而逐渐增加的。在具体应用弹性地基梁数值法计算时，有“全量法”和“增量法”两种方法的选择。图 2-6 实际上是设有三道支撑的地下墙的“全量法”计算图式。

所谓“全量法”是指对每一个施工工况，相应的主动土压力全部作用于支护结构上，求得的内力和位移即为该工况的实际内力和实际位移值。以图 2-6(c)为例，这时处于地下连续墙的第二道支撑设置完成，且继续开挖下一层土方的施工阶段。墙上作用的荷载 q_3 为该施工工况对应的全部主动土压力强度值。需要注意的是，先于第二道支撑设置，墙体已经发生了初始位移(初始位移值可由前一工况计算结果得到)，安装新支撑杆时，杆端位置已经偏离了地下连续墙变形前的初始位置，但是这偏离值并不引起新支撑的轴力。计算时应该考虑这个因素，即应该对杆端的初始位移进行修正。这种修正当采用“全量法”时，点算程序处理较为困难，而改用“增量法”时要方便得多。所以工程中较多采用“增量法”。

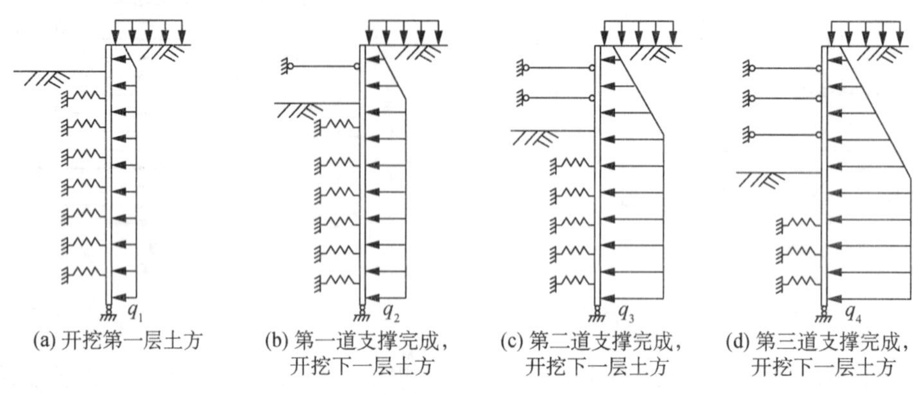

图 2-6　三道支撑地下墙的计算简图(全量法)

“增量法”是将整个施工过程分成若干个工况，而将前后两个工况的荷载改变值称为荷载增量。由荷载增量引起的位移和内力称为位移增量和内力增量。累计从开始到当前施工阶段各工况的位移增量和内力增量，则可得到当前工况的实际位移和实际内力，图 2-7 为设置了三道支撑的地下连续墙的“增量法”计算简图。以图 2-7(d)的第 4 个工况为例，墙体作用的增量荷载 Δq_4 即为第 3 工况到第 4 工况之间的主动土压力增量，由此计算得到的位移和内力是加设第三道支撑后再挖土到基坑底面设计标高这个过程中新增加的位移和内力。如果需要知道作用在地下连续墙上的全部主动土压力，则可累加以前所有工况的荷载增量。图 2-7(e)表示第 4 受力工况的全部主动土压力分布情况。q_4 为累计了前 3 个受力工况和当前第 4 个工况的荷载增量，其值与全量法计算简图 2-6(d)中的 q_4 相同。

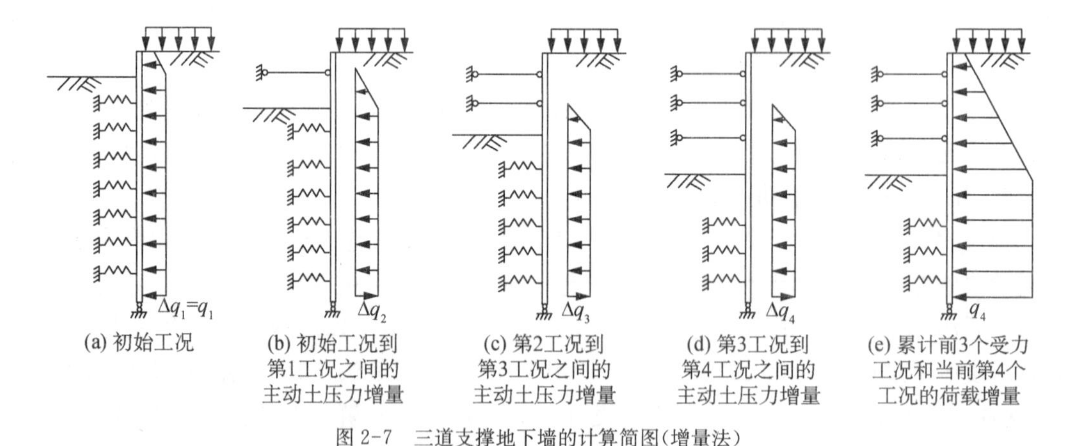

图 2-7　三道支撑地下墙的计算简图(增量法)

2.1.5　连续介质的有限单元法

连续介质的有限单元法可用于处理很多复杂的岩土力学和工程问题，是研究地下结构和周围介质之间相互共同作用问题的强有力工具。用于分析地下连续墙等地下支挡结构时可考虑各种边界条件、初始状态、结构外形、多种岩土介质等复杂因素，可以考虑岩土介质的各向异性、弹塑性、黏滞性等多种状态。三维问题的有限元法还可考虑沿基坑纵向分区开挖的空间受力效应。

用经典法计算时，必须事先已知作用于地下连续墙上的水土压力。用杆系有限元法至少要实现部分假定水土压力值——墙后的主动土压力。而连续介质的有限元法完全不必实现对土压力的大小和分布作出假定。事实上连续介质有限元法已跳出了荷载-结构法的束缚，不再机械地将支护体系和地层介质割裂成结构和荷载两部分，而是将结构和地层看作是有机联系的整体。地下墙结构受力的大小与周围地层介质的特性、基坑的几何尺寸、土方开挖的施工程序，以及支护结构本身的刚度有着十分密切的关系，可通过计算分析估计出地层对地下连续墙结构的"荷载效应"。

用连续介质有限元法计算地下连续墙时，为简化计算，将地下连续墙假定为线弹性，而岩土介质则可根据不同情况和不同要求选择不同的本构模型。

所谓本构模型(又称本构关系)描述岩土力学特性的数学表达式，通俗讲就是土的应力和应变关系。

目前学术界提出的各种岩土的本构模型已多得难以统一，但被广泛应用于实际岩土工程计算的仍只有为数不多的几种。总结概括起来有线弹性、非线性弹性、弹塑性和黏弹塑性等几种本构模型。其中除线弹性模型外，其他几种本构模型的每一种均包括多种不同理论和方法。实际上岩土的力学形态是非常复杂的，包含非线性、各向异性、弹塑性、流变性和非连续性等各种性质。应力和应变关系与应力路径、应力水平等各种因素有关，事实上很难找出一个本构关系能全面正确地描述所有岩土种类的力学形态。因此，针对一定的岩土介质、一定的工程计算精度要求，选择一个相对合适的计算模型是非常重要的。

线弹性模型假定岩土的应力应变关系为线性，符合广义胡克定律。虽然基本假定与岩土实际形态有很大差别，但由于它简单易行，如能结合以往的工程经验，加以合理的判断，其计算结果还是能定性地反映支护体系大致的受力情况。

非线性弹性和弹塑性本构模型，从理论上讲比线弹性模型前进了一步，一定程度上能够反映岩土介质的非线性等复杂形态，是目前用于分析地下结构工程的有限程序中主要采用的本构模型。

黏弹性和黏弹塑性本构模型越来越受到岩土工程界的重视。应力不变而应变随时间不断增长，以及变形量不改变而应力随时间不断减小的现象称为材料的黏滞性和流变性。软土材料的黏滞流变是非常明显的。

我们有这样的经验：基坑刚刚开挖时往往是稳定的，但不及时支撑，基坑支护的变形会随时间不断增长。假以时日后，基坑可能失稳而倒塌。如果按照弹性理论或弹塑性理论，结构的变形时在受荷的瞬时发生，同时完成的，且不会随时间变化而变化。所以弹性理论及弹塑性理论均难以解释上述结构位移和内力随时间变化的现象，而这种现象就是流变效应，可用流变学理论给予解释。

黏弹塑性有限元的分析，考虑了岩土介质应力应变与时间的关系，为深入认识软土的流变性对基坑围护墙体的影响规律，同济大学地下建筑与工程系有关师生对上海软塑灰色黏土、流塑淤泥质粉质黏土及软塑粉质黏土进行了大量的三轴剪切蠕变试验和单剪蠕变试验，并提出了流变本构模型及其参数的选定方法，后又进一步研究推广到土体三维非线性流变属性，并应用于深基坑开挖工程，使黏弹塑性有限元理论走向实用迈出了坚实的一步。

通常情况用平面二维问题的有限元方法分析就能满足工程设计的精度要求。在特殊情况下，如果基坑几何形状很不规则，无法简化为平面应变问题，或者基坑开挖要分区、分层逐步开挖，且必须考虑空间效应时，也可采用空间三维有限元方法。但在输入数据准备、解题运算和计算成果分析各方面，三维有限元计算工作量远远超出二维有限元的工作量。

作为一个典型例子，图 2-8 给出了某地下连续墙工程基坑开挖时某工况的有限元计算网格。地下连续墙和土层介质均采用八结点等参单元，单元数量随基坑开挖逐渐减少。

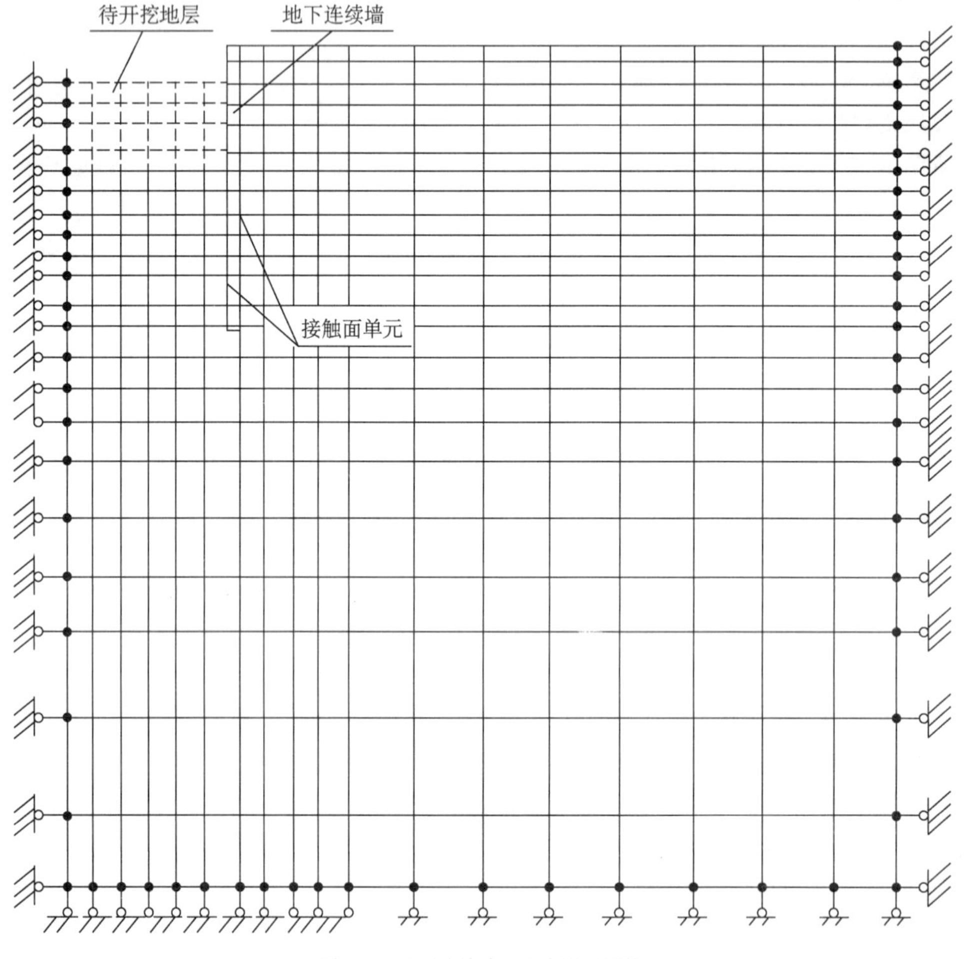

图 2-8　地下连续墙工程有限元网格

1. 力学计算模型的选择

在基坑工程中，地下连续墙一般可按弹性体计算，对二维平面问题可选择四结点或八结点二维等参单元。有时根据需要也可以选择杆系梁单元模拟地下连续墙，这样可以直接得到地下连续墙的弯矩和剪力，可避免将二维等参单元的应力再折算成地下连续墙内力的转换过程。当按三维空间问题计算时，地下连续墙宜选择板单元或壳单元，当然也可采用二十结点的等参单元。支撑通常也假定是弹性材料，一般可选用二力杆桁架单元。

土层介质力学模型的合理选择是个有争议的问题。当岩土地质条件较好，而计算目的主要是对结构受力状况作定性估算时，可采用线弹性模型或非线性弹塑性模型；当土层软弱，土的塑性性能表现明显时，且要计算地下连续墙模型的变形及基坑周围地层的唯一情况时，一般采用弹塑性模型；当需要考虑土的流变性能对支护结构影响，且已获得计算所需的土的流变参数时，可采用黏弹性或黏弹塑性模型计算。为了满足精度要求，二维平面问题计算时，土层介质应采用四结点或八结点的等参单元，特别推荐八结点的等参单元，因为在同样的计算工作量情况下，精度大大高于其他的单元形式。对三维空间问题，可采用六面体八结点等参单元或曲边六面体二十结点等参单元。相比而言，后者精度更高，又能很好地适应曲面边界。

考虑到墙体与土层之间在变形过程中会产生错动，根据以往的计算经验，应在墙体和土层之间设置接触单元。接触面单元是一种厚度趋近于零的长方形单元。墙体和土层之间设置接触面单元后能很好地传递法向应力，当应力不大时也能传递土层与墙体之间的剪切力，但当剪切应力超过某一控制值时，可以允许墙体与土层产生相对滑移。引入接触面单元使得计算结果更符合支护结构的实际受力情况。

2. 计算域边界的确定

从原来半无限体中，取出有限大的一块作为计算区域。在确定有限元的网格范围时，理论上计算域取的越大越好，可以避免边界效应对计算结果的影响。然而过大的计算区域，会使计算工作量和计算机舍入误差增加，有时效果适得其反。一般认为可取3倍基坑宽度和3倍开挖深度中的较大值作为计算域的宽度，以能使边界效应引起误差减少到可以容忍的程度。

2.2　盾构法隧道设计

2.2.1　概述

2.2.1.1　盾构法隧道的特点

盾构法施工的优点在于：具有良好的隐蔽性，噪声、振动引起的公害小，施工费用基本不受埋置深度的影响，机械及自动化程度高，劳动强度低；隧道穿越河底、海底及地面建筑群下部时，可完全不影响航道通行和基本不影响地面建筑物的正常使用；适宜在不同的颗粒条件下的土层中施工；多车道的越江跨海隧道可做到分期或分域实施，分期运营，减少一次性投资，或减少交通过于集中等矛盾。

盾构法施工的缺点在于：当工程对象长度规模较小时，工程造价相对较高；盾构一次掘进的长度有限，国内的施工实绩为8 km左右；隧道覆土小于$1D$（D为盾构外径），且盾构在欠固结砂性土为主的地层（河道）内时，开挖面土体稳定控制有困难；在正常固结的地层中，隧道覆土小于$1D$时，盾构掘进对地面产生的沉降变化较为敏感；不能完全防止盾构施工区域内的地表变形；当采用气压施工时，有隧道冒顶和施工人员因减压不当而患减压病（沉箱病）的危险，并且工作面周围100 m范围有发生缺氧和枯井的情况；当隧道的曲率半径R小于$20D$（有中间铰）或$30D$（D为隧道外径）时，盾构转向比较困难，为避免该矛盾，通常需要采取必要的措施。例如，在曲线外侧作辅助施工，管片环宽宜适当减小等。按目前的水平，盾构直径难以做到很大，一般认为：直径 D_s（D_s 为盾构外径）大于 12 m 时为超大型盾构，目前世界最大直径为 19 m。

2.2.1.2 盾构选型

盾构选型的基本依据是拟建工程范围的地质情况、施工人员的技术条件、工程规模、隧道施工区域内的环境保护要求、经济性等。

工程实践证明：在地下水位低（低于盾构下部 1 m）的地层，应优先考虑工作面为开放式的机械式盾构。理由是设备费用少，劳动强度也不高，易于上马。即使在自立条件并不理想的土层中，也能通过简单的工作面支撑，使得工作面达到稳定。在地下水位很高的沿海城市，大多数为软土地基条件，此时的盾构选型较为复杂，应通过多方位研究后方能决定。另外，盾构选型在相当程度上还取决于盾构的造价、施工人员的经验和习惯等。应该说明一点，并不是选择越先进的盾构越合理。

2.2.1.3 泥水加压盾构与土压平衡盾构的比较

20 世纪 80 年代初，泥水加压盾构及土压平衡盾构开始盛行。那时，隧道界的一部分人认为，泥水加压盾构对不同的土层均适应。而到了 1983 年以后，有人否认了泥水加压盾构对不同土层均能适应的这一提法，认为至少该盾构形式不适于在未加辅助施工条件下的砾石层和含黏土极少的卵石层中施工，以后大多数人认为：只有在以沙性土为主、黏性土为辅的洪积层中采用泥水加压盾构才较为有利，而在黏性土为主的冲积层中施工时，盾构性能虽然能适应无疑，但是需要较高的泥水处理费用。直径为 10 m 级的泥水加压盾构施工引起的地表沉降量可控制在 30 mm 以内，相当于盾构直径的 3‰左右。

土压平衡盾构较适于在软弱的冲积土层中掘进。但是，在软岩土层、砾石层或者沙土层中，只要加入适当的黏土或者发泡剂后，也能发挥出土压平衡盾构优越的特性。因此，从 1984 年以后普遍认为，土压平衡盾构对地质条件的适应性比泥水加压盾构更强。直径为 10 m 级的土压平衡盾构施工引起的地表沉降量可控制在 40 mm 以内，相当于盾构直径的 4‰左右。与泥水加压盾构相比较，土压平衡盾构掘进时地表沉降量的控制与施工人员的施工经验更为密切相关。因此，沉降量的波动范围有时相对较大。

泥水加压盾构与土压平衡盾构是目前世界上最常用、最先进的两种盾构形式，它们各自代表了不同出土方式和不同工作面土体平衡方式的特点。因此，它们各自都拥有优缺点，不能简单地说哪一种盾构最先进。对两种盾构进行选型时，工程师应根据环境和工程的具体情况加以评估，因为它们的优点和缺点有时是可以转化的。例如，在以黏性土为主的冲积土层中，如果采用泥水加压盾构，施工所要求的泥水沉淀场地开阔，泥水处理的费用低廉，甚至可不作任何处理而直接排放时，宜有限选择泥水加压式盾构；在水头高度很高（$h>50$ m）的江川、海底下施工时，即使土体条件更适合于土压平衡盾构，但是当螺旋输送机筒体内的搅拌土难以达到封水作用，或者经过验算，螺旋机体内的螺旋土柱可能失稳（螺旋机停转状态下，土体从口部流出）时，盾构选型需慎重对待。必要时拟作模型试验后再决定是否可采用土压平衡盾构。当盾构处在城市中心区域掘进，并且工作面的水压条件满足 $P_w \leqslant 0.4$ MPa，且地质条件为冲积土层时，通常采用土压平衡盾构更为经济合理。在沿海城市的软土地层中开挖隧道的盾构更宜采用土压平衡盾构。

2.2.2　圆形隧道的荷载

管片设计的内容基本上可分为三个阶段进行：第一阶段确定隧道直径、管片的宽度及厚度、圆环的分块和纵向螺栓位置及数量等；第二阶段为管片的细部设计，其中包括管片的接头形式、管片的孔洞、螺孔、环向螺栓的数量与截面、防水条槽口、管片各部位的精度以及举重臂吊点、拼装形式等；第三阶段为管片的计算及断面设计。管片又称隧道的一次衬砌，最常用的管片有钢筋混凝土管片、复合管片和球墨铸铁管片。

设计管片时用于计算的荷载包括垂直土压、水平土压、水压、地层抗力、自重、地面荷载、施工荷载、地震影响、双行隧道和相邻结构物的施工影响。

2.2.3　管片计算

管片计算与一般土木结构的计算方法相同，假定圆环结构符合弹性理论，结构计算顺序为：(1)圆环的内力计算；(2)接头的应力分析；(3)千斤顶顶力作用的安全验算；(4)施工荷载作用的安全验算。

2.2.3.1　管片计算的假定条件

1) 钢筋混凝土平板形管片假定有效断面为管片的全宽度(忽略管片的板、肋、梁的荷载作用特征)和全厚度。大开孔的箱型管片断面假定为T形，平板形管片为矩形。管片属弯曲杆，厚度与曲率半径之比约为1∶10，不考虑管片偏心受压时的偏心增大影响条件，计算时设管片无附加挠曲影响。千斤顶顶力作用的管片应力验算按有效面积计。

2) 假定圆环在土体中为自由变形的弹性匀质圆环，管片也可假定为弹性铰接的弹性铰圆环。

3) 双层衬砌的计算有一次和二次衬砌共同作用的叠合梁法和一次及二次衬砌互补形成整体的复合梁法。叠合梁法在管片上需设置传力锚筋。但是，荷载路径(受力顺序为先管片后内衬)应按实际情况考虑。复合梁法的结构弯矩和剪力按一次和二次衬砌的刚度比分配，轴力按荷载路径及等效面积比分配。

4) 相邻环弯矩应考虑传递后的圆环刚度有效率和弯矩传递系数进行调整。

5) 在隧道施工过程中，由于管片存在生产精度和拼装精度两方面的工况条件，圆环环面提供长效剪切抵抗的完全整合状态几乎不存在。圆环在较大变形条件下，管片与地层共同作用后形成地层抗力，管片接头弯矩向相邻管片作内力传递的比例与地层抗力引起的抵抗弯矩相比显得微不足道，该因素给圆环计算带来较大的不确定性。管片脱出盾尾后，在地层抗力作用下迫使管片接头的螺栓拉应力自动解除。

2.2.3.2　管片的内力计算

结构计算模型如图2-9所示。

图中的荷载为

$$P_1=p_e+p_w \tag{2.2.1}$$

$$q_1=q_{e1}+q_{w1} \tag{2.2.2}$$

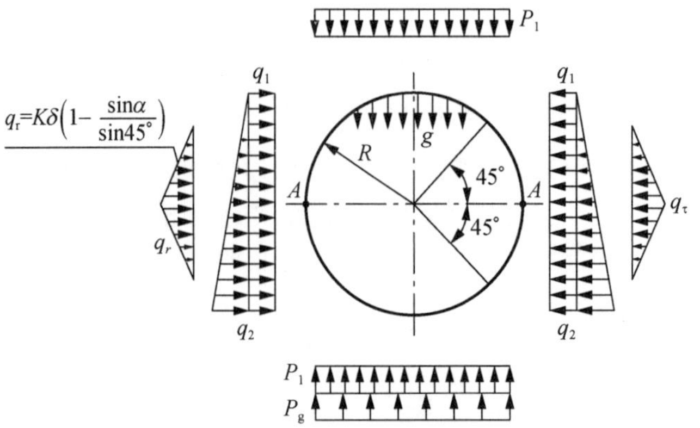

图 2-9 结构计算模型

$$q_2 = q_{e2} + q_{w2} - q_1 \tag{2.2.3}$$

$$q_r = K\delta = K\frac{(2R - q_1 - q_2)R_C^4}{24(EI\eta + 0.04KR_C^4)} \tag{2.2.4}$$

$$P_g = \frac{W}{2R_C} \tag{2.2.5}$$

式中 p_e，p_w——垂直土压和水压(kPa)；

q_{e1}，q_{w1}——水平土压(kPa)；

q_{w1}，q_{w1}——水平水压(kPa)；

q_r——水平向土体抗力(kPa)；

K——水平土体抗力系数(kN/m^3)；

δ——A 点的水平位移(m)；

P_g——结构自重反力(kPa)；

W——圆形单位长度的重量(kN)；

η——圆环的抗弯刚度有效率。

圆环任意点 D_i 的内力按式(2.2.6)计算。

$$\left.\begin{aligned} M_\theta &= M_0 + Q_0 R\sin\theta + N_0 R_C(1-\cos\theta) + m \\ N_\theta &= N_0\cos\theta - Q_0\sin\theta + n \\ Q_\theta &= N_0\sin\theta - Q_0\cos\theta + q \end{aligned}\right\} \tag{2.2.6}$$

式中 m——外荷载作用下 D_i 点的弯矩(kN·m)；

n——外荷载作用下 D_i 点的轴力(kN)；

q——外荷载作用下 D_i 点的剪力(kN)。

2.2.3.3 管片接头

管片有环向接头和纵向接头。接头的构造形式有:直螺栓、弯螺栓、斜螺栓、榫槽加销轴等。直螺栓接头是最普遍常用的接头形式,不仅用于箱形管片,也广泛用于平板形管片。从受力角度考虑，直螺栓连接条件相对理想；弯螺栓接头是在管片的必要位置上预留一定弧度的螺孔，拼装管片时把弯螺栓穿入弯孔，实现管片的固定连接，现场拼装施工对弯螺栓或大面积开孔而开发了斜螺栓接头形式，隧道整体稳定由接缝间的榫槽、剪力销、错缝拼装等构造形式提供保障。隧道掘进到 200 m 以后，通常多拆除所有已经就位的环、纵向螺栓。一般认为，拆除螺栓以后的隧道，能适应正常使用条件下的荷载以及一定抗震烈度（相当于 6°）的地震荷载。隧道环向接缝的主要弯矩由相邻环的管片承担，另一部分弯矩由主轴力作用下的接头断面在偏心受压条件下承担。

环向接头的螺栓是把相邻分散的管片实现连接的主体，螺栓的数量与位置直接影响圆环的整体刚度和强度。国内隧道的环向直螺栓接头一般均采用单排螺栓，布置在管片厚度的 1/3 左右的位置，（偏于内弧侧）每个接头的螺栓数不少于 2 根。

在实际的内力计算中，接头的内力初始值为一个未知数。因此，当圆环内力需考虑接头刚度影响时，需借助计算机实施多次迭代计算。

2.2.3.4　钢筋混凝土管片断面设计

管片的内力已知后，就可进行管片的断面设计。管片为偏心受压构件时，断面通常按圆环受力最不利的位置进行设计。

1. 配筋设计

主筋必须配置双筋。外排（弧）钢筋按 90°（270°）内力设计；内排（弧）钢筋按 0°内力设计；或者按最不利内力设计，内、外排钢筋常为等值配筋。管片主筋直径不小于 12 mm，内排数量不得少于 4 根；外排不少于 6 根；钢筋种类宜采用 HRB335 钢 16Mn 和 25MnSi 和 HRB400 钢；受压钢筋通常不参与受压验算。

辐射筋与构造筋的直径分别以 Φ8，Φ10 为宜，厚度小于 350 mm 的管片辐射筋直径可采用 Φ6。辐射筋宜采用异形钢筋，间距以 150 mm 左右为佳（分布筋间距相同），每一节点必须采用点焊连接，钢筋密集区的最小净距不宜小于 40 mm。

管片的混凝土保护层分主筋和构造筋二档控制，主筋保护层厚度宜取 40 mm 为佳，构造筋、辐射筋最小为 20 mm。主筋的最大保护层不宜大于 50 mm，以利于控制管片蒸汽养护引起的收缩裂缝，也有利于断面有效高度的控制。

管片的环肋和端肋钢筋必须局部加强，强度通常要求以足尺结构试验为准，确实有同类工程可作参考时可免去试验。环肋的最小厚度不得小于 120 mm；端肋最小厚度不宜小于 200 mm（不开孔时），大开孔（腔格）管片的端肋不宜小于 300 mm。

管片混凝土强度等级不得低于 C40，常用的强度等级还有 C50，C55，隧道直径较大（10 m 以上）时，可采用 C60。管片宜采用高标号硅酸盐水泥配置。为了提高混凝土的耐久性，原则上应掺入不少于水泥用量 25%的优质粉煤灰。

钢筋混凝土管片的最大裂缝宽度，使用阶段不得大于 0.2 mm，制作阶段的收缩裂缝深度宜控制在 40 mm 以内。施工阶段管片产生的贯穿裂缝宽度在 0.5 mm 以内时具有自封闭能力。但是，裂缝数量不得大于总量的 5%。

2. 衬垫

衬垫材料粘贴在管片的环、纵缝内以达到应力集中时的缓冲作用，它不属于防水措施。

衬垫材料根据不同位置、不同受力条件、不同使用条件、不同使用习惯，其材料性质、厚度、宽度各有不同。国内最早明确提出使用衬垫的工程为上海地铁1号线试验段，当时主要采用的是小于2 mm厚的胶粉油毡，以后的工程则大多采用丁腈橡胶软木垫，也有采用软质PVC塑料软板，或经防腐处理过的三夹板等。软质PVC塑料软板以及胶粉油毡薄片在混凝土预制块中受压时，均反映出加工硬化的条件。该材料曲线在管片接缝内重复加载后不回归原点，且材料明显存在残余变形。丁腈橡胶软木垫在设计时通常要求压缩40%～50%，圆环计算时不考虑衬垫的存在。

接缝内的衬垫材料还能明显改善管片拼装过程中因举重臂的线速度和角速度过高而引起管片碰撞及混凝土碎裂。

3. 嵌缝槽

嵌缝槽设于管片内弧侧的四周，槽深通常取25～35 mm，管片拼装成环后的槽宽取12～16 mm较为常见，槽底到内弧侧槽口有做成等宽的，也有做成槽底宽槽口窄的倒楔形的。

4. 管片榫槽

管片榫槽设置于管片的侧面和端面，其主要作用是通过榫槽的凹凸镶嵌以达到块与块或者环与环之间的抗剪切、定位等目的。管片块与块之间的纵缝榫槽以定位于导向为主，环与环间的榫槽以剪切受力为主，当然，在拼装阶段也具有定位与导向作用。

每块管片的环面上设置有四块榫槽，榫槽的实际长度与宽度通常根据管片错缝拼装时产生的剪切力进行控制。

5. 橡胶条沟槽宽度

橡胶条沟槽设计是管片外形构造设计的一个重要组成部分。要保证管片接缝在高压水作用下，地下水不会从橡胶条的背后(与混凝土接触面)渗流到隧道内部，有效的抗渗路径长度和足量的回弹力是关键。为了保证橡胶条在管片接缝之间的最大压缩量控制在32%以内，同时又要考虑接缝在特定条件下，例如地震或隧道不均匀沉降产生一定量的变形时，橡胶条能正常提供抗渗漏的防水能力，适当的橡胶条宽度与高度是保证接缝有效防水的关键，过宽和过高均会影响到工程设计的合理性。

2.2.4 管片防水

管片自身的防水主要由收缩性小、级配优良的防水混凝土实现。在水压特别高(水压≥0.50 MPa)的环境下，宜辅以涂装防水材料来提高管片本身的防水性。防水混凝土的防水等级用Si表示。管片的最小抗渗等级为S6，大于S6的防水抗渗等级可按隧道的最高地下水压乘以一个安全度系数来设计，取用原则为取高不取低。

实际上，管片的抗渗等级不容易做到很高。管片从浇捣、静养、蒸养、降温到脱模，整个过程很难做到不产生裂纹，在高水压条件下，哪怕是管片表面的细小裂纹都是渗水的路径，一旦渗水路径与钢筋笼的辐射筋连通，则管片抗渗等级就会大幅度降低。因此，就这一点而言，混凝土抗渗等级与管片整体的抗渗等级是两个不相同的指标。

2.3　矿山法隧道设计

2.3.1　围岩压力与支护结构计算

1. 概述

作用在隧道支护结构上的围岩压力为松散压力、变形压力、膨胀压力以及冲击压力等。围岩压力计算应综合考虑隧道所处地形条件、地质条件、隧道跨度、结构形式、埋置深度、隧道间距以及开挖等因素。

埋深较浅的隧道可只计入围岩的松散压力；埋深较大的隧道不仅应计入围岩的松散压力，而且还应计入围岩的形变压力；连拱隧道、小净距隧道可不计入形变压力。

围岩松散压力为作用在隧道全部支护结构的压力综合。在对初期支护或二次衬砌进行内力计算时，应采用适当的方法进行荷载分配，确定该支护层相应的计算荷载。当隧道采用光面爆破、掘进机开挖等可减轻围岩损伤破坏的施工方法时，围岩松散压力的计算值可适当折减。

2. 深、浅埋隧道的判断

浅埋和深埋隧道的分界，按荷载等效高度值，并结合地质条件、施工方法等因素综合判定。按荷载等效高度的判定公式为

$$H_p = (2 \sim 2.5)h_q \tag{2.3.1}$$

式中　H_p——浅埋隧道分界深度(m)；

h_q——荷载等效高度(m)，按下式计算：

$$h_q = \frac{q}{\gamma} \tag{2.3.2}$$

式中　q——深埋隧道垂直均布压力(kN/m²)，计算公式为 $q = \gamma h$；

$h = 0.45 \times 2^{n-1}\omega$；

$\omega = 1 + i(B_t - 5)$；

其中　h——荷载等效高度(m)；

γ——围岩重度(kN/m³)；

s——围岩级别；

ω——宽度影响系数；

B_t——隧道最大开挖跨度，应考虑超挖影响(m)；

i——B_t 每增减 1 m 时的围岩压力增减率，以 $B_t = 5$ m 的隧道围岩垂直均布压力为准；当 $B_t < 5$ m 时，$i = 0.2$；当 $B_t > 5$ m 时，取 $i = 0.1$。

应用上述公式时，须同时具备下列条件：

1) 采用钻爆法开挖的隧道；

2) $H/B < 1.7$，H 为隧道开挖高度(m)，B 为隧道开挖宽度(m)；

3) 不产生显著偏压及膨胀力的一般围岩；

4）隧道开挖跨度小于 15 m。

在传统矿山法施工的条件下，Ⅳ～Ⅴ级围岩取 $H_p = 2.5hq$；Ⅰ～Ⅲ 级围岩取 $H_p = 2.0h_q$。

3. 深埋隧道围岩压力计算

深埋隧道围岩压力较为稳定，隧道埋深对围岩压力的变化影响较小。深埋隧道围岩压力的计算公式如下。

1）竖向压力：

$$q = \gamma \times h_a \tag{2.3.3}$$

$$h_a = 0.45 \times 2^{S-1} \times \omega \tag{2.3.4}$$

式中 S——围岩级别的等级，如Ⅱ级围岩，即 $S=2$。

ω——开挖宽度影响系数，以 $B=5$ m 为基准，B 每增减 1 m 时围岩压力的增减率，

$$\omega = 1 + i(B-5)$$

当 $B<5$，取 $i=0.2$，当 $B>5$ m，取 $i=0.1$。

2）水平压力的计算一般采用统计法，取值如表 2-1 所示。

表 2-1　深埋隧道水平压力

围岩级别	Ⅰ～Ⅱ	Ⅲ	Ⅳ	Ⅴ	Ⅵ
水平均布压力	0	$<0.15q$	$(0.15\sim0.30)q$	$(0.30\sim0.50)q$	$(0.50\sim1.00)q$

4. 浅埋隧道围岩压力计算

1）当 $h<h_q$ 时，采用土注法进行计算。

其中，竖向压力 $q=\gamma H$；

水平压力按朗金公式：

$$e = \gamma(H + H_t/2)\tan^2(45° - \phi/2) \tag{2.3.5}$$

式中，H_t 为隧道净高。

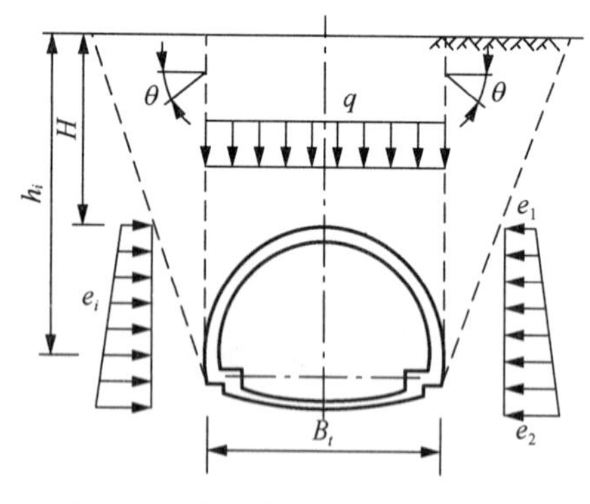

图 2-10　浅埋隧道围岩荷载分布示意图

2）当 $h_q<h<H_q$ 时，应该考虑滑动面上的阻力，分析如图 2-10 所示。

(1) 坑道上覆土体下滑要考虑滑面阻力的影响，否则会算得较大的压力值。

(2) 假定土体中形成的破裂面是一条与水平成 θ 角度的斜直线。

(3) 隧道顶部矩形土体下沉，带动两侧三角形土体下沉。整个土体下沉又要受到两侧土体未扰动岩土体的阻力。

(4) 假定破裂面的内聚力为 c 和摩擦角为 φ。因此，隧道围岩压力＝滑动岩体重量－滑动面上的阻力。则，

竖向压力　　$q=\gamma H(1-H/B\cdot\lambda\tan\theta)$　　(2.3.6)

水平压力　　$e=\gamma(H+h)\lambda/2$　　(2.3.7)

式中，λ 为侧压力系数。

5. 偏压隧道围岩压力计算

当隧道处于浅层偏压状态时，应该考虑滑动面上的阻力，以及隧道偏压产生的影响，分析见图 2-11。浅隧道施工时，因支撑或衬砌下沉，以及超挖、回填不实等原因，引起洞身上部围岩的下沉及隧道两侧地表开裂，在岩体内形成两个非对称的滑动面。这种情况下，假定隧道垂直偏压分布图形与地面坡一致，其围岩压力计算公式如下：

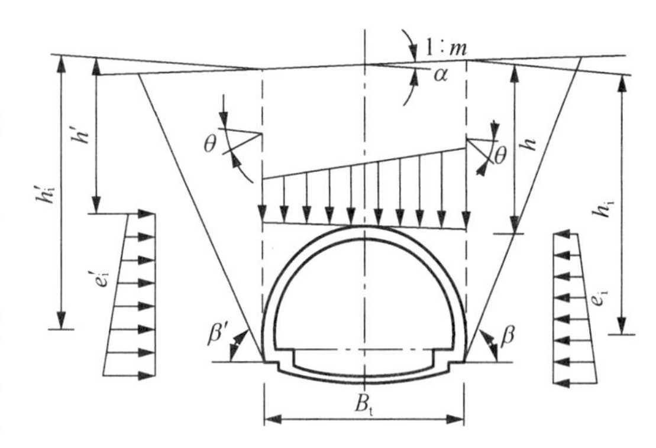

图 2-11　偏压隧道围岩荷载分布示意图

竖向压力：　　$q=\gamma/2[(h+h')B-(\lambda h^2+\lambda'^2 h'^2)\tan\theta]$　　(2.3.8)

水平压力：　　内侧 $e_i=\gamma h_i\lambda$，外侧 $e_i=\gamma h_i^1\lambda^1$

2.3.2 隧道支护的地层-结构计算

1. 概述

在具有一定自支承能力的围岩中建造的隧道，可采用地层-结构法对洞室及支护结构的稳定性进行分析计算。采用地层-结构法进行计算时，应符合以下规定：

1) 计算范围内同时包含支护结构和底层围岩；

2) 计算过程中应考虑施工开挖步骤的影响；

3) 应对施工阶段及适应阶段的围岩与支护结构进行验算；

4) 应同时检验围岩的稳定性和支护结构的受力状态；

5) 初期支护和围岩局部可处于弹塑性受力状态，但应能保持整体体系稳定；

6) 二次衬砌结构应处于弹性受力状态，或经论证可保持稳定的弹塑性受力状态。

2. 地层-结构计算方法的荷载应符合如下原则：

1) 围岩压力应为释放荷载；

2) 对可能同时出现在隧道结构上的荷载，应按规定的原则进行组合，并按最不利荷载组合进行计算；

3) 释放荷载应按当前地应力(不一定是初始地应力)计算。各类影响因素，可根据施工开挖步骤和支护施作时机等，设定相应的荷载释放过程；

4) 在初期支护计算过程中，较好的围岩可采用较大的释放荷载分担比，使初期支护和围岩承受较大的荷载，结构产生较小的变形；较差的围岩则相反；

5) 当初期支护和二次衬砌设定不同的释放荷载分担比时，可通过设定相应的荷载释放过程实现。

3. 隧道施工开挖过程的模拟

隧道开挖的边界应根据施工方案确定，释放荷载应根据前一开挖步骤完成时的地应力计算。隧道施工开挖中，释放荷载的作用效用与计算断面的位置、围岩材料的形态、施工开挖方法、支护施作时间等有关，开挖效应的计算应能体现这些因素的影响。荷载释放过程的确定除应综合考虑各类因素的影响外，尚应使围岩和支护结构的受力状态满足对释放荷载分担比的设计要求。围岩最终应力和支护结构的内力，可由增量法叠加求得，其中围岩应力应叠加初始应力。

模拟过程中可在洞周施加与当前围岩应力大小相等、方向相反的释放荷载。在未经扰动的掩体中开挖隧道时，当前围岩应力即为初始地应力；在已扰动过的岩体中开挖隧道时，当前围岩应力为围岩体开挖步骤的应力。初始地应力可采用水压致裂法、钻孔应力法、位移反分析法和回归分析法等方法确定，宜将多种方法结合使用，准确把握地应力分布规律。

在进行隧道施工开挖过程模拟计算时，可采用荷载释放系数模拟洞周初始应力在空间及时间上的作用效应。荷载释放系数应充分反映每个施工开挖步骤内开挖面作用效应，且应反映支护施作时间的影响。

各开挖步骤承载阶段的荷载释放系数之和即为合荷载释放系数。Ⅴ级和Ⅴ级以上的围岩采用复合式支护建造公路隧道时，设计计算应确定合适的释放荷载分担比，保证支护结构和围岩组成联合受力的整体，共同承受释放荷载的作用。隧道各构件释放荷载分担比的确定。

采用地层-结构法对隧道进行分析计算时，应按使用阶段的计算和施工阶段的验算分别组合。采用地层-结构法计算时，使用阶段计算的荷载组合，包括结构自重、附加恒载、释放荷载、混凝土收缩和徐变、水压力及其他可能存在的可变荷载和偶然荷载；施工阶段验算的荷载组合，除包括结构自重和释放荷载等之外，还应计入施工荷载。

4. 地层-结构法计算

采用地层-结构法对隧道施工开挖过程进行计算时，应选用与围岩地层及支护结构材料的受力变形特征相适应的本构模型。

岩土材料的本构模型可选用线弹性模型、非线性弹性模型、弹塑性模型、黏弹性模型、黏弹塑性模型及节理模型等。其中最常用的围岩材料本构模型时线弹性模型、黏弹性模型和弹塑性模型。

隧道支护结构中的钢筋材料应采用弹性变形状态设计，喷射混凝土作为初期支护时允许进入塑性受力状态，做为内衬结构的喷射混凝土和混凝土材料均宜处于弹性受力状态。经论证认为支护结构体系可保持稳定时，局部构件结构材料也可处于弹塑性受力状态。当允许结构材料进入塑性状态时，本构模型宜采用理想弹塑性模型，否则应采用各向同性弹性模型或各向异性弹性模型。

采用有限单元法对隧道支护结构进行计算时，计算区域的左右边界应在离相邻侧隧道毛洞壁面的距离达 3～5 倍以上毛洞跨度的位置上设置，下部边界离隧道毛洞底面的距离应为隧道毛洞高度的 3～5 倍以上，上部边界宜取至地表。

计算初始自重应力场时，作用荷载为各单元的自重；计算初始构造应力场时，作用荷载为作用在计算区域垂直边界一侧的初始构造应力；计算开挖效应时，作用荷载为沿开挖轮廓线分布的释放荷载。

采用有限单元法计算时，岩土介质和支护结构与离散为仅在结点相连的单元，荷载移置于结点，利用插值函数建立位移模式和确定边界条件后，由矩阵位移法求解结点位移，并据此计算岩土介质的应力和位移，及支护结构的内力，计算时尚应符合以下规定：

1）围岩地层和支护结构均被离散为仅在结点相连的单元；

2）锚杆可离散为杆单元，或提高加固区围岩的 c，φ 值，计入锚杆作用效应的影响；

3）喷射混凝土可采用梁单元或四边形等参单元近似模拟；

4）钢拱架与格栅拱可不单独划分单元，其作用可通过提高喷射混凝土层的强度指标近似模拟；

5）超前管棚支护的作用效应可通过提高地层 c，φ 值近似模拟。

采用矩阵位移法计算时，取用的基本未知数是单元结点的位移。对弹性问题的分析，将作用在结点上的外荷载以 $\{R\}$ 表示，结点位移以 $\{\delta\}$ 表示，刚度以 $[K]$ 表示。其基本方程式为

$$[K]\{\delta\}=\{R\} \tag{2.3.9}$$

当岩土介质与支护结构材料本构模型的特征呈非线性形态时，本构模型曲线需分段线性化，应力应变关系宜用增量形式表示。相应的基本方程式为

$$[K(\delta)]\{\Delta\delta\}=\{\Delta R\} \tag{2.3.10}$$

式中　$\{\Delta\delta\}$——结点位移的增量；

$\{\Delta R\}$——结点荷载的增量；

$[K(\delta)]$——刚度矩阵，矩阵元素的量值与变形有关。

采用荷载增量初应变法进行隧道模拟计算时，可按以下步骤进行：

1）计算岩土体的初始地应力，包括自重应力、构造应力及其合应力；

2）计算当前开挖步骤的开挖释放荷载；

3）按荷载增量步逐级施加开挖释放荷载；

4）对各开挖步骤，可在设定的荷载增量步内施加锚喷支护或衬砌结构；

5）每次施加增量荷载后，先按弹性状态计算，得出各单元的应力增量和位移增量；

6）将算得的单元应力增量和位移增量与增量加载前的单元应力、位移分别叠加，计算出增量加载后的单元应力和位移；

7）计算单元主应力；

8）检验节理单元抗拉强度和抗剪强度是否满足要求；

9）检验节理单元等是否发生受拉或受剪破坏；

10）将各单元中的过量塑性应变转化为等效结点力，并将其作为附加荷载向量，再次进行迭代计算；

11）转至步骤 5)，重复步骤 5)—步骤 9)的计算过程，直至满足步骤 8)、步骤 9)规定的计算要求；

12）转至步骤 3)，再次施加荷载增量，直到该开挖步加载结束；

13）输出计算结果。

5. 隧道稳定性判别

判断隧道的稳定性，应将洞周是否存在稳定的承载环作为基本条件。洞周承载环可分为如下几种类型：

1) 围岩地质条件好，自支撑能力强时，洞周围岩可形成稳定的承载环；

2) 围岩地质条件较差，自支撑能力低，隧道开挖后洞周岩体易坍塌时，由初始支护与围岩共同形成承载环；

3) 围岩地质条件极差，围岩基本无自稳能力时，洞周承载环仅由初期支护和二次衬砌组成。

进行隧道稳定性的判断时，应同时检验围岩和结构的工作状态。隧道处于稳定状态时，洞周承载环应处于如下工作状态：

1) 洞周围岩自身可起承载环作用的条件时，围岩处于弹性变形状态，或在拱圈和两侧边墙部位出现塑性区不连通的弹塑性变形状态。

2) 当支护结构起承载环作用时，支护结构应处于弹性变形状态，或出现的塑性铰少于3个，且均不在同一侧的侧墙上的弹性变形状态。

3) 围岩的工作状态可采用德鲁克-普拉格准则(D-P准则)或摩尔-库仑准则(M-C准则)检验。判定围岩屈服条件的黏聚力和内摩擦角等参数应计入系统锚杆加固效应、注浆加固效应及开挖过程中的松动效应。

对支护结构工作状态的判断应符合以下规定：

1) 支护结构应按承载能力极限状态设计，且变形后仍能满足使用功能对净空的要求；

2) 对素混凝土衬砌，应验算控制截面的抗压、抗拉强度；

3) 对钢筋混凝土结构，应根据相关规定进行计算。

2.3.3 隧道支护的荷载-结构计算

1. 概述

当隧道支护结构在稳定洞室过程中起主要作用、承担外部荷载较明确、自重荷载可能控制结构强度时，宜采用荷载-结构模型进行内力计算，并对其极限状态进行校核。明洞结构、棚洞结构、浅埋隧道衬砌结构、Ⅳ～Ⅵ级围岩深埋地段衬砌结构及特殊地质条件下的衬砌结构等，应进行支护结构内力计算及强度校核。

当隧道支护结构采用极限状态法计算时，应按结构承载能力极限状态及正常使用极限状态进行设计。隧道结构计算过程中应考虑围岩对结构的弹性抗力作用。弹性抗力作用的范围、分布形式及计算方法应根据地质条件、结构形式、回填密实程度以及计算方法等条件确定。

当隧道采用分布开挖方法施工，各部分支护结构需要在较长时间内分步建成时，宜对施工过程中主要支护构件的安全性进行验算。计算荷载及材料强度可根据设计工序及施工工艺的实际情况确定。

隧道结构在设计基准期内，应具有规定的可靠度，隧道支护结构应保持处于正常设计、正常施工和正常使用状态。

2. 荷载的分类、计算及组合

作用在隧道支护结构之上的计算荷载应根据所处的地形条件、地质条件、埋置深度、结构特征和工作条件、施工方法、相邻隧道间距以及周边环境等因素综合确定。

隧道建设环境复杂，施工工序与施工工艺多变，为保证隧道结构的可靠度指标，应采取措施，保证隧道结构的工作模式与设计模式基本一致。对于地质条件复杂的隧道，宜通过实地测量确定荷载大小及分布规律。在隧道建设过程中，如发现结构实际工作条件与设计条件差异较大，应对作用在支护结构之上的荷载进行修正，并重新对结构进行验算。

隧道结构按极限状态计算时，应根据各类荷载可能出现的组合状况分别按满足结构承载能力和满足结构正常使用要求进行验算，并按最不利荷载组合进行设计。

3. 永久荷载标准值的计算

1）围岩形变压力 Q_1。隧道开挖后，软弱岩体会呈现一定的塑性与流变特性，当支护结构与围岩密贴时，会产生变形压力。当为浅埋隧道时，可不考虑围岩的形变压力；当初始地应力小于岩石饱和极限抗压强度 15%时，可不考虑围岩的形变压力；当初始地应力大于岩石饱和极限抗压强度约 25%时，可能出现较大的围岩形变压力；当围岩在地下水或应力变化作用下具有明显膨胀性时，应考虑围岩的膨胀压力。

2）围岩松散压力 Q_2。围岩松散压力为作用在隧道全部支护结构的压力综合。当设计条件与设计设定的条件相差较大时，应另行研究确定。

作用在隧道支护结构之上的围岩松散压力与地质条件、地形条件、隧道埋置深度、隧道跨度、隧道结构形式等多种因素有关。作用在隧道结构之上的形变压力、松散压力以及弹性抗力互为关联，较难区分。其中松散压力为最危险荷载，应限制其发展；形变压力是与结构刚度有关的荷载，宜通过适当的方式进行释放；弹性抗力为对结构有利的作用，应充分利用。

3）结构自重荷载 Q_3 可根据结构厚度、计算宽度以及结构材料重度等参数按照下式计算：

$$Q_3 = HB\gamma \tag{2.3.11}$$

式中　Q_3——自重荷载(kN/m)；

H——构件计算截面的设计厚度(m)；

B——构件计算截面的设计宽度(m)；

γ——结构材料重度的标准值(kN/m^3)。

4）结构附加恒载 Q_4 为隧道内部装修、设备安装或分割空间而产生的荷载，应根据设计基准期内可能发生的实际情况计算。

5）当结构为超静定体系时，应计入混凝土收缩和徐变的影响力 Q_5，可作为混凝土整体温度降低考虑。对于整体现浇的素混凝土衬砌可按降温 20 ℃考虑；对于分次浇筑的整体式素混凝土或钢筋混凝土结构可按素混凝土衬砌降温 15 ℃考虑；对于分次浇筑的整体式素混凝土或钢筋混凝土结构可按整体降温 10 ℃考虑；对于装配式钢筋混凝土结构可按整体降 5 ℃～10 ℃考虑。

6）当限制地下水排放或采用封闭衬砌时，应计入衬砌外围的水压力荷载 Q_6。

当采用排水衬砌时，可不考虑水压力荷载，但需要考虑运营期排水系统可能产生淤塞的影响，在结构设计时应采用一定的水压力对二次衬砌的强度进行校核；对于浅埋隧道，校核水压力为隧道计算点高程与地下水位高程之差；对于地下水较为活跃区域的深埋隧道，校核水压力不小于 0.05 MPa(拱顶)。

当隧道仰拱位于比较完整的岩石基础之上,能够保证仰拱结构与围岩黏结良好时,可不考虑仰拱的水压力作用。

静水压力高度范围内的松散土压力应按浮重度计算。

7) 浮力 Q_7 为作用在顶板及底板上的水压力之差。下部未封闭的结构可不计浮力作用;在岩石地层中,如果计入水压力荷载,应同时计入浮力作用;在土层中,浮力作用于结构顶板区。

8) 当结构支护体系为超静定结构,基础有可能出现变位时,应考虑基础变位影响力 Q_8。当隧道支护设计为带仰拱的封闭结构,且仰拱先期施工时,可以不计入基础变位的影响力;当仰拱在拱部结构施工之后浇筑时,宜计入基础变位影响力;当地基承载力不均匀或隧道作用荷载不对称时,宜提高基础相对变位值进行验算。

9) 地面永久建筑荷载影响 Q_9 为隧道施工前或施工完成后,在隧道上方或两侧影响范围内施作的永久建筑物或永久构筑物的荷载影响力。应根据结构设计基准期内隧道周边的建设规划,确定建筑荷载影响力的作用位置与量值。

地面永久建筑物对隧道结构的影响可按以下方法计算:将建筑物重力换算为地表(或地层内)分布荷载(或集中荷载),应用应力扩散理论分析其对隧道结构的作用力。对于无黏性的沙性土可采用扩散理论计算;对于黏性土及岩体可采用土力学中应力传递理论公式计算。

4. 基本可变荷载标准值的计算

1) 公路车辆荷载、人群荷载 Q_{10},应根据结构设计基准期内隧道净空公路的荷载标准确定其作用位置及量值。计算方法可参考公路桥涵设计相关规范的规定。

2) 立交公路车辆荷载及其产生的冲击力、土压力 Q_{11},应根据结构设计基准期内隧道周边公路建设规划确定其作用位置与量值。计算方法可参考公路桥涵设计相关规范的规定。

3) 立交铁路荷载及其产生的冲击力、土压力 Q_{12},应根据结构设计基准期内隧道周边建设铁路规划确定其作用位置与量值。计算方法可参考铁路桥涵设计相关规定。

4) 风机等设备引起的动荷载 Q_{13} 可按以下规定计算:对于射流风机,可按其静止重量的10～15 倍计算其对隧道结构的动荷载作用;对于架空结构,除计入标准设备荷载外,还应计入不小于 2 kN/m^2 的使用期分布荷载。

5. 其他可变荷载标准值的计算

1) 对于立交渡槽流水压力 Q_{14},应计算立交渡槽的结构重量及渡槽内流水的重量。

2) 当隧道结构受温度影响时,应考虑温度变化影响力 Q_{15}。

3) 冻胀力 Q_{16} 计算应视当地的自然条件、围岩冬季含水量、衬砌防冻构造及排水条件等确定。当隧道所在区域最低平均气温低于－15 ℃时,隧道结构设计应计入冻胀力。

4) 地面施工荷载 Q_{17} 为工程建设期中,短期堆放物体或临时开挖覆土层导致隧道周边荷载长期存在时,应作为永久荷载考虑;浅埋隧道之上的大面积施工荷载,可简化为覆土厚度。

5) 隧道施工荷载 Q_{18} 为支护结构完成后,在初期支护或二次衬砌背后注浆、开挖或回填施工所引起的短期作用,其量值及作用范围应根据施工实际情况或设计工艺确定。

6. 偶然荷载标准值的计算

1) 明洞及棚洞等覆盖层浅、受冲击荷载作用大的结构,如果附近高边坡在设计基准期内可能出现坍塌，应计算落石冲击荷载 Q_{19} 的作用。

2）地震荷载 Q_{20}，应根据隧道抗震设防烈度下的地震动参数进行计算。抗震计算可采用拟静力法、响应位移和地震波动输入法等多种方法。

3）人防荷载 Q_{21}，应按现行《人民防空地下室设计规范》(GB 50028—2005)的有关规定执行。

7. 荷载组合

在结构计算过程中，应对支护结构之上可能出现的荷载，按承载能力极限状态和正常使用极限状态进行组合，取最不利组合进行设计或验算。荷载组合分类如下：

1）基本组合Ⅰ：用于正常使用极限状态的校核。即在结构设计基准期内可能出现的全部永久荷载＋在结构使用期间可能出现的基本可变荷载＋其他可变荷载。该项荷载组合验算结构在荷载作用下的变形或裂缝开展，控制其在规定范围内。

2）基本可变荷载组合Ⅱ：用于承载能力极限状态校核，即在结构设计基准期内可能出现的全部永久荷载＋在结构使用期间可能出现的基本可变荷载，该项荷载组合验算结构在基本可变荷载作用下的可靠度。

3）其他可变荷载组合Ⅲ：用于承载能力极限状态校核，即在结构设计基准期内可能出现的全部永久荷载＋在结构使用期间可能出现的基本可变荷载＋在结构使用期间可能出现的其他可变荷载。该项荷载组合验算结构在其他可变荷载参与作用下的可靠度。本类组合中，冻胀力不参与水压力及松散土压力组合。

4）偶然荷载组合Ⅳ：用于承载能力极限状态校核，即下结构设计基准期内可能出现的全部永久荷载＋在结构使用期间可能出现的偶然荷载＋可能与偶然荷载同时出现的基本可变荷载。该项荷载组合验算结构在偶然荷载参与作用下的可靠度。本类组合中，基本可变荷载中，立交公路及立交铁路荷载不参与偶然荷载组合；其他可变荷载不参与偶然荷载组合；偶然荷载相互之间不组合。

5）验算荷载组合Ⅴ：用于承载能力极限状态校核，即在结构设计基准期内可能出现的全部永久荷载＋在结构使用期间可能出现的基本可变荷载。该项荷载组合验算结构在变形压力、水压力及基础变位影响力参与作用下的可靠度。

8. 隧道支护结构的内力计算

明洞、棚洞、整体式衬砌以及装配式衬砌等结构，应按极限状态进行设计计算，或按容许应力法进行弹性受力阶段内力分析强度校核，充分保证结构设计的可靠性或具有规定的安全系数。

公路隧道双车道及三车道分离式复合衬砌隧道，初期支护与二次衬砌的支护承载比例可根据围岩等级及埋深确定。

当初期支护的设计承载比例小于设计荷载 50％时，理论上不能保证施工过程中的长期安全。此时，应采取合理的分步施工方案，给出二次衬砌的合理施作时间。

隧道结构计算时，应可考虑隧道周边岩体或土体对结构的弹性抗力作用，弹性抗力的大小可按下式计算：

$$F_d = K_d \delta \tag{2.3.12}$$

式中 F_d——弹性抗力(kPa)；

K_d——弹性抗力系数(kPa/m)；

δ——结构变形量(m)。

隧道周边岩土体的弹性抗力系数可视为常数，但是周边岩土体差异较大或隧道埋置深度较浅时也可取变化值。

对于隧道初期支护及仰拱，在结构计算时应验算压应力、拉应力、剪切应力；对设置有柔性防水层的复合衬砌的二次衬砌，可仅考虑围岩对结构的压应力作用。计入弹性抗力时应注意：

1）考虑弹性抗力作用出现拉应力的区段，应不超过结构与围岩的粘结力及岩体抗拉强度；在拱部 90°范围内可不计入抗力作用；当隧道为极浅埋结构或为明洞结构，且周边为相对软弱的土体时，侧边的最大弹性抗力与被动土压力大小相关，但不应超过被动土压力的 50%；当为深埋隧道时，侧边的最大弹性抗力不应超过计算点土体的地基承载容许值。

2）影响弹性抗力大小及分布形式的因素有岩体强度、结构刚度与变形量、衬砌周边回填状况以及外荷载的大小与分布形式等。岩体强度越高，弹性抗力系数越大，弹性抗力作用约显著；结构刚度相对于岩体越大，弹性抗力分布越均匀，反之则越集中于结构产生最大变形量附近；衬砌回填越密实，弹性抗力越能发挥作用。

弹性抗力可采用假定分布函数法、弹性地基梁法、连杆单元法、弹性地基单元法等多种方法计算，应根据结构计算方法及结构工作状态合理选取。

1）弹性抗力分布函数法可假定拱部弹性抗力按抛物线分布，其中抗力零点位于拱顶两侧 45°附近，抗力最大点位于拱脚。对于边墙的弹性抗力计算则有如下假定：如为弹性地基刚梁，可假定弹性抗力按直线分布；如为弹性地基短梁，可假定弹性抗力按负抛物线分布；如为弹性地基长梁，可取上部换算长度为短梁的部分，其弹性抗力按负抛物线分布，其余部分为零。

2）弹性地基梁法可用于计算边墙及仰拱的弹性抗力作用。

3）连杆单元法将结构视为与围岩共同变形的弹性地基上的梁，对于边墙用仰拱结构应是既考虑围岩对结构的压力又考虑围岩对结构的拉力的完全弹性地基梁，直接采用标准刚度矩阵法进行计算；二次衬砌则仅计入围岩对结构的压力作用，应作为不完全弹性地基梁，对标准刚度矩阵进行适当修正。

9. 系统锚杆计算

1）系统锚杆计算适用于能在隧道周边形成稳定承载拱的Ⅲ、Ⅳ级围岩。

2）系统锚杆形成的承载拱的内力计算可分为两种情况：当初期支护内设置有钢拱架时，仅计入系统锚杆与围岩的作用，而喷射混凝土的作用在计算钢拱架承载能力时再计入。当喷射混凝土层内未设置钢拱架时，喷射混凝土层较薄(5～15 cm)，喷射混凝土的承载能力通过与围岩联合作用来发挥。此时，不仅要计入系统锚杆与围岩的作用，而且还应计入喷射混凝土层的作用；承载拱应为由岩体及喷射混凝土两种材料构成的组合拱。

3）在计算内力过程中，承载拱的重度及弹性模量直接取初始围岩的参数，但是进行强度校核时应计入系统锚杆的作用，对围岩相关强度值进行修正。

4) 隧道系统锚杆形成的承载拱结构如图 2-12 所示，由系统锚杆及喷射混凝土层形成的承载拱厚度可近似按下式计算：

$$D_g = L_0 - B_s \cot \varphi_c - D_0 + D_{ph} \quad (2.3.13)$$

对于矩形布置的系统锚杆：

$$B_s = 0.5\sqrt{ab\left(1+\frac{L_0}{R_0}\right)} \quad (2.3.14)$$

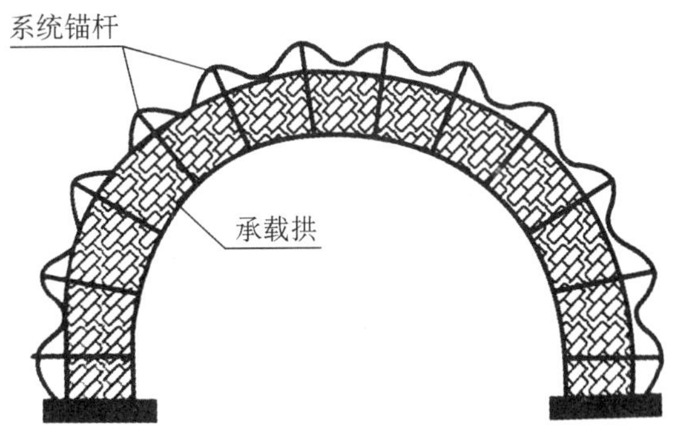

图 2-12　系统锚杆形成的承载拱示意图

对于梅花形布置的系统锚杆：

$$B_s = 0.3\sqrt{ab\left(1+\frac{L_0}{R_0}\right)} \quad (2.3.15)$$

式中　D_g——系统锚杆形成的承载拱厚度(m)；

L_0——系统锚杆的设计入土长度(m)；

D_{ph}——喷射混凝土层厚度(m)，如果喷射混凝土内设置钢拱架，则不考虑喷射混凝土层的影响，此时 $D_{ph}=0$；

a，b——系统锚杆纵向及环向间距(m)；

B_s——系统锚杆外侧端部折算间距(m)；

R_0——承载拱内轮廓线半径(m)，可取设计开挖轮廓线半径；

D_0——承载拱厚度安全系数，与开挖质量有关，可取 $D_0=0.1\sim0.3$ m；

Φ_c——岩体的计算内摩擦角(°)。

(5) 计算由系统锚杆形成的承载拱的内力时，应考虑其周边岩体的弹性抗力，弹性抗力的作用范围宜由计算确定。当锚杆承载拱的弹性抗力零点为 35°～45°时，也可直接按经验确定弹性抗力作用范围。承载拱的基础可模拟为弹性铰支座支承方式。

(6) 系统锚杆宜紧随开挖面施作，所承受的形变荷载，由作用在承载拱之上的荷载侧压力系数进行计算。侧压力系数可取大于规范给出的松散岩土荷载的侧压力系数，小于(接近)地层初始侧压力系数。

10. 初期支护钢拱架的内力计算

1) Ⅳ～Ⅵ级围岩地段，喷射混凝土层内部需设钢拱架，喷射混凝土层厚度应为 18～35 cm，宜将喷射混凝土层与钢拱架视为整体进行内力计算，共同分析其承载能力。

2) 在计算喷射混凝土及钢拱架承载能力时，周边岩体对结构的弹性抗力应按完全的弹性地基梁计算。在边墙及拱部靠近边墙一定范围内，当结构在外荷载作用下具有压向围岩的位移时，应计算围岩对结构的压抗力作用；当结构具有远离围岩的位移时，应计算围岩对结构的拉力作用，作用力的大小与位移成正比。拱部弹性抗力作用范围应根据分析计算确定。

11. 二次衬砌的内力计算

1) 当初期支护与二次衬砌之间设有防水层时，围岩对二次衬砌的弹性抗力作用仅计入径向压力。

2）当初期支护与二次衬砌间未设置防水层时，应按叠合梁结构计算内力，并根据刚度大小进行内力分配。

3）当二次衬砌基础较窄时，宜将其简化为完全铰支座；当二次衬砌基础较宽时，宜将其简化为弹性铰支座；如果二次衬砌设有仰拱，且先期施工的仰拱与边墙基础连接良好时，宜将其简化为封闭的受力结构，或将二次衬砌基础简化为完全固接的制作形式。仰拱设置前后，二次衬砌的结构计算模型分别如图 2-13 所示。

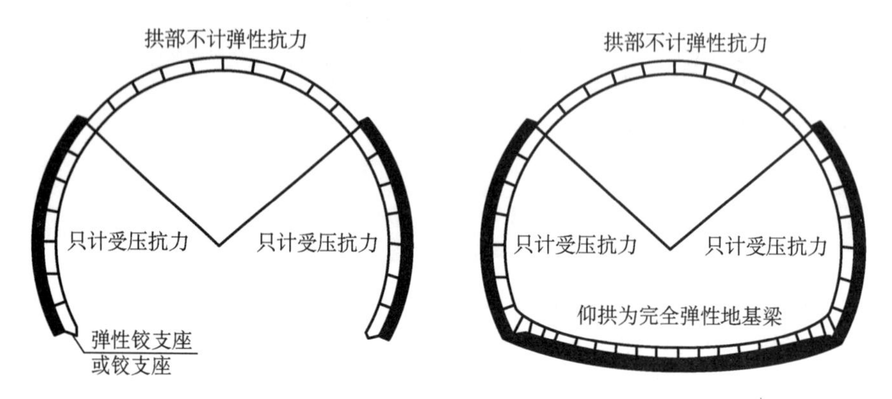

图 2-13　二次衬砌结构计算简图(仰拱设置前后)

第3章
传统优化方法

对于工程问题的最优化求解,可以采用多种方式。传统优化方法是最基本的一种。根据数学模型中是否带有约束条件,传统优化方法可分为无约束和有约束优化方法。

3.1 无约束非线性最优化方法

无约束最优化方法与约束规划问题相比,要容易得多,但其解题的基本思想一般可以扩展到有约束的情形;非线性约束规划问题有时也可以通过一系列无约束最优化问题来求解。因此,求解无约束最优化问题是解答有约束问题的基础,带有普遍的意义。

3.1.1 无约束问题的下降算法与线性搜索

3.1.1.1 凸函数与无约束优化的最优性条件

无约束最优化问题的最优解分为全局最优解与局部最优解,其定义如下:

无约束优化问题是求一个函数的极值问题,即

$$\min f(x) \tag{3.1.1}$$

其中,$x \in R^n$,$f(x) \in R$ 称为目标函数。问题(3.1.1)的解称为最优解,记为 x^*,该点的函数值 $f(x^*)$ 称为最优值。

定义 3.1.1 若 $f(x)$ 对于 $x_1, x_2 \in R^n$,$x_1 \neq x_2$,有

$$f(\alpha x_1 + \beta x_2) \leqslant \alpha f(x_1) + \beta f(x_2) \tag{3.1.2}$$

对 $\forall \alpha \geqslant 0, \beta \geqslant 0, \alpha + \beta = 1$,则称 $f(x)$ 为凸函数。

若不等式(3.1.2)为严格不等式,则称 $f(x)$为严格凸函数。

定理 3.1.1 设 $f(x)$ 在 R^n 一阶连续可微,则 $f(x)$ 为凸函数的充分必要条件为对任意两点 $x_1, x_2 \in R^n$,$x_1 \neq x_2$,均有

$$f(x_2) \geqslant f(x_1) + \nabla f(x_1)(x_2 - x_1) \tag{3.1.3}$$

定理 3.1.2 设 $f(x)$ 在开凸集 $S \subset R^n$ 上二阶连续可微,则 $f(x)$ 在 S 上为凸函数的充分必要条件为 $f(x)$ 的 Hesse 矩阵 $\nabla^2 f(x)$ 在 S 上任一点半正定。

全局最优解:若对任意 $x \in R^n$,$f(x) \geqslant f(x^*)$,则 x^* 为问题的全局最优解;若对任意 $x \in R^n$ 且 $x \neq x^*$,$f(x) > f(x^*)$,则 x^* 为问题的严格全局最优解。

局部最优解:对 $x^* \in R^n$,若存在 $\varepsilon > 0$,使对任意 $x \in R^n$,当 $\| x - x^* \| < \varepsilon$ 时,有

$f(x) \geqslant f(x^*)$，则 x^* 为问题的局部最优解；若对任意 $x \in R^n$，当 $\| x - x^* \| < \varepsilon$ 且 $x \neq x^*$ 时，$f(x) > f(x^*)$，则 x^* 为问题的严格局部最优解。

下面的定理给出了 x^* 是问题(3.1.1)的局部最优解的充分和必要条件。

定理 3.1.3(一阶必要条件) 若 $f(x)$ 是 R^n 上的连续可微函数，x^* 是 $f(x)$ 的局部极值点，则有 $\nabla f(x^*) = 0$。

定理 3.1.4(二阶必要条件) 若 $f(x)$ 在开集 $S \subset R^n$ 上二阶连续可微，$x^* \in S$ 是 $f(x)$ 的局部极值点，则有 $\nabla f(x^*) = 0$ 且 $\nabla^2 f(x^*)$ 半正定，即对 R^n 中任意向量 $y \neq 0$，有 $y^{\mathrm{T}} \nabla^2 f(x^*) y \geqslant 0$ 成立。

定理 3.1.5(二阶充分条件) 若 $f(x)$ 在 x^* 的某邻域内二阶连续可微，若 $\nabla f(x^*) = 0$ 且 $\nabla^2 f(x^*)$ 正定，则 x^* 是 $f(x)$ 的局部极小点。

3.1.1.2 下降算法的一般步骤

由于非线性函数的复杂性及计算误差的存在，极值点精确解求解是困难的。对于非线性优化问题，均采用迭代法求近似解。对于当前点 x^*，我们需要求取一个满足要求的下降方向 d^*，使目标函数 $f(x)$ 的值从 x^* 出发，沿方向 d^* 是下降的，d^* 则为 $f(x)$ 在 x^* 点的下降方向，d^* 满足条件

$$\nabla f(x^*)^{\mathrm{T}} d^* < 0 \tag{3.1.4}$$

一般用迭代法求解优化问题的计算程序如下：

步骤 1：求得当前点 x^k 后，求 x^k 处一个满足要求的下降方向 d^k。

步骤 2：求 $f(x)$ 从 x^k 出发沿方向 d^k 的移动步长 α_k，使 α_k 满足

$$f(x^k + \alpha_k d^k) = \min(f(x^k + \alpha d^k)),\ \alpha \geqslant 0 \tag{3.1.5}$$

式中，α_k 为线性最优步长，令 $x^{k+1} = x^k + \alpha_k d^k$。

步骤 3：若 $\| \nabla f(x^{k+1}) \| < \varepsilon$，$\| x^{k+1} - x^k \| < \varepsilon$，$\varepsilon$ 为预给误差，则令 $x^{k+1} = x^*$，x^{k+1} 为 x^* 的近似解，停止计算。否则，令 $k = k + 1$，返回步骤 1。

下降算法中涉及对下降方向 d^k 及步长 α_k 进行求解，不同的方向 d^k 的构成及 α_k 的求解方法构成了不同的算法。最优性条件中，x^* 满足 $\nabla f(x^*) = 0$ 为基本要求，满足 $\nabla f(x^*) = 0$ 的点为稳定点。在算法的收敛性讨论中，要求 $\{x^k\}$ 收敛至 $f(x)$ 的稳定点。当 $f(x)$ 有较好的性质时，可以研究点列的收敛速率。

3.1.1.3 收敛性与收敛速度

若一个算法产生的点列 $\{x^k\}$ 满足

$$\lim_{k \to \infty} \| x^k - x^* \| = 0 \tag{3.1.6}$$

则称该算法收敛。若从任意初始点出发，$\{x^k\}$ 均能收敛到 x^*，则算法具有全局收敛性。而仅当初始点与 x^* 充分接近时，$\{x^k\}$ 才收敛到 x^*，则算法具有局部收敛性。

若

$$\lim_{k \to \infty} \frac{\| x^{k+1} - x^* \|}{\| x^k - x^* \|} = a \tag{3.1.7}$$

当 $0 < a < 1$ 时，迭代点列 $\{x^k\}$ 的收敛速度是线性的，则称算法为线性收敛。当 $a = 0$ 时，迭代点列 $\{x^k\}$ 的收敛速度是超线性的，算法为超线性收敛。

若

$$\lim_{k\to\infty}\frac{\| x^{k+1} - x^* \|}{\| x^k - x^* \|^2} = a \tag{3.1.8}$$

其中 a 为任意常数，迭代点列 $\{x^k\}$ 的收敛速度为二阶，则算法为二阶收敛。

3.1.1.4　线搜索准则

在当前迭代点 x^k，假设下降方向 d^k 已知，求步长 α_k 的问题为线搜索问题。

1. 精确线搜索准则

在迭代点 x^k，当下降方向 d^k 已知时，则需使 $f(x)$ 沿 d^k 关于步长 α 取极小值，即

$$\min_{\alpha} f(x^k + \alpha d^k) \tag{3.1.9}$$

即为精确线搜索。

精确线搜索需要求几乎精确的步长，当 n 非常大或 $f(x)$ 非常复杂时，其计算量较大。且当迭代点距离最优解较远时，没必要做高精度的线搜索。对一般问题而言，实现精确线搜索是很困难的。

2. 非精确性搜索准则

1）Wolfe 方法

给定数 $\mu \in (0,1/2)$，$\sigma \in (\mu, 1)$，求 α_k 使下列两个不等式同时成立：

$$g(x^k + \alpha_k d^k)^{\mathrm{T}} d^k \geqslant \sigma g(x^k)^{\mathrm{T}} d^k \tag{3.1.10}$$

$$g(x^k + \alpha_k d^k)^{\mathrm{T}} d^k \geqslant \sigma g(x^k)^{\mathrm{T}} d^k \tag{3.1.11}$$

式(3.1.11)是要求 $f(x^k + \alpha d^k)$ 在点 α 处的斜率不能小于 $f(x^k + \alpha d^k)$ 在零点斜率 $g(x^k)^{\mathrm{T}} d^k$ 的 σ 倍。

式(3.1.11)中，即使 σ 取为 0，亦无法保证准则的点接近精确线搜索的结果，其可以用更强的条件代替：

$$| g(x^k + \alpha_k d^k)^{\mathrm{T}} d^k | \leqslant -\sigma g(x^k)^{\mathrm{T}} d^k \tag{3.1.12}$$

此时式(3.1.10)与式(3.1.12)称为强 Wolfe 搜索。若 $\sigma > 0$ 充分小，则其变为近似精确性搜索。

2）Armijo 搜索方法

取定 $\alpha > 0$，$\beta \in (0, 1)$，$\sigma \in (0, 1/2)$。令 $\alpha_k = \alpha\beta^{m_k}$，$m_k$ 为满足下式的 m 的最小正整数：

$$f(x^k + \alpha\beta^m d^k) \leqslant f(x^k) + \sigma\alpha\beta^m (g(x^k))^{\mathrm{T}} d^k \tag{3.1.13}$$

若 $f(x)$ 连续可微，$g(x^k)^{\mathrm{T}} d^k < 0$，可选择 σ，使得对充分大的 m，$f(x)$ 在 x^k 处沿 d^k 处满足式(3.1.13)，即可保证一定的下降。

3.1.2 最速下降法

最速下降法(又称梯度法)是其迭代方向 d^k 选择为 x^k 处的负梯度方向,其计算步骤如下:

步骤1:选择初始点 x^0,误差 $\varepsilon > 0$,令 $k = 0$;

步骤2:计算 $\nabla f(x^k)$。若 $\| \nabla f(x^k) \| \leqslant \varepsilon$,停止计算。$x^k$ 为近似最优解;

步骤3:取方向 $d^k = -\nabla f(x^k)$;

步骤4:取线性最优步长求 α_k:

$$f(x^k + \alpha_k d^k) = \min(f(x^k + \alpha d^k)),\ \alpha \geqslant 0$$

步骤5:令 $x^{k+1} = x^k + \alpha_k d^k$。令 $k = k + 1$,转回步骤2。

最速下降法在开始几次迭代时,步长较大,自变量的改变量和函数值的下降幅度都比较大,但当其接近最优点时,步长很小,故函数值下降很慢。最速下降法逼近函数极小的过程是"之"字形。

事实上,因为

$$x^{k+1} = x^k + \alpha_k \nabla f(x^k)$$

α_k 为函数 $\varphi(\alpha) = f(x^k + \alpha \nabla f(x^k))$ 的极小点,即 $\varphi'(\alpha_k) = 0$。由复合函数求导数的法则,可得

$$(\nabla f(x^{k+1}))^{\mathrm{T}} \cdot \nabla f(x^k) = 0 \tag{3.1.14}$$

由此可得最速下降法在相邻两次迭代中,梯度方向是互相正交的。最速下降是仅在 x^k 处具有最速下降的性质,但由于其走的是锯齿形路线,整体而言是慢速下降的。且其收敛的快慢和变量的尺度关系很大,对于等值面偏心很大的函数将逐渐沿稳定的 n 维锯齿形路径移动,收敛很慢。但由于其程序简单,一次迭代工作量小,开始迭代式时收敛快,即使选择一个不好的初始点也能很快收敛到一个较好的迭代点。实际工程中常在求解的初始阶段采用最速下降法得到一个很好的初始点,后采用其他收敛快的方法进行求解。

最速下降法在 MATLAB 中的程序实现如下所示:

程序 3.1 (最速下降法)

```
function [k, x, val] = grad(fun, gfun, x0, epsilon)
%功能:最速下降法求解无约束优化问题:minf(x)
%输入:fun, gfun 分别为目标函数及其梯度, x0 为初始点, epsilon 为容许误差
%输出:k 是迭代次数, x, val 分别为近似最优点及最优值
maxk = 5000;  %最大迭代次数
beta = 0.5; sigma = 0.4;
k = 0;
while(k<maxk)
    gk = feval(gfun, x0);  %计算梯度
    dk = - gk;  %计算搜索方向
    if(norm(gk)<epsilon),  break; end  %检验终止准则
    m = 0; mk = 0;
    while(m<20)  %用 Armijo 搜索方法求步长
```

```
        if(feval(fun, x0 + beta^m * dk)< = feval(fun, x0) + sigma * beta^m * gk ' * dk)
            mk = m; break;
        end
        m = m + 1;
    end
    x0 = x0 + beta^m * dk; k = k + 1;
end
x = x0;
val = feval(fun, x0);
```

3.1.3 牛顿法及其改进算法

牛顿法对于一点 x^k，将目标函数 $f(x)$ 在点 x^k 处做泰勒展开至二次项，略去高次项，以展开式近似代替 $f(x)$，求其最小值点，从而得到牛顿法的迭代计算公式。

在点 x^k 处，$f(x)$ 的泰勒展开式为

$$f(x)=f(x^k)+\nabla f(x^k)^{\mathrm{T}}(x-x^k)+\frac{1}{2}(x-x^k)^{\mathrm{T}}\nabla^2 f(x^k)(x-x^k)+o(\| x-x^k)$$
$$=Q(x)+o(\| x-x^k)$$

令 $\nabla Q(x)=0$，可得$\nabla^2 f(x^k)(x-x^k)+\nabla f(x^k)\nabla^2 f(x^k)(x-x^k)+\nabla f(x^k)=0$

$$x=x^k-(\nabla^2 f(x^k))^{-1}\nabla f(x^k) \tag{3.1.15}$$

我们希望式(3.1.7)中产生的点 x 是 $f(x)$ 的最小点 x^*，否则令 $x=x^{k+1}$，作为 x^* 一个新的近似点，

$$x^{k+1}=x^k-(\nabla^2 f(x^k))^{-1}\nabla f(x^k) \tag{3.1.16}$$

方向 $d^k=-(\nabla^2 f(x^k))^{-1}\nabla f(x^k)$ 称为牛顿方向，使用公式(3.1.16)建立的迭代算法为牛顿法，其计算步骤如下：

步骤 1：选择初始点 x^0，误差 $\varepsilon>0$，令 $k=0$；

步骤 2：计算 $\nabla f(x^k)$。若 $\|\nabla f(x^k)\|\leqslant\varepsilon$，停止计算。$x^k$ 为近似最优解；

步骤 3：由 $d^k=-(\nabla^2 f(x^k))^{-1}\nabla f(x^k)$ 计算得到 d^k；

步骤 4：$x^{k+1}=x^k-(\nabla^2 f(x^k))^{-1}\nabla f(x^k)$，$k=k+1$，转回步骤 2。

定理 3.1.6(牛顿法的收敛性) 设 $f(x)$ 在 R^n 的开集 D 上二阶连续可微，其 Hesse 矩阵 $\nabla^2 f(x)=G(x)=(G_{i,j}(x))$ 满足 Lipschitz 条件，即存在常数 $L>0$，对所有 i, j，

$$|G_{i,j}(x)-G_{i,j}(y)|\leqslant L\|x-y\| \tag{3.1.17}$$

成立。

该定理给出了牛顿法的局部收敛性，当迭代点充分接近 x^* 时，方可保证牛顿法的收敛性，方法以二阶收敛速度收敛。牛顿方法的收敛性依赖于初始点的选择。当初始点接近极小点时，迭代序列收敛于极小点，且收敛很快；否则就会出现迭代数列收敛到鞍点或极大点

的情形，或者在迭代过程中出现矩阵不正定或奇异的情形，使线性方程组不能求解，导致迭代失败。即使其 Hesse 矩阵正定，也不能保证$\{f_k\}$单调下降。且每一步都需要求解 Hesse 矩阵和一个线性方程组，计算量较大。

上述牛顿法中步长为 1，为改善牛顿法的局部收敛性质，保证 $f(x)$ 的单调下降性，可以用线性搜索来求步长 α_k，这种方法称为**阻尼牛顿法**。

$$x^{k+1}=x^k+\alpha_k d_k \tag{3.1.18}$$

阻尼牛顿法在 MATLAB 中的程序实现如下所示：

程序 3.2 （阻尼牛顿法）

```
function [k, x, val] = dampnm(fun, gfun, Hess, x0, epsilon)
% 功能:阻尼牛顿法求解无约束优化问题:minf(x)
% 输入:fun, gfun, Hess 分别为目标函数及其梯度和 Hess 矩阵,
%       x0 为初始点, epsilon 为容许误差
% 输出:k 是迭代次数, x, val 分别为近似最优点及最优值
beta = 0.5; sigma = 0.4;
k = 0;
while(k<maxk)
    gk = feval(gfun, x0);   % 计算梯度
    Gk = feval(Hess, x0);   % 计算 Hess 矩阵
    dk = - Gk/gk;   % 解方程组 Gk * dk = - gk, 计算搜索方向
    if(norm(gk)<epsilon),   break; end   % 检验终止准则
    m = 0; mk = 0;
    while(m<20)   % 用 Armijo 搜索方法求步长
        if(feval(fun, x0 + beta^m * dk)< = feval(fun, x0) + sigma * beta^m * gk ' * dk)
            mk = m; break;
        end
        m = m + 1;
    end
    x0 = x0 + beta^m * dk; k = k + 1;
end
x = x0;
val = feval(fun, x);
```

3.1.4 拟牛顿法

在牛顿法的迭代公式中，需要求目标函数 $f(x)$的 Hesse 矩阵。由于$G(x^k)^{-1}$可能不存在，使得牛顿法无法进行迭代。即使算法可以实施，初始点也只能选在 x^* 的某个适当的邻域内，否则算法产生的点列可能不收敛。拟牛顿算法是根据泰勒公式的近似展开式得到的拟牛顿方程来构造矩阵，来近似$G(x)$或$G(x)^{-1}$，并求得迭代方向。在拟牛顿算法的计算公式中，只用到 $f(x)$ 的一阶偏导数，不仅降低了对 $f(x)$ 的要求，且算法具有二次有限终止性、全局收敛性和超线性收敛速度等一系列优良性质。

3.1.4.1　拟牛顿算法的公式结构

将目标函数 $f(x)$ 的梯度向量 $g(x)$ 在点 x^k 处作泰勒展开

$$g(x^k+\delta^k)=g(x^k)+G(x^k)\delta^k+\cdots$$

当 δ^k 充分小时,可得近似关系

$$G(x^k)\delta^k=g(x^k+\delta^k)-g(x^k)=r^k \tag{3.1.19}$$

牛顿法是在泰勒展开式中略去高阶项,并希望 $x^k+\delta^k$ 达到最小点 x^*,即希望 $g(x^k+\delta^k)=0$。由于 $G(x^k)^{-1}$ 可能不存在,人们想到能否以某种正定矩阵 $B(x^k)$ 来代替 $G(x^k)$,并用公式(3.1.18) 来计算 $B(x^k)$,从而使迭代算法有近似于牛顿法的特点与性质。我们要研究寻找 $B(x^k)$,使其满足公式(3.1.19)。即当得到 $x^{k+1}=x^k+\delta^k$ 时,在 δ^k, r^k 已知的条件下,如何得到 $B(x^{k+1})$ 使得关系式

$$B(x^{k+1})\delta^k=r^k \tag{3.1.20}$$

成立。式(3.1.19)和式(3.1.20)称为拟牛顿方程。

$B(x^k)$ 为 $G(x^k)$ 的近似,求得 $B(x^k)$ 后可急速得到 $-B(x^k)^{-1}g(x^k)$,以此为迭代方向。但求得 $B(x^k)$ 后仍需求得 $B(x^k)^{-1}$,故方程可写为

$$H(x^{k+1})r^k=\delta^k \tag{3.1.21}$$

利用此式来求 $H(x^{k+1})$,不需求逆,可直接得到迭代方向 $-H(x^{k+1})g(x^k)$,从而开始迭代计算。如何从公式(3.1.21) 求得 $H(x^{k+1})$ 已有若干学者进行探究。一个较为简单的方法是逐次校正,即令

$$H(x^{k+1})=H(x^k)+\Delta H(x^k) \tag{3.1.22}$$

当 $H(x^k)$ 已知时,求出校正矩阵 $\Delta H(x^k)$,即可得到 $H(x^{k+1})$。不同校正矩阵得到了不同的迭代算法,这类算法统称为**拟牛顿算法**。

3.1.4.2　秩1校正公式

$\Delta H(x^k)$ 为秩1校正矩阵,即令

$$\Delta H(x^k)=uv^{\mathrm{T}} \tag{3.1.23}$$

式中, u, v 为 n 维向量,而矩阵 $\Delta H(x^k)$ 的各行成比例,其秩为1。

以 $\Delta H(x^k)=H(x^{k+1})-H(x^k)=uv^{\mathrm{T}}$ 代入式(3.1.20)得

$$(H(x^k)+uv^{\mathrm{T}})r^k=\delta^k,(v^{\mathrm{T}}r^k)u=\delta^k-H(x^k)r^k,$$

$$u=\frac{1}{v^{\mathrm{T}}r^k}[\delta_k-H(x^k)r^k] \tag{3.1.24}$$

$$H(x^{k+1})=H(x^k)+\frac{1}{v^{\mathrm{T}}r^k}[\delta_k-H(x^k)r^k]v^{\mathrm{T}} \tag{3.1.25}$$

由于 $G(x^k)$ 的对称性,要求 $H(x^{k+1})$ 也满足对称性。由对称性条件及公式(3.1.25),

可知向量 v 与向量 $\delta^k - H(x^k)r^k$ 成比例，即

$$v = \alpha(\delta^k - H(x^k)r^k) \tag{3.1.26}$$

$$H(x^{k+1}) = H(x^k) + \frac{1}{(\delta^k - H(x^k)r^k)^{\mathrm{T}} r^k}(\delta^k - H(x^k)r^k)(\delta^k - H(x^k)r^k)^{\mathrm{T}} \tag{3.1.27}$$

公式(3.1.27)即为 $H(x^k)$ 的秩 1 对称校正公式，可用来构造无约束条件的 $f(x)$ 的极小点的迭代算法。迭代步骤如下：

步骤 1：给定初始点 x^0，令 $g(x^0) = \nabla f(x^0)$，迭代方向 d^0；

$d^0 = -g(x^0) = -H(x^0)g(x^0)$，$H(x^0) = In$($n$ 阶单位矩阵)，令 $k = 0$；

步骤 2：从 x^k 沿 d^k 作线性搜索求步长 α_k：

$f(x^k + \alpha_k d^k) = \min(f(x^k + \alpha d^k))$，$\alpha \geqslant 0$，令 $x^{k+1} = x^k + \alpha_k d^k$。

若 $g(x^{k+1}) = 0$，x^{k+1} 为最小点，计算停止。否则则转入步骤 3；

步骤 3：令 $\delta^k = x^{k+1} - x^k$，$r^k = g(x^k + \delta^k) - g(x^k)$，用公式(3.1.16) 求 $H(x^{k+1})$，$d^{k+1} = -H(x^{k+1})g(x^{k+1})$，$k = k+1$，返回步骤 2。

3.1.4.3 秩 2 校正公式

由拟牛顿方程(3.1.21)及方程(3.1.22)得

$$\Delta H(x^k)r^k = \delta^k - H(x^k)r^k \tag{3.1.28}$$

需要根据式(3.1.28)求解 $\Delta H(x^k)r^k$。

满足式(3.1.28)的矩阵 $\Delta H(x^k)$ 较多，可令

$$\Delta H(x^k) = -H(x^k)r^k(q^k)^{\mathrm{T}} + \delta^k(w^k)^{\mathrm{T}}$$

只要向量 q^k，w^k 满足 $(q^k)^{\mathrm{T}}r^k = (w^k)^{\mathrm{T}}r^k = 1$ 即可。从而得到

$$H(x^{k+1}) = H(x^k) - H(x^k)r^k(q^k)^{\mathrm{T}} + \delta^k(w^k)^{\mathrm{T}} \tag{3.1.29}$$

这样的矩阵 $\Delta H(x^k)$ 是一个秩不超过 2 的矩阵，所以公式(3.1.29)称为秩 2 校正公式。

为了使 $H(x^{k+1})$ 对称，q^k，w^k 可取为

$$q^k = \frac{H(x^k)r^k}{(r^k)^{\mathrm{T}}H(x^k)r^k},\ w^k = \frac{\delta^k}{(\delta^k)^{\mathrm{T}}r^k} \tag{3.1.30}$$

$$H(x^{k+1}) = H(x^k) - \frac{H(x^k)r^k(r^k)^{\mathrm{T}}H(x^k)}{(r^k)^{\mathrm{T}}H(x^k)r^k} + \frac{\delta^k(\delta^k)^{\mathrm{T}}}{(\delta^k)^{\mathrm{T}}r^k} \tag{3.1.31}$$

这种秩 2 校正公式，为著名的 **DFP 公式**。

更一般地，若引进两个参数 α_k，β_k，将 q^k，w^k 取为

$$q^k = \alpha_k H(x^k)r^k + \beta_k\delta^k,\ w^k = -\beta_k H(x^k)r^k + \alpha_k\delta^k \tag{3.1.32}$$

根据向量 q^k，w^k 需满足的条件，经过整理，得

$$H(x^{k+1})=H(x^k)-\frac{H(x^k)r^k(r^k)^{\mathrm{T}}H(x^k)}{(r^k)^{\mathrm{T}}H(x^k)r^k}+\frac{\delta^k(\delta^k)^{\mathrm{T}}}{(\delta^k)^{\mathrm{T}}r^k}$$
$$+\beta_k((\delta^k)^{\mathrm{T}}r^k)((r^k)^{\mathrm{T}}H(x^k)r^k)v^k(v^k)^{\mathrm{T}} \tag{3.1.33}$$

其中，$v^k=\frac{\delta^k}{(\delta^k)^{\mathrm{T}}r^k}-\frac{H_kr^k}{(r^k)^{\mathrm{T}}H_kr^k}$。此公式称为 **Broyden 族秩 2 校正拟牛顿公式**。

若令 $\theta_k=\beta_k(\delta^k)^{\mathrm{T}}r^{\mathrm{T}}$，$v^k=((r^k)^{\mathrm{T}}H(x^k)r^k)^{\frac{1}{2}}\left(\frac{\delta^k}{(\delta^k)^{\mathrm{T}}r^k}-\frac{H(x^k)r^k}{(r^k)^{\mathrm{T}}H(x^k)r^k}\right)$，则可得到含单参数 θ_k 的 Broyden 族秩 2 校正拟牛顿公式。

$$H(x^{k+1})^{\theta}=H(x^k)-\frac{H(x^k)(r^k)^{\mathrm{T}}H(x^k)}{(r^k)^{\mathrm{T}}H(x^k)r^k}+\frac{\delta^k(\delta^k)^{\mathrm{T}}}{(\delta^k)^{\mathrm{T}}r^k}+\theta_kv^k(v^k)^{\mathrm{T}} \tag{3.1.34}$$

若限制 $\theta_k\in[0,1]$，则称公式为 **Broyden 限制 $\boldsymbol{\theta}$ 族公式**。

当 $\theta_k=0$ 时，则为公式(3.1.22)的 DFP 公式。

当 $\theta_k=1$ 时，

$$H(x^{k+1})=H(x^k)-\frac{H(x^k)(r^k)^{\mathrm{T}}H(x^k)}{(r^k)^{\mathrm{T}}H(x^k)r^k}+\frac{\delta^k(\delta^k)^{\mathrm{T}}}{(\delta^k)^{\mathrm{T}}r^k}+v^k(v^k)^{\mathrm{T}} \tag{3.1.35}$$

则为著名的 **BFGS 公式**。

3.1.4.4 拟牛顿算法的性质

定理 3.1.7 设二次凸函数 $f(x)=\frac{1}{2}x^{\mathrm{T}}Gx-bx+c$，矩阵 $\boldsymbol{G}$ 对称、正定。当采用秩 1 校正算法求函数最小点时，若得到的 $\delta^1,\delta^2,\cdots,\delta^n$ 线性无关，则算法至多经过 $n+1$ 次迭代后，可得到 $f(x)$ 的最小点 $x^*=G^{-1}b$ 且 $H(x^{n+1})=G^{-1}$。

定理 3.1.8(DFP 公式的正定传递性) 设矩阵 $\boldsymbol{H}(x^k)$ 对称正定，及 $\boldsymbol{H}(x^k)=H(x^k)^{\mathrm{T}}$ 且正定，则由 DFP 公式定义的 $H(x^{k+1})$ 亦为对称正定矩阵。

定理 3.1.9(Broyden 限制 $\boldsymbol{\theta}$ 族公式的正定传递性) 设矩阵 $\boldsymbol{H}(x^k)$ 正定，$(\delta^k)^{\mathrm{T}}r^k>0$，$H(x^{k+1})^{\theta}$ 正定的充要条件为

$$\det[H(x^{k+1})^{\theta}]>0$$

或

$$\theta_k>\bar{\theta}_k=\frac{[(\delta^k)^{\mathrm{T}}r^k]^2}{[(\delta^k)^{\mathrm{T}}r^k]^2-(\delta^k)^{\mathrm{T}}B_k\delta^k(r^k)^{\mathrm{T}}H(x^k)r^k} \tag{3.1.36}$$

拟牛顿算法应用于二次凸函数 $f(x)$ 时，方向组 $\{d^{k+1}\}$ 对 f 的 Hesse 矩阵 G 共轭，即 $(d^i)^{\mathrm{T}}Gd^j=0(i\neq j)$，故算法具有二次有限终止性。

定理 3.1.10(迭代方向对 $\boldsymbol{G}$ 的共轭性) Brodyen 族算法应用于求二次凸函数 f 的极小点且采用精确搜索求步长时，迭代方向具有如下性质：

$$(d^k)^{\mathrm{T}}Gd^j=0\quad(1\leqslant j\leqslant k\leqslant n) \tag{3.1.37}$$

$$H(x^{k+1})r^j = \delta^j \quad (1 \leqslant j \leqslant k \leqslant n) \tag{3.1.38}$$

$$H(x^{n+1}) = G^{-1} \tag{3.1.39}$$

其中，$\boldsymbol{G}$ 为 $f(x)$ 的 Hesse 矩阵。

3.1.4.5　拟牛顿法的收敛性

对于一致凸、二阶连续可微的函数 $f(x)$，当采用精确搜索求步长时，DFP 算法全局收敛。若再假定 $f(x)$ 的 Hesse 满足 Lipshitz 条件，则算法超线性收敛。

若目标函数 $f(x)$ 为二阶连续可微的凸函数，采用 Wolfe 非精确搜索时的限制 Broyden 族（DFP 算法除外）的所有算法都具有全局收敛性。若再假定 $f(x)$ 一致凸且 Hesse 满足 Lipshitz 条件，则算法超线性收敛。

3.1.4.6　拟牛顿法在 MATLAB 中的程序实现

程序 3.3　（对称秩 1 算法）

```
function [k, x, val] = sr1(fun, gfun, x0, epsilon, N)
%功能:对称秩 1 算法求解无约束问题:minf(x)
%输入:fun, gfun 分别是目标函数及其梯度, x0 为初始点,
%       epsilon 为容许误差, N 为最大迭代次数
%输出:k 是迭代次数, x, val 分别是近似最优点与最优值
if nargin<5,   N = 1000; end
if nargin<4,   epsilon = 1.e-5; end
beta = 0.55; sigma = 0.4;
n = length(x0);   Hk = eye(n); k = 0;
while(k<N)
    gk = feval(gfun, x0);   %计算梯度
    dk = -Hk * gk;   %计算搜索方向
    if(norm(gk)<epsilon), break;end   %检验终止准则
    m = 0; mk = 0;
    while(m<20) %用 Armijo 搜索求步长
        if(feval(fun, x0 + beta^m * dk)<= feval(fun, x0) + sigma * beta^m * gk' * dk)
            mk = m; break;
        end
        m = m + 1
    end
    x = x0 + beta^m * dk;
    sk = x - x0; rk = feval(gfun, x) - gk;
    Hk = Hk + (sk - Hk * rk) * (sk - Hk * rk)'/((sk - Hk * rk)' * rk);   %秩 1 校正
    k = k + 1; x0 = x;
end
val = feval(fun, x0)
```

程序 3.4　（DFP 算法）

```
function [k, x, val] = dfp(fun, gfun, x0, epsilon, N)
%功能:DFP 算法求解无约束问题:minf(x)
```

```
%输入:fun，gfun分别是目标函数及其梯度，x0为初始点，
%       epsilon为容许误差，N为最大迭代次数
%输出:k是迭代次数，x，val分别是近似最优点与最优值
if nargin<5,  N=1000; end
if nargin<4,  epsilon=1.e-5; end
beta=0.55; sigma=0.4;
n=length(x0);  Hk=eye(n); k=0;
while(k<N)
gk=feval(gfun, x0);  %计算梯度
if(norm(gk)<epsilon),  break; end  %检验终止准则
dk=-Hk*gk;  %计算搜索方向
    m=0; mk=0;
    while(m<20)  %用Armijo搜索求步长
        if(feval(fun, x0+beta^m*dk)<=feval(fun, x0)+sigma*beta^m*gk'*dk)
            mk=m; break;
        end
        m=m+1
        end
    x=x0+beta^m*dk;
sk=x-x0; rk=feval(gfun, x)-gk;
Hk=Hk+(Hk*rk*rk'*Hk)/(rk'*Hk*rk)+(sk*sk')/(sk'*rk); %DFP校正
k=k+1; x0=x;
end
val=feval(fun, x0)
```

程序 3.5 （Broyden 族算法）

```
function [k, x, val]=broyden(fun, gfun, x0, epsilon, N)
%功能:Broyden族算法求解无约束问题:minf(x)
%输入:fun，gfun分别是目标函数及其梯度，x0为初始点，
%       epsilon为容许误差，N为最大迭代次数
%输出:k是迭代次数，x，val分别是近似最优点与最优值
if nargin<5,  N=1000; end
if nargin<4,  epsilon=1.e-5; end
beta=0.55; sigma=0.4;
n=length(x0);  Hk=eye(n); k=0;
while(k<N)
gk=feval(gfun, x0);  %计算梯度
if(norm(gk)<epsilon),  break; end  %检验终止准则
dk=-Hk*gk;  %计算搜索方向
    m=0; mk=0;
    while(m<20)  %用Armijo搜索求步长
        if(feval(fun, x0+beta^m*dk)<=feval(fun, x0)+sigma*beta^m*gk'*dk)
            mk=m; break;
        end
```

```
    m = m + 1
end
x = x0 + beta^m * dk;
sk = x - x0; rk = feval(gfun, x) - gk;
vk = sprt(rk ' * Hk * rk) * (sk/(rk ' * sk) - (Hk * rk)/(rk 'Hk * rk));
Hk = Hk - (Hk * rk * rk ' * Hk)/(rk ' * Hk * rk) + (sk * sk ')/(sk ' * rk) + phi * vk * vk ';
x0 = x; k = k + 1;
end
val = feval(fun, x0);
```

程序 3.6 (BFGS 算法)

```
function [k, x, val] = broyden(fun, gfun, x0, varargin)
% 功能:BFGS 算法求解无约束问题:minf(x)
% 输入:fun, gfun 为目标函数及其梯度, x0 为初始点, varargin 是输入的可变参数变
%      量, 简单调用 BGFS 时可忽略, 但在其他程序循环调用时将发挥重要作用
%      epsilon 为容许误差, N 为最大迭代次数
% 输出:k 是迭代次数, x, val 分别是近似最优点与最优值
N = 1000;
epsilon = 1.e - 5;
beta = 0.55; sigma = 0.4;
n = length(x0);  Hk = eye(n); k = 0;
while(k<N)
gk = feval(gfun, x0, varargin{:});   % 计算梯度
if(norm(gk)<epsilon),  break; end  % 检验终止准则
dk = - Hk * gk;  % 计算搜索方向
    m = 0; mk = 0;
    while(m<20)  % 用 Armijo 搜索求步长
        newf = feval(fun, x0 + beta^m * dk, varargin{:});
        oldf = feval(fun, x0, varargin{:});
if(newf< = oldf + sigma * beta^m * gk ' * dk)
            mk = m; break;
        end
    m = m + 1
end
x = x0 + beta^m * dk;
sk = x - x0; rk = feval(gfun, x, varargin{:}) - gk;
vk = sprt(rk ' * Hk * rk) * (sk/(rk ' * sk) - (Hk * rk)/(rk 'Hk * rk));
Hk = Hk - (Hk * rk * rk ' * Hk)/(rk ' * Hk * rk) + (sk * sk ')/(sk ' * rk) + vk * vk ';
x0 = x; k = k + 1;
end
val = feval(fun, x0, varargin{:});
```

3.1.5　共轭梯度法

3.1.5.1　共轭方向与共轭梯度法

定义 3.1.2　设 n 阶矩阵 G 对称正定，若两个非零向量 x, y 满足

$$x^{\mathrm{T}}Gy=0 \tag{3.1.40}$$

则称向量 x, y 对 G 共轭。

定义 3.1.3　若向量组 $\{y_1, y_2, \cdots, y_m\}$ 中任意两个向量对 G 共轭，即

$$y_i^{\mathrm{T}}Gy_i=0,\ 1\leqslant i,\ j\leqslant m,\ i\neq j \tag{3.1.41}$$

成立，则称该向量组为 G 的共轭向量组。

定理 3.1.7　G 的共轭向量组，必是线性无关向量组。

定理 3.1.8　假设 $f(x)$ 为连续可微的严格凸函数，且存在极小点，d^1, d^2, $\cdots$, d^k 为一组线性无关的向量，则

$$x^{k+1}=x^1+\sum_{j=1}^{k}\alpha_j d^j \tag{3.1.42}$$

是 $f(x)$ 在通过点 x^1 由向量 d^1, d^2, $\cdots$, d^k 生成的 k 维超平面上 π_k 的唯一极小点的充要条件是：

$$\nabla f(x^{k+1})^{\mathrm{T}}d^j=0,\ j=1,\ 2,\ \cdots,\ k \tag{3.1.43}$$

定理 3.1.9　设 $f(x)=\dfrac{1}{2}x^{\mathrm{T}}Gx+b^{\mathrm{T}}x+c$，$G$ 正定，d^1, d^2, $\cdots$, d^k 为关于 G 的共轭方向组。若以 x^1 为初始点顺次沿方向 d^1, d^2, $\cdots$, d^k 采用精确搜索进行迭代，则 x^{k+1} 是 $f(x)$ 在 π_k 上的最小点。当 $k=n$ 时，x^{n+1} 就是 $f(x)$ 在 R^n 上的最小点。

上述定理说明，若能得到 G 的 n 个共轭方向 d^i, $i=1, 2, \cdots, n$，则从任一初始点出发，顺次沿方向 d^1, d^2, $\cdots$, d^n 采用精确搜索求步长进行迭代，n 步迭代后得到的点 x^{n+1} 即为 $f(x)$ 在 R^n 上的最小点。这一定理称为**扩张子空间定理**。

共轭梯度法是在每一迭代步利用当前点处的最速下降方向来生成关于二次凸函数 f 的 Hesse 矩阵 G 的共轭方向，并建立 f 在 R^n 上的极小点的方法。

下面给出共轭梯度法求二次凸函数 $f(x)$ 的最小点的算法步骤。

步骤 1：任取初始点 x^1，令 $d_1=-\nabla f(x^1)=-g^1$, $k=1$，转步骤 3；

步骤 2：对 x^k，计算 $\nabla f(x^k)=g^k$ 及 d^k

$$d^k=-g^k+\beta_{k-1}^k d^{k-1} \tag{3.1.44}$$

其中，β_{k-1}^k 由 FR 公式求得，

$$\beta_{k-1}^k=\frac{(g^{k+1})^{\mathrm{T}}g^{k+1}}{(g^k)^{\mathrm{T}}g^k}=\frac{\|g^{k+1}\|^2}{\|g^k\|^2} \tag{3.1.45}$$

步骤3:线性搜索求步长 α_k: $f(x^k+\alpha_k d^k)=\min(f(x^k+\alpha d^k))$,令 $x^{k+1}=x^k+\alpha_k d^k$;

步骤4:若 $k=n$,则计算结束,$x^*=x^{k+1}$。否则转步骤5。

步骤5:令 $x^k=x^{k+1}$,$k=k+1$,转回步骤2。

3.1.5.2 共轭梯度法的性质与收敛性定理

定理3.1.10 对于二次凸函数 $f(x)=\frac{1}{2}x^TGx+b^Tx+c(x\in R^n)$,若采用共轭梯度法求解且采用线性最优步长,则算法对于任一迭代步 k,有下述关系式成立:

$$(d^k)^TGd^j=0,\ 1\leqslant j\leqslant k-1 \tag{3.1.46}$$

$$(g^k)^Tg^j=0,\ 1\leqslant j\leqslant k-1 \tag{3.1.47}$$

$$(d^k)^Tg^k=-\|g^k\|^2 \tag{3.1.48}$$

且算法最多 n 步可求得 $f(x)$ 的最小点。

定理3.1.11(FR共轭梯度法的收敛性定理) 设 $f(x)(x\in R^n)$ 连续可微,水平集 $L=\{x\mid f(x)\leqslant f(x^1)\}$ 有界,则当FR算法采用一维精确搜索应用于极小化 $f(x)$ 时,若产生的迭代点列为 $\{x^k\}$,则有以下结论:

1) 若 $\{x^k\}$ 为有穷点列,则其最后一点 x^k 为 $f(x)$ 的稳定点;

2) 若 $\{x^k\}$ 为无穷点列,则其任意一极限点 x^k 为 $f(x)$ 的稳定点。

3.1.5.3 共轭梯度法在MATLAB中的程序实现

程序3.7 (共轭梯度法)

```
function [k, x, val] = frcg(fun, gfun, x0, epsilon, N)
% 功能:FR 共轭梯度法求解无约束问题:minf(x)
% 输入:fun, gfun 分别是目标函数及其梯度, x0 为初始点,
%       epsilon 是容许误差, N 为最大迭代次数
if nargin<5,   N = 1000; end
if nargin<4,   epsilon = 1.0e-5; end
beta = 0.6; sigma = 0.4;
n = length(x0); k = 0;
while(k<N)
    gk = feval(gfun, x0); % 计算梯度
    itern = k - (n + 1) * floor(k/(n + 1));
    itern = itern + 1;   % 计算搜索方向
    if(itern = = 1)
        dk = - gk;
    else
        betak = (gk ' * gk)/(g0 ' * g0);
        dk = - gk + betak * d0; gd = gk ' * dk;
        if(gd>= 0.0),   dk = - gk; end
    end
    if(norm(gk)<epsilon),   break; end  % 检验终止条件
    m = 0; mk = 0;
    while(m<20)   % 用 Armijo 搜索求步长
        if(feval(fun, x0 + beta^m * dk)< = feval(fun, x0) + sigma * beta^m * gk ' * dk)
```

```
            mk = m; break;
        end
        m = m + 1;
    end
    x = x0 + beta^mk * dk;
    g0 = gk; d0 = dk;
    x0 = x; k = k + 1;
end
val = feval(fun, x);
```

3.2 约束非线性最优化方法

3.2.1 约束最优化问题的基本概念

与无约束最优化问题相比，约束最优化问题的最优性理论要复杂得多，在最优解处需同时考虑目标函数与约束函数。

约束优化问题，其数学模型的一般形式可写为

$$\min \quad z=f(x_1, x_2, \cdots, x_n) \tag{3.2.1a}$$

$$\text{s.t.} \quad g_j(x_1, x_2, \cdots, x_n)\leqslant 0,\ j\in I=\{1, 2, \cdots, m\} \tag{3.2.1b}$$

$$h_k(x_1, x_2, \cdots, x_n)=0,\ k\in E=\{1, 2, \cdots, l\} \tag{3.2.1c}$$

其中，$f(x)$ 为目标函数，$g_i(x)$ 和 $h_j(x)$ 分别为不等式约束与等式约束。由于非线性的目标函数与约束函数的性质的复杂性与多样性，使得约束优化问题无论在理论与方法上的研究都大大增加了难度。面对各种形式的问题与算法思路，产生众多的求解方法，但除特殊类型(凸规划)的问题都难以求得全局最优解，一般情况下只能求得问题的局部最优解。

定义 3.2.1 若 $x=(x_1, x_2, \cdots, x_n)^{\mathrm{T}}\in R^n$ 满足约束条件(3.2.1)，则称 x 为满足约束条件的可行解或容许解。所有可行解的全体构成的集合，称为可行集或可行域，记为 S，即

$$S=\{x \mid g_i(x)\leqslant 0,\ i\in I,\ h_j(x)=0,\ j\in E\}$$

约束最优化问题就是在可行域上求目标函数极值的问题。

定义 3.2.2 设 $x^*\in S$，$U_\delta(x^*)=\{x \mid (x-x^*)<\delta,\ \delta>0\}$，若对于任一 $x\in S\cap U_\delta(x^*)$，均有

$$f(x^*)\leqslant f(x) \tag{3.2.2}$$

则称 x^* 为约束最优化问题的**局部解**；若 $f(x^*)<f(x)$，则称 x^* 为约束最优化问题的**严格局部解**。

定义 3.2.3 设 $x^*\in S$，有 $f(x^*)\leqslant f(x)$，$\forall x\in S$，则 x^* 为约束最优化问题的**全局最优解**；若有 $f(x^*)<f(x)$，$\forall x\in S$ 且 $x\neq x^*$，则称 x^* 为约束最优化问题的**严格全局最优解**。

3.2.2 最优化条件

1. Karush-Kuhn-Tucker(KKT)一阶必要条件

约束最优化问题与无约束最优化问题的区别在于前者搜索区限于可行域，其解不一定满足 $\nabla f(x)=0$，于是判别极小值的必要条件也将不可能再用梯度为零的条件。最优性条件包括必要条件与充分条件两部分内容。一阶最优性必要条件即为 KKT 条件。而问题(3.2.1)的最优解并不是无条件满足 KKT 条件，必须对问题的约束函数 $g_j(x)$，$h_k(x)$ 在 x^* 处的性状加以限制，以使 KKT 条件成立，限制条件称为约束规格或约束规范。

KKT 条件为局部最优点的必要条件，对凸规划问题，也为整体极小点的必要条件。对于一般问题(3.2.1)，拉格朗日函数为

$$F(x, \lambda, \mu)=f(x)+\sum_{j=1}^{m}\lambda_j g_j(x)+\sum_{k=1}^{l}\mu_k h_k(x) \tag{3.2.3}$$

约束极小点必须满足的 KKT 条件如下：

$$\left.\begin{array}{l}\dfrac{\partial f}{\partial x^i}+\sum\limits_{j=1}^{m}\lambda_j\dfrac{\partial g_j}{\partial x^i}+\sum\limits_{k=1}^{l}\mu_k\dfrac{\partial h_k}{\partial x^i}=0\ (i=1, 2, \cdots, n)\\ g_j(x)\leqslant 0\ (j=1, 2, \cdots, m)\\ \lambda_j g_j(x)=0\ (j=1, 2, \cdots, m)\\ \lambda_j\geqslant 0\ (j=1, 2, \cdots, m)\\ h_k(x)=0\ (k=1, 2, \cdots, l)\end{array}\right\} \tag{3.2.4}$$

KKT 条件为函数取得局部最优的必要条件，只有当目标函数和可行域均为凸的，该条件对于全局最优才为充要条件。

2. 二阶最优性条件

定理 3.2.1(最优性的二阶必要条件) 设问题(3.2.1)中 $f(x)$，$g_j(x)$，$h_k(x)$ 二阶连续可微，x^*，(λ^*, μ^*) 为 KKT 对，若约束条件满足下述条件之一：

1) $g_j(x)(j\in I)$，$h_k(x)(k\in E)$ 均为线性函数；

2) 紧约束梯度向量组 $\{\nabla g_j(x), j\in I_0(x^*);\ \nabla h_k(x), k\in E\}$ 线性无关。

则 x^* 为局部最小解的必要条件为对于满足条件

$$d^{\mathrm{T}}\nabla g_j(x^*)=0(i\in I_0(x^*)),\ d^{\mathrm{T}}\nabla h_k(x^*)=0\ (i\in E) \tag{3.2.5}$$

的任一向量 d，均有

$$d^{\mathrm{T}}\nabla_x^2 L(x^*, \lambda^*, \mu^*)d\geqslant 0 \tag{3.2.6}$$

成立。

定理 3.2.2(最优性的二阶充分条件) 设 $f(x)$，$g_j(x)$，$h_k(x)$ 二阶连续可微，x^* 为 KKT 点。若 $L(x, \lambda, \mu)$ 在(x^*, λ^*, μ^*)的 Hesse 矩阵 $\nabla_x^2 L(x^*, \lambda^*, \mu^*)$ 对满足条件

$$\left.\begin{array}{l} d^{\mathrm{T}}\nabla g_j(x^*)=0,\ j\in I_0^+(x^*) \\ d^{\mathrm{T}}\nabla g_j(x^*)\leqslant 0,\ j\in I_0(x^*)\backslash I_0^+(x^*) \\ d^{\mathrm{T}}\nabla h_k(x^*)=0,\ k\in E \end{array}\right\} \tag{3.2.7}$$

的任一非零向量 $d\neq 0$，均有

$$d^{\mathrm{T}}\nabla_x^2 L(x^*,\lambda^*,\mu^*)d>0 \tag{3.2.8}$$

成立。则 x^* 为问题(3.2.1)的一个严格局部最优解，其中 $I_0^+(x^*)=\{j\mid j\in I_0(x^*),\ \lambda_j^*>0\}$。

3.2.3 拉格朗日乘子法

将有约束问题转化为无约束优化问题，作为基础方法的为拉格朗日乘子(Lagrange Multipliers)法。当约束条件不多时，此方法比较有效，尤其适用于等式约束问题。拉格朗日乘子法实质上通过引入待定乘子，将约束问题转化为无约束极值问题来求解。

3.2.3.1 等式约束的极值问题

设求解问题为

$$\min z=f(x_1,x_2,\cdots,x_n) \tag{3.2.9a}$$

$$\text{s.t.}\quad h_k(x_1,x_2,\cdots,x_n)=0,\ k\in E=\{1,2,\cdots,l\} \tag{3.2.9b}$$

引入拉格朗日函数

$$F(x,\mu)=f(x)+\sum_{k=1}^{l}\mu_k h_k(x) \tag{3.2.10}$$

式中，μ_k 为拉格朗日乘子。该乘子为目标函数 $f(x)$ 随约束条件 $h_k(x)$ 的微小变化而变化的比率。先求拉格朗日函数的极值，在极值点上，$F(x,\lambda)$ 的梯度必须等于零，即

$$\frac{\partial F}{\partial x^i}=\frac{\partial f}{\partial x^i}+\sum_{k=1}^{l}\mu_k\frac{\partial h_k}{\partial x^i}=0\ (i=1,2,\cdots,n) \tag{3.2.11}$$

$$\frac{\partial F}{\partial \mu_k}=h_k(x)=0\ (k=1,2,\cdots,n) \tag{3.2.12}$$

解方程组(3.2.11)和方程(3.2.12)，即可求得 x^* 和拉格朗日乘子 μ^*。

3.2.3.2 不等式约束的极值问题

在实际问题中，经常会遇到不等式约束的极值问题：

$$\min z=f(x_1,x_2,\cdots,x_n) \tag{3.2.13a}$$

$$\text{s.t.}\quad g_j(x_1,x_2,\cdots,x_n)\leqslant 0,\ j\in I=\{1,2,\cdots,m\} \tag{3.2.13b}$$

引入松弛变量 S_j，把不等式约束条件变换为等式约束条件：

$$g_j(x)+S_j^2=0\ (j=1,2,\cdots,m) \tag{3.2.14}$$

于是拉格朗日函数为

$$F(x,\lambda,S)=f(x)+\sum_{j=1}^{m}\lambda_j(g_j(x)+S_j^2) \tag{3.2.15}$$

拉格朗日函数 F 取极值的必要条件是

$$\frac{\partial F}{\partial x^i}=\frac{\partial f}{\partial x^i}+\sum_{j=1}^{m}\lambda_j\frac{\partial g_j}{\partial x^i}=0\ (i=1,2,\cdots,n) \tag{3.2.16}$$

$$\frac{\partial F}{\partial \lambda_j}=g_j(x)=0\ (j=1,2,\cdots,m) \tag{3.2.17}$$

$$\frac{\partial F}{\partial S_j}=2\lambda_j S_j \tag{3.2.18}$$

式(3.2.16)—式(3.2.18)共有 $(n+2m)$ 个方程式，可用以求解 $(n+2m)$ 个未知数 x^i，λ_j 及 S_j。式(3.2.17)保证了不等式 $g_j(x)\leqslant 0$ 成立。式(3.2.18)说明 λ_j 及 S_j 中至少有一个为零。如 $\lambda_j=0$，则说明约束条件 $g_j(x)$ 在求解极值问题未起作用。如 $S_j=0$，则说明约束条件 $g_j(x)$ 以等式的形式对变量起约束作用。

3.2.4 罚函数法

罚函数法的基本思想是将各约束项通过适当的方法加到目标函数中，把约束优化问题转变为无约束优化问题。针对式(3.2.1)将约束函数附加到原问题的目标函数中，得到

$$\min F(x,r_k,t_k)=f(x)+r_k\sum_{j=1}^{m}[G(g_j(x))]+t_k\sum_{k=1}^{l}[H(h_k(x))] \tag{3.2.19}$$

对于每一个选定的 k，亦确定了 r_k 及 t_k，可以求得 x^k。只要参数 r_k 及 t_k 和函数 G，H 选得适当，可是一系列迭代点 $\{x^k\}$ 逐渐逼近原非线性规划问题的解。由于附加项实质上迫使函数的极小化过程始终满足约束条件，而对不满足约束的迭代点采取某些“惩罚”的手段，故又称为罚函数法。

3.2.4.1 外点法

对于一般约束的优化问题，令

$$P(x)=\sum_{i=1}^{m}\{\max[0,g_i(x)]\}^2+\sum_{j=1}^{l}|h_j(x)|^{\beta} \tag{3.2.20}$$

从而将问题转化为一个新的无约束的优化问题

$$\min F(x,M)=f(x)+MP(x) \tag{3.2.21}$$

只要 $x\notin S$，当 M 充分大时，$F(x,M)$ 的第二项为很大的值。当 x 越出区域就给予惩罚。$MP(x)$ 为惩罚项，$P(x)$ 为惩罚系数。求解时，在第 k 步取 $M=M_k$，以 x^k 为初始点求 $\min F(x,M_k)$。M_k 随 k 调整，一般取 $0<M_0<M_1<\cdots<M_k<\cdots$。

由于在各次迭代中，$P(x^k)\neq 0$，$x^k\notin S$，$P(x)$ 为外惩罚函数，故称为外点法。其计算

步骤如下：

步骤1：任给初始点 $x^1 \in R^n$，$c > 1$，$\varepsilon > 0$，$k = 1$；

步骤2：取 M_k 适当大，解式(3.2.4)定义的 $F(x, M_k)$，设其解为 x^{k+1}；

步骤3：若 $M_k P(x^{k+1}) < \varepsilon$，则 x^{k+1} 为问题的近似最优解。否则，转步骤4；

步骤4：以 x^{k+1} 为新的初始点，令 $M_{k+1} = cM_k$，$k = k + 1$，转步骤2。

定理3.2.1 设 $P(x)$，$F(x, M_k)$ 如上定义，$M_{k+1} > M_k > 0$，x^k 和 x^{k+1} 分别为 $F(x, M_k)$ 与 $F(x, M_{k+1})$ 的无约束问题的极小解，则：

1) $F(x^k, M_k) \leqslant F(x^{k+1}, M_{k+1})$；

2) $P(x^k) \geqslant P(x^{k+1})$；

3) $f(x^k) \leqslant f(x^{k+1})$。

定理3.2.2 设一般约束的优化问题的最优解存在，$M_{k+1} \geqslant M_k > 0$ $(k = 1, 2, \cdots)$，$M_k \to \infty$，且对任一 k，$F(x, M_k)$ 的最优解 x^k 存在，则

1) 若 $x^k \in S$，则 x^k 为问题的最优解；

2) 若 $x^k \notin S$，则 $\{x^k\}$ 的任一极限点都为问题的最优解。

3.2.4.2 内点法

外点法的初始点可取自可行域 S 的外部，算法迭代点从 S 外部趋向约束最优解。对于必须满足约束条件的问题而言，内点法较为适用。内点法所解决的优化问题不能包含等式约束，即

$$\begin{aligned} &\min f(x) \\ &\text{s.t.} \quad g_j(x) \leqslant 0,\ j = 1, 2, \cdots, m \end{aligned}$$

并且假定可行域 $S = \{x \mid g_j(x) \leqslant 0,\ 1 \leqslant i \leqslant m\}$ 的内部 $S_0 = \{x \mid g_j(x) < 0,\ 1 \leqslant i \leqslant m\} \neq \varnothing$。

内点法中，初始点 $x^1 \in S_0$，且每次迭代产生的点 x^k 总保持 $x^k \in S_0$。当 x^k 靠近约束边界时，$g_j(x) \approx 0$。为了不让迭代点列逃离可行域 S，内点法相当于在约束边界上筑起一道“围墙”，使 x^k 总在 S 内。$P(x)$ 的作用就相当于以这堵围墙作为障碍，每当迭代点趋向约束边界时，函数值急剧增加，以防止迭代点越过边界，故内点法亦称作障碍函数法。因此，在可行域内逐次探求最优点的过程中，每个点不会落在约束的边界上，而是在与各种约束边界保持着由大到小的“距离”。$P(x)$ 为障碍函数，应满足：

1) $P(x)$ 关于 x 连续；

2) $P(x) \geqslant 0$；

3) 当 x 趋向于 S 的边界时，$P(x) \to +\infty$。

最常见的 $P(x)$ 取作

$$P(x) = \sum_{i=1}^{m} -\frac{1}{g_j(x)} \tag{3.2.22}$$

内函数则定义为

$$F(x, r)=f(x)+rP(x) \tag{3.2.23}$$

因此问题转化为求解一无约束优化问题。

由于 $P(x)$ 的性质，罚函数需逐次调整以减小 x^k 趋向于边界的阻力，令 $r_1>r_2>\cdots>r_k>\cdots$，$r_k\to 0$。而当 $r_kP(x^k)\to 0$ 时，$F(x, r_k)$ 的极小点便趋向于原问题的极小点。

步骤 1：给定初始点 $x^0\in S_0$，即满足 $g_j(x)\leqslant 0(1\leqslant i\leqslant m)$。常数 $\varepsilon>0$，$r_1>0$，$c>1$，$k=1$；

步骤 2：以 x^{k-1} 为初始点，求内罚函数 $F(x, r_k)$ 在 S_0 上的极小点 x^k，$x^k\in S_0$；

步骤 3：若 $r_kP(x^k)<\varepsilon$，则 x^k 为问题的近似最优解。否则，令 $r_{k+1}=r_k/c$，$k=k+1$，转步骤 2。

定理 3.2.3 设罚函数 $r_{k+1}<r_k$，$\{x^k\}$ 是由内点法产生的迭代点列，则有

1) $F(x^{k+1}, r_{k+1})\leqslant F(x^k, r_k)$；

2) $P(x^{k+1})\geqslant P(x^k)$；

3) $f(x^{k+1})\leqslant f(x^k)$。

定理 3.2.4 假设 $f(x)$ 连续，$S_0\neq\varnothing$，问题(3.2.5)的最小解存在，正数列 $\{r_k\}$ 严格单调下降且 $r_k\to 0$。又设 $F(x, r_k)$ 在 S_0 内的极小点存在，则有内点法产生的序列的任一极限点均为问题(3.2.13)的解。

内点法的搜索过程全在可行域内，算法产生的点列均为可行点，但初始点不易得到，而且越靠近边界，$F(x, r_k)$ 的 Hesse 矩阵就越病态，从而产生计算上的困难。内点法只能用于约束区域有内点的优化问题，带有等式约束的优化问题无法使用。

3.2.4.3 混合法

对于带等式与不等式约束的问题，为了使用罚函数方法，可将外点法与内点法结合使用，即当初始点 x^0 给定后，对等式约束与 x^0 不满足的那些不等式约束应用外罚函数，而 x^0 满足的那些不等式约束则用内罚函数，形成一个新的无约束的优化问题

$$\min F(x, r)\ (x\in R^n) \tag{3.2.24}$$

$$F(x, r)=f(x)+P(x) \tag{3.2.25}$$

$$P(x)=r\sum_{I_1}\ln(-g_j(x))+\frac{1}{r}\left\{\sum_{I_2}[\max(0, g_j(x))]^2+\sum_{k=1}^{l}h_k(x)^2\right\} \tag{3.2.26}$$

I_1 为满足 $g_j(x^0)<0(1\leqslant j\leqslant m)$ 的约束下标集，I_2 为满足 $g_j(x^0)\geqslant 0$ 的约束下标集，r 充分小。该种方法称作混合罚函数方法。

第4章 智能优化方法在地下结构优化中的应用

计算机的诞生和发展是20世纪科学技术最伟大的成就之一。半个多世纪以来，计算机本身几经更新换代，其性能日益优越，越来越广泛地应用于社会生活的各个领域，对推动科学、技术和社会的发展起到了难以估量的作用。

计算机是按冯·诺依曼的串行体系结构来实现算术和逻辑运算的，现在的运算速度已达每秒几千万亿次，其结果的精确和可靠程度更是人工无法比拟的。但是，计算的形象思维能力却与人脑相差甚远。在人的知觉、记忆、语言、思想与获取的心理过程中，尤其是在实时处理中，人脑这一慢速和充满噪声干扰的硬件是在进行着极其复杂的宏并行处理。人们对于十分复杂的事物可以不假思索、一目了然地予以识别。但是，即使很简单的事物让先进的计算机来识别却常常相当困难。因此，要使计算机能在交互式的自然过程中，提取简单信号，表达知识及其结构，并使其与有关知识结合起来产生智能，具有较强的思维能力，就必须突破冯·诺依曼机的结构体系，另辟蹊径。

于是人们自然地转而寻求具有自组织、自适应、自学习等智能特征的大规模并行算法。继而出来了神经网络、模糊控制和进化计算等，由于它们都是从模拟某一自然现象或生命过程而发展起来的，并且具有高度并行化与智能化等特征，因而引起了人们的极大兴趣。这些新方法通过一些相对比较简单的“拟物”与“仿生”策略，为解决许多复杂问题提供了新的契机、新的思路。由此，计算智能应运而生。

在地下结构优化中，神经网络法、遗传算法、模拟退火法以及它们组合算法较为常用。

4.1 神经网络法

4.1.1 神经网络的基本原理

人工神经网络(Artificial Neural Network, ANN)是模拟人脑的由大量简单神经元组成的网状结构和并行信息处理过程，着重于计算智能的拓扑结构。

神经网络所具有的各类特征可以归纳为结构特征和功能特征。人工神经网络的基本结构模仿人脑，由大量人工神经元相互连接而成，网络中每个神经元都可根据收到的信息进行独立运算和处理，然后输出结果并传递给下一层作进一步处理。这样，即使单个神经元结构简单、功能有限，但大量神经元大规模群体协同工作使得该神经系统所能实现的行为是极其丰富多彩和快速灵敏的。结构上的并行性使得神经网络的信息存储必然采用分布方式，即利用神经元之间的连接及其权值表示特定信息(也即神经网络将信息存储分布于网络的不同位置)。这样所带来的好处是,在局部网络受损或输入信号因各种原因发生部分畸变时仍能保证网络整体相对正确地输出,从而提高了网络的容错性和鲁棒性。生物神经网络既包含空间上的容错性也包含时间上的容错性,人工神经网络模型就理论而言与人脑在结构上具有某些同构性,也具有良好的容错性。

神经网络的功能特征包括自学习、自组织与自适应性。自适应性是指一个系统能够改变自身性能以适应环境的变化,自适应性广义上包含了自学习和自组织两层含义。人工神经网络的自组织能力是建立在其学习能力之上的,在形式上通过结构和数据的自组织来实现。神经网络自学习和自组织的性质使其在处理信息时便于综合、聚类、推广和联想。一般而言,神经元之间的连接权值通过神经网络对训练样本的学习而不断调整变化,并且随着训练样本总量和训练次数的增加,某些神经元之间的连接权值会不断增加,从而增强了神经网络对这些样本特征的反应灵敏度。

迄今为止,在人工神经网络的研究领域中,神经网络有数十种模型,比较典型的有 BP 网络、Hopfieed 网络、CPN 网络、ART 网络以及 Daruin 网络等。在这些众多的神经网络模型中,多层前向 BP 神经网络(误差逆传播,Error Back-propagation Network)是目前应用最广泛的一种神经网络模型。下面介绍 BP 网络、Hopfield 网络及其在结构优化中的应用方法。

4.1.2 BP 神经网络

在确定了 BP 神经网络的结构后,要通过输入和输出样本集对网络进行训练,即对网络的权值和阈值进行修正和学习,以使网络实现给定的输入输出映射关系。

BP 的学习分为两个阶段:第一个阶段是输入已知学习样本,通过设置的网络结构和前一次迭代的权值和阈值进行修改,从最后一层开始向前计算各个权值和阈值对总误差的影响(梯度),据此对各个权值和阈值进行修改。

以上两个过程反复交替,直至达到收敛为止。由于误差逐层往回传递,以修正层与层间的权值和阈值,所以称改算法为误差反向传播学习算法,这种误差反向传播学习算法可以推广到有若干个中间层的多层网络,因此该多层网络通常称之为 BP 神经网络。标准的 BP 算法是一种梯度下降学习算法,其权值的修正是沿着误差性能函数梯度的反方向进行的。针对标准 BP 算法存在的不足,出现了几种基于标准 BP 算法的改进方法,如变梯度算法、牛顿算法等。

4.1.3 Hopfield 联想记忆神经网络

一般情况下,实际组合优化问题要求求解问题的速度越快越好,高速数字计算机的出现曾促使人们提出了许多数值计算方法。然而,由于数字计算机的串行工作特性,大大限制了其计算速度和能力的进一步提高。

Hopfield 神经网络的提出开辟了优化计算的新途径,它已在组合优化、线性与非线性优化、图像处理与信号处理等问题的求解中表现出高度的并行计算的能力。神经网络计算从本质上跳出了传统优化计算和数值迭代搜索算法的基本思想,它将组合优化的解映射为非线性动力学系统的平衡态,而把优化准则和目标映射成动力系统的能量函数。正是由于它的并行分布式计算结构和非线性动力学演化机制，为优化算法的快速实现提供了新的途径。

在用神经网络模型求解中，优化计算的基本步骤如下：

1）对于所研究的组合优化问题，选择合适的表示方法，使神经元的输出与问题的解彼此对应。

2）根据问题的性质设计一个能量函数的表达式，从而使其全局极值对应于问题的最优解。

3）由计算能量函数求得其对应的连接权值和偏置参数。

4）构造出与其对应的神经网络和电路方程。

5）进行计算机仿真求解。

以上各步骤中，能量函数的建立是关键的一步，一般计算能量函数由两部分组成：目标项和条件约束项。目标项随组合优化问题而定；条件约束项有时不止一项，我们知道，约束条件满足的解为合法解，但在一般优化问题中，对约束条件要求很强，必须满足所有条件，有时条件之间会发生冲突，所以，在建立能量函数时尽量不要冲突，同时使它们的变量尽可能不相关，且计算能量函数中惩罚项的系数足够大，使任何非法解相对于合法解在惩罚函数上的增加足以补偿它在基本能量函数上的减少。

4.1.4　结构优化问题：神经网络模型

根据神经网络理论，神经网络能量函数的极小点对应于系统的稳定平衡点，这样能量函数极小点的求解就转换为求解系统的稳定平衡点。随着时间的演化，网络的运动轨道在空间中总是朝着能量函数减小的方向运动，最终到达系统的平衡点——能量函数的极小点。因此，如果把神经网络动力系统的稳定吸引子考虑为适当的能量函数（或增广目标函数）的极小点，优化计算就从一初始点随着系统流到达某一极小点。如果将全局优化的模拟退火方法用于该系统，则系统最终将达到希望的最小点。这就是神经网络优化的基本原理。

对于一般的工程结构优化问题公式（4.1.1），假设其设计变量为 $X(X \in R^n)$，采用外罚函数法构造其增广目标函数：

$$\begin{aligned}&\min f(x)\\&\text{s.t. } g_k(x) \geqslant 0 \quad k=1,\cdots,k\\&\qquad h_p(x)=0 \quad p=1,\cdots,Y\\&X_i^{(t)} \leqslant X_i \leqslant X_i^{(0)}\end{aligned} \tag{4.1.1}$$

$$F(X,\lambda)=f(X)+\lambda\sum_{k=1}^{K}G[g_k(X)]+\lambda\sum_{p=1}^{Y}H[h_p(X)] \tag{4.1.2}$$

式中，λ 是拉格朗日乘子，$G(y)$ 和 $H(y)$ 是罚函数：

$$G(y)=\begin{cases}0 & y \geqslant 0\\ y^2/2 & y<0\end{cases},\quad H(y)=y^2/2 \tag{4.1.3}$$

根据神经网络理论，将工程结构优化设计变量 $X(X \in R^n)$ 与神经元输出 $V(V \in R^n)$ 相对应，就上述工程结构优化问题，定义其神经网络电路模拟为：

$$\begin{cases} C_i \dfrac{\mathrm{d}U_i}{\mathrm{d}t} = -\dfrac{\partial f(V)}{\partial V_i} - \lambda \sum_{k=L}^{K} G[g_k(V)] \dfrac{\partial g_k(V)}{\partial V_i} - \lambda \sum_{p=1}^{P} H[h_p(V)] \dfrac{\partial h_p(V)}{\partial V_g} \\ S_i(U_i) = V_t \end{cases}$$

(4.1.4)

式中，C_i 是常数，U_i 是第 i 个神经元的总输入，$S_i(\cdot)$ 称为神经元节点函数。对于式(4.1.3)所描述的神经动力系统，其计算能量函数定义为

$$E = f(V) + \lambda \sum_{k=1}^{K} \int_0^{g_k(V)} \varphi(y)\mathrm{d}y + \lambda \sum_{p=1}^{P} \int_0^{h_p(V)} \psi(y)\mathrm{d}y \qquad (4.1.5)$$

4.2 遗传算法

4.2.1 遗传算法概述

遗传算法(Genetic Algorithm, GA)是约翰·霍兰德(J. H. Holland)根据达尔文适者生存的进化原则构造出的启发型搜索算法，是进化计算中最主要的算法。遗传算法执行群体操作，以群体中的所有个体为操作对象，其主要操作是选择、交叉和变异。与传统优化方法比较，遗传算法主要有以下几个特点：

1) 遗传算法的处理对象既可以是优化问题原有的某些参数的编码，也可以是有待于优化的某种结构对象的编码。这里所谓的结构对象泛指集合、序列、矩阵、树、图、链和表等各种一维或高维结构形式。这一特点使得遗传算法具有广泛的应用领域。

2) 遗传算中每次迭代的作用对象是多个可行解的集合，而非单个可行解。它采用同时处理群体中多个个体的方法，即同时对搜索空间中的多个解进行评估。这一特点使遗传算法具有较好的全局搜索性能，减少了陷入局部最优解的可能性。同时这又使得遗传算法本身具有良好的并行性。

3) 遗传算法仅用适应度来评价个体，而无需搜索空间的其他知识或辅助信息。遗传算法的适应度函数不受连续可微等条件的约束，而且其定义域可以任意设定。对适应度函数唯一的要求是，对于输入能够计算出可以进行比较的输出。遗传算法的这一特点极大地拓宽了其应用范围，使之可以广泛应用于优化问题的目标函数不可微、不连续、非规则、极其复杂或无解析表达式等情形。

4) 遗传算法不是采用确定性规则，而是采用概率的变迁规则来指导它的搜索方向。遗传算法执行选择、交叉、变异等类似生物进化过程的简单随机操作，具有极强的鲁棒性。需要指出，遗传算法仅仅是把概率作为一种工具来引导其搜索过程朝着搜索空间的更优解区域移动。尽管局部地看起来它是一种盲目的搜索方法，但在整体上有明确的搜索方向。

4.2.2 遗传算法的实现技术

遗传算法的实现涉及参数编码、初始群体、适应度函数、遗传操作和控制参数等五个要素的选择和设计。每个要素对应不同的环境有相应的设计策略和方法，而不同的策略和方

法决定了相应的遗传算法具有不同的性能或特征。

1. 编码

遗传算法不能直接处理问题空间的参数，必须把这些参数转换成遗传空间的由基因按一定结构组成的染色体或个体，这一转换操作就成为编码。

大多数问题都可以采用基因呈一维排列的染色体表现形式，尤其是基于{0, 1}符号集的二值编码形式。编码的策略或方法直接影响遗传操作特别是交叉操作的设计与功能。在很多情况下，编码形式也决定了交叉操作、编码策略和交叉策略是互为依存的。

在编码时，我们需要将问题空间转换为GA空间。问题空间是指表现型个体(有效的候选解)的集合，GA空间是指基因型个体(染色体)的集合。问题空间可以根据不同问题千变万化，而GA空间则常常是某个“标准”空间，例如由{0, 1}符号向量组成的集合。

由问题空间向GA空间的映射(即由表现型向基因型的映射)成为编码(Coding)，而由GA空间向问题空间的逆映射(即由基因型向表现型的逆映射)成为译码(Decoding)。

常用的编码技术有一维染色体编码、多参数映射编码和长度可变染色体编码。一维染色体编码是指问题空间的参数映射到GA空间后，其相应的基因呈一维排列构成染色体向量。一维染色体编码中最常用的符号集是二值符号集{0, 1}，基于此符号集的个体呈二值码串。染色体向量的每个位置成为基因座，每个位置上的符号成为基因。

在优化问题求解中经常会碰到多参数优化问题。对这类问题，遗传算法常采用多参数映射编码。其基本思想是把每个参数先进行二值编码得到子串，再把这些子串连成一个完整的染色体。根据各参数不同的数量级或精度要求，相应的各子串可用不同的串长度。

在自然界生物进化过程中，染色体的长度并不总是固定不变的。为了融入这种机制，Goldberg(1989)提出了一种称为Messy GA(MGA)的编码方法，具有以下几个特点：染色体长度可变，允许过指定和欠指定以及基于切断和拼接操作的交叉处理。

2. 群体设定

群体设定的主要问题是群体规模(群体中包含的个体数目)的设定。作为遗传算法的控制参数之一，群体规模和交叉概率、变异概率等参数一样，直接影响遗传算法效能。当群体规模n太小时，遗传算法的搜索空间中解的分布范围会受到限制，因此搜索有可能停止在未成熟阶段，引起未成熟收敛(Premature Convergence)现象。较大的群体规模可以保持群体的多样性，避免未成熟收敛现象，减少遗传算法陷入局部最优解的机会。但较大的群体规模意味着较高的计算成本。在实际应用中应当综合考虑这两个因素，选择适当的群体规模。初始群体的设定一般采用如下策略：

1) 根据对问题的了解，设法把握最优解在整个问题空间中的可能分布范围，然后，在此范围内设定初始群体。

2) 先随机生成一定数目的个体，然后从中挑出最好的个体加到初始群体中。重复这一过程，直到初始群体中个体数目达到预先确定的规模。

3. 适应度函数

遗传算法的适应度函数不受连续可微的限制，其定义域可以是任意集合。对适应度函数的唯一硬性要求是，对给定的输入能够计算出可以用来比较的非负输出，以此作为选择操作的依据。适应度函数设计的准则包括目标函数映射成适应度函数、适应度函数定标以及考虑约束条件的适应度函数。

1) 目标函数映射成适应度函数

一个常用的办法是把优化问题中的目标函数映射成适应度函数。在优化问题中，有些是求费用函数（代价函数）$g(x)$ 的最小值，有些是求效能函数（或利润函数）$g(x)$ 的最大值。由于在遗传算法中要根据适应度函数值计算选择概率，所以要求适应度函数的值取非负值时，可采用如下变换式：

$$f(x)=\begin{cases}g(x)-C_{\min}, & 当\ g(x)>C_{\min}\\ 0, & 其他情况\end{cases} \tag{4.2.1}$$

式中，$C_{\min}$ 是一个适当选取的常熟，例如当前群体或前 k 代群体中 $g(x)$ 的最小值。类似地，当求解问题本身是最小化问题时，可采用如下交换式：

$$f(x)=\begin{cases}C_{\max}-g(x), & 当\ g(x)<C_{\max}\\ 0, & 其他情况\end{cases} \tag{4.2.2}$$

式中，$C_{\max}$ 是一个适当选取的常数，例如当前群体或前 k 代群体中 $g(x)$ 的最大值。

2) 适应度函数定标(Scaling)

在遗传算法中，群体中个体被选择参与竞争的机会与适应度有直接关系。在遗传进化初期，有时会出现一些超常个体。若按比例选择策略，则这些超常个体有可能因竞争力太突出而控制选择过程，在群体中占很大比例，导致未成熟收敛，影响算法的全局优化性能。此时，应设法降低这些超常个体的竞争能力，这可以通过缩小相应的适应度函数值来实现。另外，在遗传进化过程中（通常在进化迭代后期），虽然群体中个体多样性尚存在，但往往出现群体的平均适应度已接近最佳个体适应度的情形，在这种情况下，个体间竞争力减弱，最佳个体和其他大多数个体在选择过程中有几乎相等的选择机会，从而使有目标的优化过程趋于无目标的随机漫游过程。对于这种情形，应设法提高个体间竞争力，这可以通过放大相应的适应度函数值来实现。这种对适应度的缩放调整成为适应度定标。定标方式主要有线性定标、幂函数定标和指数定标。

3) 适应度函数与约束条件

在实际应用中，许多优化问题都是带约束条件的。由于遗传算法仅靠适应度来评估和引导搜索，所以求解问题所固有的约束条件不能明确地表示出来。用遗传算法求解此类问题时，可采用一些自然的方法来处理约束条件。例如，在进化过程中，每迭代一次就检测一下新的个体是否违背了约束条件。如果没有违背，则作为有效个体保留；反之，则作为无效个体从群体中除去。这种处理方法对于弱约束（不等式约束）问题是有效的，但对于强约束（等式约束）问题则难以奏效，因为此时寻找一个有效个体的难度可能不亚于寻找最优个体。

一种常用的对策是在目标函数中引入惩罚函数。其基本思想是设法对个体违背约束条件的情况给予惩罚，并将此惩罚体现在适应函数设计中。这样，一个约束优化问题就转换为一个附带了惩罚项的无约束优化问题。

把惩罚函数加到适应度函数中的思想是简单而直观的。但是，惩罚函数值在约束边界处会发生急剧的变化，常常引起问题，要加以注意。用遗传算法求解约束问题的对策除了从适应度函数设计着手外,还可以在编码设计和遗传操作设计等方面采取一定的措施。

4. 遗传操作

1) 遗传操作包括以下三个基本遗传算子:选择算子、交叉算子和变异算子。

(1) 选择算子。从群体中选择优质个体,淘汰劣质个体的操作称为选择。选择算子亦称为再生算子(Reproduction Operator)。选择操作建立在对群体中个体的适应度进行评估的基础上。适应度比例方法,最佳个体保留方法、期望值方法、排序选择方法、随机联赛选择方法及排挤方法是常用的选择方法。

(2) 交叉算子。遗传算法中起核心作用的是遗传操作的交叉算子。交叉是指对两个父代个体的部分结构进行重组而生成新个体的操作。交叉算子的设计应与编码设计协调进行,使之满足交叉算子的评估准则,即交叉算子需保证前一代中优质个体的性状能在下一代的新个体中尽可能地得到遗传和继承。

对二值码来说,交叉算子包括两个基本内容:一是从由选择操作形成的配对库(Mating Pool)中,对个体随机配对,并按预先设定的交叉概率 P_c 决定是否需要交叉操作。二是设定配对个体的交叉点(Cross Site),并对配对个体在这些交叉点前后的部分结构进行交换。

(3) 变异算子。变异算子的作用是改变群体中个体串的某些基因座上的基因值。对于由字符集{0, 1}生成的二值码串来说,变异操作就是把基因座上的基因值取反。变异算子操作的步骤为:首先在群体中所有个体的码串范围内随机地确定基因座,然后按预先设定的变异概率 P_m 对这些基因座的基因值进行变异。

遗传算法引入变异算子的目的,一是使算法具有局部随机搜索的能力,二是维持群体多样性。当遗传算法通过交叉算子的作用已接近最优解邻域时,利用变异算子的局部随机搜索能力可以加速向最优解收敛。显然,此时变异概率应取较小值,否则接近最优解的积木块会因变异而遭到破坏。

在遗传算法中,交叉算子因其全局搜搜能力而作为主要算子,变异算子因其局部搜索能力而作为辅助算子。遗传算法通过交叉和变异这一对既相互配合又相互竞争的操作而使其具备兼顾全局和局部的均衡搜索能力。当群体在进化中陷入搜索空间中某个超平面而仅靠交叉不能摆脱时,通过变异操作可有助于这种摆脱。而当通过交叉操作,算法已形成所期望的积木块时,变异操作又有可能破坏这些积木块。如何有效地配合使用交叉和变异操作,是提高遗传算法效能的一个重要研究课题。基本变异算子、逆转算子和自适应变异算子是遗传操作的常用方法。

2) 这三类基本遗传算子有如下特点:

(1) 它们都是随机化操作。因此,群体中个体向最优解迁移的规则和过程是随机的。需要指出,这种随机化操作和传统的随机搜索方法是有区别的。遗传操作进行的是高效有向的搜索,不同于一般随机搜索方法所进行的无向搜索。

(2) 遗传操作的效果除了与编码方法、群体规模、初始群体以及适应度函数的设定有关外,还与上述三个遗传算子所取的操作概率密切相关。

(3) 三个遗传算子的操作方法随具体求解问题的不同而异,也与个体的编码方式直接相关。

4.3 模拟退火法

4.3.1 退火算法理论概述

模拟退火(Simulated Annealing, SA)算法将组合优化问题与统计力学中的热平衡问题类比,另辟了求解组合优化问题的新途径。通过模拟退火过程可找到全局(或近似)最优解。模拟退火算法是基于 Monte Carlo 迭代求解法的一种启发式随机搜索算法。SA 算法用于解决组合优化问题的出发点是基于物理中固体物质的退火过程与一般组合优化问题间的相似性。在对固体物质进行退火处理时,通常先将它加温熔化,使其中的粒子可自由运动,然后随着温度的逐渐下降,粒子也逐渐形成了低能态的晶格。若在凝结点附近的温度下降速率足够慢,则固体物质一定会形成最低能量的基态。对于组合优化问题来说,它也有这样类似的过程。组合优化问题解空间中的每一点都代表一个解,不同的解有着不同的代价函数值。所谓优化,就是在解空间中寻找代价函数(亦称目标函数)的最小(或最大)解。

模拟退火算法可以求解 NP 完全问题,但其参数难以控制,其主要问题有以下三点:

1) 温度 T 的初始值设置问题。温度 T 的初始值设置是影响模拟退火法全局搜索性能的重要因素之一。初始温度高,则搜索到全局最优解的可能性大,但因此要花费大量的计算时间;反之,则可节约计算时间,但全局搜索性能可能受到影响。实际应用过程中,初始温度一般需要依据实验结果进行若干次调整。

2) 退火速度问题。模拟退火法的全局搜索性能也与退火速度密切相关,一般来说,同一温度下的"充分"搜索(退火)是相当必要的,但这需要计算时间。在实际应用中,要针对具体问题的性质和特征设置合理的退火平衡条件。

3) 温度管理问题。温度管理问题也是模拟退火算法难以处理的问题之一。实际应用中,由于必须考虑计算复杂度的切实可行性等问题,常采用 $T(t+1)=k\times T(t)$ 的迭代降温方式,式中 k 为正的略小于 1.00 的常数,t 为降温的次数。

假定给定的以粒子相对位置为表征的初始状态表示为 i;物质当前状态为固态,则物质在该状态下的能量表示为 $E(i)$,然后用摄动装置随机选择一个粒子并使该粒子的位置随机地发生微小的变化,以此来得到一个新的状态:新状态的能量可表示为 $E(j)$,如果 $E(j)<E(i)$,则新状态 j 就可作为"重要" 状态;反之,若 $E(j)>E(i)$,考虑到热运动对能量的影响,则要根据固体处于该状态的概率来决定该新状态是否作为"重要"状态。概率的计算方法如下:

$$r=\exp\left[\frac{E(i)-E(j)}{kT}\right] \tag{4.3.1}$$

式中,r 表示该状态的概率,它是一个大于 0 的数,用随机数产生器产生一个[0,1) 区间的随机数,若 r 大于这个随机数,则将新状态 j 作为重要状态,否则将其舍去。T 表示新状态下的温度。k 为玻耳兹曼(Boltzmann)常数。若新状态 j 是重要状态,就以新状态 j 取代原有状态成为当前状态,否则依然以原有状态 i 作为当前状态。然后不断重复上述产生新状态的过程。以此来保证在大规模固体状态变换后,系统仍处于能量较低的平衡状态。

根据上述 r 的计算公式可知,在高温状态下可接受与当前状态能量差别较大的新状态作为重要状态，而在较低温度状态下只能接受与当前状态能量差别较小的新状态作为重要状态。这与实际生活中不同温度下热运动的影响完全一致。在温度值趋近于零时，就不能接受任何 $E(j) > E(i)$ 的新状态 j 了。

根据 Metropolis 准则，用固体退火过程模拟组合优化问题，设组合优化问题的一个解 i 对应固体退火过程中的一个微观状态，组合优化问题的目标函数 $f(i)$ 对应固体退火过程中的一个微观状态 i 的能量 $E(i)$，将固体退火过程中的温度 T 演化为称为冷却进度表的控制参数 t，这样就得到了求解组合优化问题的模拟退火算法：由初始解 i 和控制参数初值 t 开始，对当前解不断地重复“产生新解→计算目标函数差→接受/舍弃”的迭代，这个迭代的过程对应着固体在某一温度下趋于热平衡的过程，并逐步衰减控制参数 t 的值，算法终止时的当前解即为所求最优解的近似值。退火过程由冷却进度表(Cooling Schedule)控制，包括控制参数的初值 t 及其衰减因子 Δt、每个 t 值时的迭代次数 L 和停止条件 S。由于固体退火的过程必须是“徐徐”降温，才能使固体在每个温度下都能够达到热平衡，最终才能趋于能量最小的基态。由此可见，控制参数的值也必须是缓慢衰减，才能确保模拟退火算法最终趋于组合优化问题的整体最优解集。

综上所述，模拟退火算法是通过模拟物理学中固体物质退火的过程来解决一般组合优化问题的一种组合优化算法，即在某一初始温度下，随着控制参数值的不断下降，结合 Metropolis 准则在解空间中随机寻找目标函数的全局最优解。也就是说，局部最优解能按照一定的概率跳出并最终趋于全局最优解。

4.3.2　退火算法研究进展

在自然科学、社会科学以及人们的日常生活中，广泛存在着大量的求最大、最小值的问题，即最优化的问题。特别是自 20 世纪 80 年代以来，在管理科学、计算机科学、分子物理学和生物学以及超大规模集成电路设计、代码设计、图像处理和电子工程等科技领域中，大量的组合优化问题需要解决。模拟退火算法(Simulated Annealing, SA)是一种近年被广泛应用于实际工程中的全局最优算法，也是局部搜索算法的扩展。

模拟退火算法的核心思想——Metropolis 准则最早是在 1953 年由 Metropolis 等人在研究二维相变时发现的，1983 年由 kirkpatrick 等成功地引入到组合优化领域中。从此，模拟退火算法开始被大规模、广泛地应用于组合优化求解的问题中。

German S.和 German D.于 1984 年在其文章 *Equations of State Calculation by Fast Computing Machines* 中给出了退火率与退火时间的对数成反比的模拟退火算法。Cerny V.于 1985 年运用模拟退火算法求解旅行商问题(Traveling Salesman Problem，简称 TSP 问题)获得成功。H. Szu 于 1986 年提出了一种退火率与时间成反比的快速模拟退火算法(Fast Simulated Annealing, FSA)。此后，模拟退火算法进入了各个领域的应用研究阶段。1987 年，Corana A. 在求解多目标连续变量优化问题中应用了模拟退火算法；同年，Laarhoven P.和 Aarts E.在其出版的《模拟退火的理论和应用》一书中，系统地对模拟退火算法做了总结，促进了模拟退火算法在理论研究和实际应用等方面的发展，是模拟退火算法发展史上伟大的里程碑。

1989 年，Charnes A.和 Wolfe M.进行了模拟退火算法的收敛性研究；同年，Aarts E.等将模拟退火算法同人工神经网络结合起来分析玻耳兹曼机。1990 年，Gunte D.和 Tobias S.对模拟退火算法中初始温度临界值的确定方法进行了研究。1992 年，Laarhoven P.等人将模拟退火算法用于解决 Jobshop 这一 NP 完全问题；同年，Ingber L.等人提出了 VFSA(Very Fast Simulated Annealing)算法，并将其应用于数学连续函数优化问题中，而且与遗传算法进行了比较。结果表明 VFSA 算法的计算精度和计算效率都明显高于标准的遗传算法。Kirkpatrick S.等人于 1993 年将模拟退火算法应用于优化问题中，并取得了不错的效果；同年，Lin F.等人为解决一些 NP 完全问题中比较困难的问题，将模拟退火算法和遗传算法进行结合，并将这一方面的研究做了总结。1995 年，Tarek M.等人提出了并行的模拟退火算法，该算法较标准的模拟退火算法在计算效率方面有明显的提高，更适合用来解决复杂的科学和工程问题。Ali 和 Storey 对连续变量的优化问题进行了深入研究，并于 1997 年发展出 ASA(Aspiration based Simulated Annealing)算法；随后，Ali 又在此基础上提出了 DSA(Direct search Simulated Annealing)算法，这两个算法都具有较好的时间逼近的多项式。

国内也有许多优秀的学者正在进行模拟退火算法的理论和应用研究。徐雷于 1989 年成功地将模拟退火算法应用于模式识别中，并取得了不错的效果；1997 年，胡山鹰等人在无约束非线性规划问题全局优化的模拟退火算法基础上，进一步进行了求解有约束问题的探讨，对约束条件为不等式的情况，提出了检验法和罚函数法两种处理方法，对约束条件为等式的情况，开发了罚函数法和解方程法的求解步骤，并进行了分析比较，形成了完整的求取非线性规划问题全局优化的模拟退火算法。

张玉祥等人于 1998 年在采矿工程领域最优化设计过程中，应用模拟退火算法初步探索了该领域求解全局最优解的问题，他们给算法增加了一个“记忆器”，使它能够记住搜索过程中曾经达到过的最好结果，从而可以在许多情况下提高最终所得到的解的质量。

1998 年，蔡文学等人对应用于平面桁架结构拓扑优化设计中的模拟退火算法进行了研究，构造了一个双重控制 Metropolis 准则处理应力约束，提出了一个基于力平衡的启发式准则，以实现优化过程中单元的自动增删，该方法能够克服桁架结构拓扑优化中因存在非凸星形可行域而造成的拓扑优化求解困难。康立山等于 1999 年出版了《非数值并行算法》(第一册)，其中对并行的模拟退火算法做了比较概括、系统的总结和归纳；同年，王子才等人提出基于混沌变量的一种混沌模拟退火优化算法，并给出了初始温度的确定方法。改进后算法的主要思想是：利用混沌变量对当前点进行扰动，随着搜索的深入逐渐减小扰动的幅度，该方法显著提高了全局优化问题求解过程中的计算效率；同年，王雅琳等人对模拟退火算法的搜索过程进行了深入的研究，对模拟退火算法在搜索初期和后期两种情况下算法可能长期陷入局部点无法跳出的原因进行了分析，并分别采用变异操作和扩大搜索空间的方法对一种单循环模拟退火算法进行了改进的。

2000 年，向阳等人对推广模拟退火方法的基本思想及其统计基础进行了介绍，使用一系列标准函数对推广模拟退火算法的性能进行了测试，讨论了推广模拟退火方法的效率随体系复杂性的变化规律；同年，席自强针对模拟退火算法本身存在的收敛慢、费时较多和效率较低等不足，将模拟退火算法与单纯型法有机地结合在一起，形成了一种新的改进的优化算法——单纯形模拟退火算法，改进后的算法收敛速度明显加快，解的质量明显提高，融合了单纯形法和模拟退火算法各自的优点。

2001年，都志辉等人提出一种新的模拟退火算法——混合SPMD模拟退火算法，该算法在克服标准模拟退火算法内在串行性的同时，进一步和下山法结合起来，综合多种优化方法的特点，在一定的处理机规模内取得了可扩展的并行效果，改进后算法的收敛速度有了显著提高，降低了算法性能对初始值和参数选择的依赖性，不仅提高了算法性能，同时还方便了算法的使用；同年，江加等人对模拟退火算法在连续变量全局优化问题中的应用进行了研究，并给出了具体的实现步骤，介绍了实用的选择控制参数的方法，针对连续变量的特殊性，也给出了实用的新解产生方法；同年，杨庆之等人为了解决标准模拟退火算法搜索空间过大，难以利用领域知识等问题，提出了具有约束指导的模糊退火算法，并给出了关于抽样次数选择、新解产生等问题的一些新方法，以间歇过程生产调度为背景进行的算法仿真实验表明，应用该算法后，收敛速度有了较大的提高。

高齐圣等人于2002年基于均匀设计的思想，针对参数设计中的一类非线性规划问题，提出了一种用于全局优化的模拟退火并行算法；同年，耿平等人使用人工神经网络的方法建立多变量与多目标函数之间的关系，并将模拟退火算法与人工神经网络BP(Error Back Propagation)算法相结合，解决了这类复杂系统中多函数变量与多目标函数之间没有确定的解析关系而无法直接优化的难题，并为解决多变元非线性复杂系统的优化问题提供了一种新的、有效的方法。目前，模拟退火算法迎来了兴盛时期，无论是理论研究还是应用研究都成为了十分热门的课题。尤其是模拟退火算法的应用研究显得格外活跃，已被用于经济、电信、超大规模集成电路的计算机的辅助设计、模式识别和图像处理、求解“NP完全问题”、图的分配问题、人工智能和人工神经网络、离散/连续变量的结构优化问题等，在化学工程、系统科学和管理、光学工程、地球物理反演等领域都得到了应用。在它得到实际应用后，由于其在解决局部极小问题上的突出表现而迅速得到人们的青睐，也引起了众多学者广泛的研究兴趣，使模拟退火算法得到了突飞猛进的发展。国内引进模拟退火算法的历史较短，相比于遗传算法、蚁群算法所进行的研究也不是很多，而且大多数都是关于模拟退火在工程等方面的实际应用以及考察算法的实际效果和效率，较少对其理论性有深入的研究。

下面重点介绍经常在实际中被应用的模拟退火算法的改进算法。

1. 有记忆的模拟退火算法

模拟退火算法在迭代过程中不但能够接受目标函数向好的方向前进的解，而且能够在一定限度内接受使目标函数恶化的解，这使得算法能够有效地跳出局部极小的陷阱，但对于具有多个极值的工程问题，该算法就很难保证最终得到的最优解是整个搜索过程中曾经到达过的最优解。为了解决这一问题，可以为算法增加一个“记忆器”，通过“记忆器”来记住搜索过程中曾经出现过的好结果，从而可以提高最终得到的最优解的质量。

具有记忆能力的模拟退火算法的详细实现过程如下所述：

1）设置一个变量 x，以此来记录到目前为止所出现过的最好的解，并以 $f(x)$ 同时记录到目前为止所出现过的最好的目标函数值。

2）在实现算法的初始阶段，设 x 和 $f(x)$ 的初始值分别为 x_0 和 $f(x_0)$，并以此初始值为基础进行迭代，即在每次得到一个新解时用新解所对应的 $f(x_k)$ 值和现有的最优解对应的 $f(x)$ 进行比较，选其优者作为现阶段最优解 $f(x)$。

3）完成算法的迭代过程后，将当前得到的解和变量 x 中存储的解相互比较，选择其中较为优秀的作为目标函数 $f(x)$ 近似的全局最优解。

2. 单调升温的模拟退火算法

模拟退火算法可以按一定的概率接受目标函数值不太好的状态，当温度控制参数充分大的时候，接受概率接近于1，即算法此时是在进行全局搜索；当温度控制参数充分小的时候，接受概率几乎接近于0，如果此时搜索陷入局部最优状态，则该算法跳出局部最优解的时间将会非常长。显然，跳出局部最优解花费时间长是由差解的接受概率过低造成的，那么可以通过在搜索陷入局部最优时人为提高温度控制参数，借此提高对差解的接受概率，以此来缩短跳出局部最优解的时间。上述内容即为单调升温模拟退火算法的主要思想。判定搜索进入局部最优的方法如下：假设搜索进入局部最优点，那么在当前解的优化程度小于当前最优解的优化程度时，差解的接受概率几乎为1，但是，当温度足够低时，差解的接受概率接近0。因此，可以总结得出搜索陷入局部最优时的特征如下：

1）由于局部最优点邻域内的所有点的优化程度都小于局部最优点的优化程度，所以在最近的若干次搜索中都没有出现过优化程度更高的解。

2）由于搜索已经陷入局部最优，所以局部最优解以及在局部最优解邻域内与局部最优解的优化程度相同的少数若干个点可能会在最近的几次搜索所接受的新解中反复出现。

如果具备以上两个特征，则说明搜索已经进入局部最优，并且温度过低，想要尽快跳出局部最优，就需要提高温度控制参数。如何确定升温幅度呢？升温是为了跳出局部最优的陷阱。如果升温幅度过小，则不能达到效果；但若升温幅度过大，搜索可能会进入全局搜索，等于重新开始模拟退火搜索。一般来说，可将温度控制参数升高到接受概率为60%～70%的范围内，这样既可以保证搜索快速跳出局部最优，又可以避免重新开始全局搜索。

3. 并行的模拟退火算法

模拟退火算法是在某一当前状态的邻域中随机产生一个新的状态并以一定概率接受的一种随机搜索算法。可见，接受概率仅依赖于新状态和当前状态，即下一个状态的产生只和上一个状态有关，从而从本质上决定了模拟退火算法是一种串行的随机优化过程，这对算法的优化效率产生了影响，选取合适的冷却进度表能使算法得到满意的结果，但并不足以从根本上提高算法的效率。解决这一问题的办法是，将原有的模拟退火算法并行实现以提高算法性能。

4. 单纯型模拟退火算法

单纯型模拟退火算法是将单纯型法与模拟退火算法相结合的一种混合算法。

单纯型法是由 Nelder 和 Mead 提出的一种多变量函数的寻优算法。该算法应用规则的几何图形，计算规则几何图形顶点的函数值，根据计算得到的函数值的大小分布来进一步确定函数变化的趋势，然后按照一定的规则逐渐搜索出最优解。因为该算法不是沿着某一方向进行搜索，所以并不用计算目标函数的梯度。这种算法是通过对 N 维空间的 $N+1$ 个点上的函数值进行比较，丢弃其中最差的点，从而构成一个新的单纯型，这样逐步迭代直到找到极小值点。

模拟退火算法是一种随机搜索算法，它能跳出局部极小的陷阱并最终得到全局极小值，但在搜索的过程中做了很多的无用功，浪费了时间，效率还有待改进。单纯型算法的优点是，能够直接快速地搜索到极小值，对于大型、复杂的函数求极值问题，不会出现收敛性不稳定的情况。因此，可以把模拟退火算法与单纯型进行结合，融合两种算法的优点，求解函数的极小值。融合后的算法的基本思想是，对任一给定的初始解，首先用单纯型法快速求得一个极小值点，然后改用模拟退火算法进行随机搜索，跳出该局部枚小值，一旦找到一个比该局部极小值更小的点，则以该局部极小值点为初始值使用单纯型法搜索该点附近的另一个极小值点，如此交叉进行，直至满足算法结束条件，得到的结果即为全局极小值。

5. 推广的模拟退火算法

模拟退火算法的根本思想是，使用当前解根据某种规则生成一个新的解，并根据一定规则判断是否接受此新解。在这个过程中，产生新解的步骤也可称为跃迁分布，即随机地从 X_n 跃迁到 X_{n+1}。推广模拟退火算法是以 Tsallis 统计的一些知识（包括 Tsallis 熵、Tsallis 概率分布等）为基础提出的，它将模拟退火算法中原有的跃迁方式和接受概率的计算方法进行改进，利用得到的推广跃迁分布和推广接受概率来进行全局最优解的搜索。

模拟退火算法的思想和原理比较清晰，实际实现起来也比较简单，而且它的效果和其他很多算法比较起来也是相当优秀的，不但能找到所需的全局最优解，而且花费的时间也比较少。因此，模拟退火算法获得了很多人的关注，人们也在不断地对它进行着完善和改进。上面所提到的对模拟退火算法的改进都是在模拟退火算法的原理基础上或通过添加规则，或通过转为并行设计，或与其他算法相结合等，都具有很强的适应性，在实际应用中也都取得了很好的效果。总之，模拟退火算法是一种实用性很强的算法，能够应用到很多实际问题中，而且也很容易构建出合理的数学模型进行求解，很值得进一步对其进行研究和改进。

目前，模拟退火算法在理论上已经证明了该算法可以达到全局极小值，所以它开始广泛受到专家与学者们的青睐和重视。事实上，正是由于专家和学者们对该算法的钻研，才使该算法从经典的模拟退火算法走到了今天具有多样性的模拟退火算法，比如快速模拟退火算法(Fast Simulated Annealing, FSA)，该改进算法的搜索速度和收敛性都得到较大提高；再比如具有适应性的模拟退火算法，该改进算法具有一定的智能性；还比如现在有学者提到的遗传模拟退火算法，就是将遗传算法和模拟退火算法二者的优越性结合起来。不能忽略的是，每种算法的提出都与其应用范围紧密结合，这样才使得改进的算法在其应用领域具有较好的适用性。由于模拟退火算法从理论上可以达到全局极小值，所以对该算法的研究才更具有实际意义。现阶段，关于模拟退火算法的研究通常分为两类。第一类，基于有限状态奇异马尔可夫(Markov)链的有关理论，给出模拟退火算法的某些关于理想收敛模型的充分条件或充要条件，这些条件在理论上证明了当退火三原则（初始温度足够高、降温速率足够慢、终止温度足够低）满足时，模拟退火算法能以100%的概率达到全局最优解。第二类，针对某些具体问题，给出了模拟退火算法的成功应用。前者在指导应用方面作用有限，在算法的定参过程中，往往很难给出有益的定量关系。后者在各自的领域中有应用价值，但过分依赖于问题，不具有普遍意义。事实上，在现有情况下给出关于 SA 的、具有普遍意义的定量关系式是不现实的。因此，对 SA 进行的有意义的研究应集中在引入新思想，在此基础上提出在应用中实现新思想的可能途径，并通过典型实验对其效果进行验证。SA 的未来发展方向应着重解决以下几个问题：

1) 把传统的启发式搜索方法与模拟退火随机搜索算法结合起来。

2）把模拟退火算法与遗传算法有机结合起来，开发出一种更具有理论意义和应用价值的随机搜索算法。

3）期望给出一种在理想情况下判定搜索进入局部极小点的充要条件。

4）作为一种随机搜索算法，模拟退火算法在理论上并不存在时间上限的概念。应给出一种模拟退火算法所通用的时间评价标准。

5）由于模拟退火算法及其改进算法所固有的特点，它们在解决某些特殊领域的问题时具有很好的性能。应寻找更多的能够使用模拟退火算法的领域，并给出在这些领域中成功的应用系统，这也是一个颇具理论研究价值和应用价值的研究方向。

4.3.3 退火算法的特点

模拟退火算法在搜索策略上和传统的随机搜索策略存在很大不同，它不仅引入了适当随机搜索的因素，而且还借鉴了在物理系统中退火过程的自然机理。引入这种自然机理后，使得模拟退火算法在迭代过程中不仅保留使目标函数变“好”的试探点，而且还能以一定的概率保留使目标函数值变“差”的试探点，并且接受率随着温度的下降而减小。模拟退火算法引入的这种搜索策略有效地避免了在搜索过程中因陷入局部最优解而无法跳出的不足，明显地提高了得到全局最优解的可靠性。综上所述，模拟退火算法的特性不仅在理论上解决了传统搜索算法难以解决的问题，而且具有很高的科学价值和实际应用价值，因此，被各国学者誉为解决高难度优化问题的救星。

1. 常见的传统搜索方法

1）解析法。它通常是通过求解使目标函数梯度为零的一组非线性方程来进行搜索的。一般而言，该方法只适用于目标函数连续可微、解的空间方程比较简单的情况。但是，若方程的变量增加到几十个甚至几百个时，该方法就无能为力了。

2）爬山法。它和解析法一样都是属于搜索局部最优解的方法。对于爬山法来说，只有当更好的解位于当前解附近的时候，才能继续进行最优解的搜索。显然，这种方法只适用于具有单峰分布性质的解空间，而对具有多峰解空间的目标函数无能为力。

3）穷举法。该方法的思想很简单，即在一个连续有限搜索空间或离散无限搜索空间中，计算空间中每个点的目标函数，并且每次只计算一次。显而易见，这种方法效率低且鲁棒性不强，现实中的实际问题所对应的搜索空间都很大，一点一点地慢慢求解实现起来是不现实的。

4）随机搜索方法。这一方法比上述三种搜索方法有所改进，是一种比较常用的方法，但它的搜索效率不高。一般而言，它只适用于解在搜索空间中形成紧致分布的情况。但这种条件在实际应用中是很难满足的。这里需要指出的是，随机搜索(Random Search)方法和随机化技术(Randomized Technique)是有很大区别的。模拟退火算法是利用随机化技术来指导最小能量状态搜索的。遗传算法是另一个利用随机化技术来指导对一个被编码的参数空间进行高效搜索的方法。因此，随机化技术并不意味着无方向搜索，这一点与随机搜索有所不同。

前述的几种传统搜索方法虽然鲁棒性不强，但这些方法在一定的条件下，尤其是将它们混合使用也是有效的。当面临更为复杂的问题时，必须采用像模拟退火算法这样更好的方法。

2. 模拟退火算法

模拟退火算法具有十分顽强的鲁棒性，这是因为与传统的优化搜索方法相比，它采用了许多自有的、独特的方法和技术，主要有以下六个方面。

1）根据一定概率接受恶化解。模拟退火算法在搜索策略上不仅引入了适当的随机因素，而且还引入了物理系统退火过程的自然机理。这种自然机理的引入使模拟退火算法在迭代过程中不仅可以保留使目标函数变“好”的试探点，而且还能根据概率保留一定数量的使目标函数值变“差”的试探点，并且在迭代过程中出现的状态是随机产生的，即不强求后一个状态一定优于前一个状态，以一定的概率容忍退化状态的出现，接受率随着温度的下降而逐渐减小。传统的优化搜索算法通常是从目标函数解空间的一个初始点开始迭代搜索最优解的过程。比如上面提到的爬山法，该方法的思想是，若一个细微变动能提高目标函数值的质量，则沿该方向前进，否则取相反方向前进。然而，在现实生活中，问题是相当复杂的，解空间中通常会出现若干局部最优解，传统的搜索优化方法很容易陷入局部最优解而无法跳出的困境。此外，很多传统的优化算法往往是确定性的，即从各搜索点到另一个搜索点的转移方法和转移关系都是确定的，这种确定性往往可能使得搜索永远达不到最优点，因而限制了算法的应用范围。模拟退火算法是以一种概率的方式进行的，从而增加了其搜索过程的灵活性。

2）简化性。模拟退火算法求得解的质量的好坏与初始解的选择无关，因此模拟退火算法在选取初始解和随机数序列方面较为灵活。在应用该算法求解组合优化问题时，可以省掉大量的前期工作。

3）加入算法控制参数。模拟退火算法仿照固体退火过程中的退火温度在算法中加入了算法控制参数，按照算法控制参数将优化过程分成若干阶段，并以此决定各阶段下随机状态的取舍标准，接受函数是由 Metropolis 算法给出的一个简单的数学模型。模拟退火算法的两个重要步骤中都涉及算法控制参数的使用：

（1）在每个算法控制参数下，从前迭代点出发，产生邻近的随机状态，根据算法控制参数确定的接受准则来决定得到的新状态的取舍，并据此形成一定长度的随机马尔可夫链。

（2）缓慢降低算法控制参数，提高接受准则，直至算法控制参数趋向于 0，状态链稳定于优化问题的最优状态，提高模拟退火算法得到的全局最优解的可靠性。

4）仅使用适应度函数值进行搜索。传统搜索算法不仅需要利用目标函数的函数值，而且大多需要目标函数的导数值等其他辅助的数学信息才能确定算法的搜索方向。当这些信息不存在时，传统的算法也就无法进行了。模拟退火算法仅使用由目标函数变换得到的适应度函数的值，来确定进一步搜索的方向和搜索的范围，无须借助其他的一些辅助信息。需要特别指出的是，模拟退火算法的适应度函数不需要是连续可微的，而且其定义域也可以在任意范围。这一特性对于很多无法或很难求导数的函数，或者对于根本不存在导数的函数的优化问题、组合优化问题等，使用模拟退火算法就显得比较方便。另外，直接利用目标函数的值或个体适应度函数，也可以将搜索范围集中在适应度较高的搜索空间中，以此来提高搜索效率。

5）隐含并行性。并行算法是 20 世纪 60 年代发展起来的，发展速度非常迅速。有些专家甚至认为“大量并行”是目前提高计算机系统性能的唯一方法。到现在为止，并行算法的设计主要采用两种方法：

(1) 对现有的串行算法进行改造,使之成为较好的并行算法。

(2) 结合现有并行计算机的结构特点,直接设计出新的并行算法。

将模拟退火算法改造为并行算法相对还是比较容易的。目前常见的并行策略有以下几种:①操作并行策略;②试演并行策略;③区域分裂策略;④混乱松弛策略。

这几种并行算法不同程度上在解的质量、收敛速度方面优于模拟退火算法。由此可以预见,大规模的并行计算模式将成为研究全局优化问题的主流。模拟退火算法隐含着并行性,这是优于其他优化搜索算法求解过程的关键所在。另外,模拟退火算法的隐含并行性还有助于进行非线性问题的处理。

6) 善于搜索复杂区域。模拟退火算法最善于对复杂地区进行搜索,从中找出期望值高的区域。但该算法在求解简单问题时效率却不高。正如遗传算法创始人 Holland H.所指出的"如果只对几个变量做微小的改动就能进一步改进解,则最好使用一些更普通的方法,来为遗传算法助一臂之力"。SA 算法在这一点上与遗传算法类似,但比遗传算法更加适合搜索复杂区域。

上述具有特色的技术和方法使得模拟退火算法使用简单、鲁棒性强、易于并行化,从而应用范围甚广。

4.4 混合退火算法

4.4.1 基本退火算法

4.4.1.1 基本退火算法的数学模型

1. 模拟退火算法的数学模型

由解空间、目标函数和初始解三部分组成。

1) 解空间

模拟退火算法的解空间为关于一个问题所有可能的解(可能包括不可行的解)的集合,它限定了初始解选取的范围和新解产生的范围。对于无约束条件的优化问题,以求解最大解问题为例,其求得的任一可能解都为可行解,因为此时的解空间就是所有可能产生的解的集合;但对于大多数实际生活中的组合优化问题,如独立集问题、图着色问题等,这些问题中的解不仅需要满足目标函数值最优这要求,而且还需要满足另外一些特别的约束,因此在解集中就可能包含一些不可行的解。解决这一问题的一种方法是,在产生新解时就考虑到问题对解的特殊约束,即将解空间直接限定为所有可行解的集合;另一种方法是,允许在解空间中包含不满足约束的不可行解,在目标函数中增加罚函数对产生的不可行解进行惩罚。

2) 目标函数

目标函数是对问题的优化目标的数学描述,通常表述为若干优化目标的一个和式。目标函数的选取必须正确体现对问题的整体优化要求。例如,如上所述,当解空间包含不可行解时,目标函数总应包含对不可行解的罚函数项,借此将一个有约束的优化问题转化为无约束的优化问题。此外,目标函数式应当是易于计算的,这将有利于在优化过程中简化目标函数差的计算以提高算法的效率。

3）初始解

初始解是算法开始迭代的起点。初始解的选取应使得算法导出较好的最终解。但大量的试验结果表明，模拟退火算法是一种“健壮的”算法，即算法的最终解并不十分依赖初始解的选取。

2. 模拟退火算法的运作流程

1）初始化：给定温度 T 的变化范围并对其进行初始化，对解 S 进行初始化，并计算初始化解 S 所对应的当前目标函数值 $E(S)$，这是模拟退火算法迭代的起点

初始温度 T 的选择要注意以下问题：

(1) 初始 T 要足够大，特别是当求解问题的规模比较大的时候，如果 T 的初始值过小，则容易导致算法陷入局部最优无法跳出而达不到最优解。

(2) T 的初始值也不宜选取过大，如果选取过大，会导致算法的迭代次数过多，直接影响算法的执行效率。

对每一温度 T 下迭代的次数 L 进行初始化，通常 L 的选取原则如下：

(1) 如果待解决问题的规模不大，L 可以稍微选取得小一些，以减少算法的迭代次数，提高算法效率。

(2) 如果待解决问题规模较大，L 可以选取得大一些，以保证在每个温度 T 下都可以进行充分的迭代。

2）设一个整数 k 用来记录每一温度 T 下迭代已进行的次数，k 的取值范同是 $[0, L]$，在每一温度 T 下，循环 k 次第3)～6)步。

3）产生一个新解 S'，根据目标函数分别计算当前解 S 和新解 S' 所对应的 $E(S)$ 和 $E(S')$，并计算增量 $\Delta E = E(S') - E(S)$。

4）如果 $\Delta E < 0$，则新解 S' 代替当前解 S 作为新的当前解，新解所对应的 $E(S')$ 作为新的当前目标函数值；如果 $\Delta E > 0$，则需要计算新解的接受率 $r = \exp\left[\dfrac{E(S) - E(S')}{kT}\right]$，若算得的 $r >$ rand，则可以接受 S' 作为新的当前解，这里所说的 rand 为一个自动生成的介于 $[0,1)$ 之间的随机数。

5）如果迭代满足终止条件，则输出当前解作为最优解，结束程序，终止算法。终止条件通常取为已设定的迭代次数或连续若干个新解都没有被接受或温度达到终止条件，合理的算法终止准则既能保证算法收敛于某一近似解，又能使最终解具有一定的全局性。

6）逐渐降低温度控制参数 T。如 T 依然大于 0，转至第 2)步继续进行，直至满足终止条件为止。

模拟退火算法的全局搜索性能与退火速度(温度控制参数的降低策略)是密切相关的。一般来说，同一温度下的“充分”搜索(退火)是相当必要的，但这需要以计算时间作为代价。在实际应用中，要针对具体问题的性质和特征设置合理的温度控制参数的降低策略。常见的温度控制参数降温策略有以下四种(设 T_k 为进行第 k 次迭代时的温度)。

(1) 对数降温策略，$T_k = a/\lg(k + k_0)$。

(2) 快速降温策略，$T_k = b/(1 + k)$。

(3) 直线降温策略，$T_k = (1 - K/k)xT_0$。

(4) 指数降温策略，$T_k = axT_{k-1}$。

以上四种降温策略中温度降低的速率是不同的，如果温度下降速率太快，则可能错过极点值；但温度下降速率过慢，则又会大大降低算法的收敛速率。因对数降温策略温度下降较为缓慢，故其降温效率也较低。快速降温策略在高温区的时候，温度降低较快；在低温区的时候，温度降低较慢。直线降温策略在高温和低温状态下，降温速度是相同的。指数降温策略是现阶段最常使用的温度降低策略，该策略中的温度降低较有规律，温度变化直接与公式中的参数 a 有关，它的取值直接决定着降温的过程，a 是一个趋近于 1 的常数，一般取值在 [0.5, 0.99]。

模拟退火算法中新解的产生和接受机制由以下四个步骤构成。

1) 按某种随机机制(如产生函数或扰动机制)由当前解产生一个新解，通常为了简化后续计算和方使接受，减少计算时间，一般通过对当前解进行一些扰动来产生新解，扰动的做法是以目前解为中心，对部分或整个解空间随机取样一个解。可能产生的新解构成当前解的邻域。可见，对产生函数或扰动机制的选择直接影响着当前解的邻域范围，进而对冷却进度表也有一定程度的影响。

扰动产生新解的过程如图 4-1 所示。

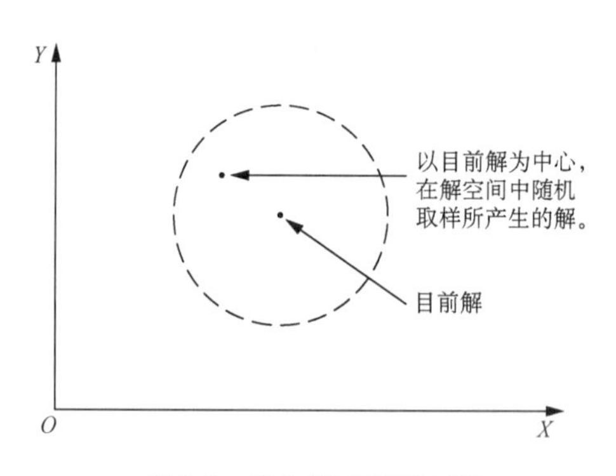

图 4-1　扰动产生新解的过程

2) 计算新解所对应的目标函数值与当前解所对应的目标函数值之间的差值，因为这一差值是由于当前解进行简单扰动变换产生的，所以一般使用变换过程中改变的部分直接计算得到。实践证明，在绝大多数应用中，这样可以快速准确地计算出目标函数的差值。

3) 根据接受准则(最常使用的是 Metropolis 接受准则)判断是否接受新产生的解。当新解较当前解更优时，或新解虽然恶化但满足接受准则时，则可以接受新产生的解。对于有限定的解空间，则需先判断新产生解的可行性。

4) 当新产生的解满足接受准则时，用新产生的解替换当前解，一般是参照新解对当前解进行相应的简单变换，同时对当前目标函数值进行修正。此时，当前解和目标函数值就实现了一次迭代。当新产生的解不满足接受准则时，则以当前解为基础继续进行下一轮的变换比对试验。

模拟退火算法的基本思想是，从一个初始解出发，不断重复迭代产生新解，对新解进行判定、舍弃，最终取得令人满意的全局最优解。

模拟退火算法流程图如图 4-2 所示。

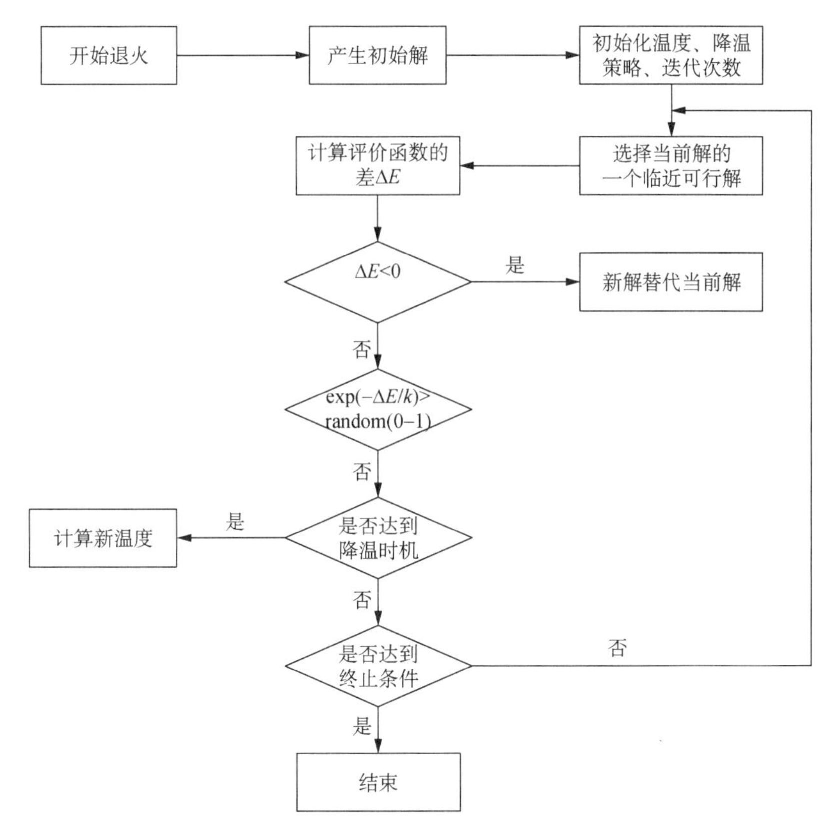

图 4-2　模拟退火算法流程图

下面，用 $k = SC$ 表示算法终止条件，Generate(S′ from S)用来表示从当前解 S 产生出新解 S' 的过程，Random( )表示在区间(0，1)上随机产生一个数，SA ( )表示模拟退火算法函数，根据上面描述的模拟退火算法的运行流程，可以得到以下的模拟退火算法伪程序：

```
PROCEDURE SA(t, Δt, L, SC; VAR  i);
BEGIN
    k = 0;
    REPEAT
        Accept: = FALSE;
        FOR p: = 1 TO L DO
    BEGIN
        Generate(S' from S);
            ΔE: = E(S') - E(S)
            IF (ΔE<0) OR (EXP( - ΔE/t)>Random())
THEN BEGIN
                S: = S';
                E: E + ΔE;
                Accept: TRUE;
END
        END;
        IF NOT Accept THEN k: = k + 1 ELSE k: = 0;
```

```
UNTIL k = SC;
END.
```

4.4.1.2　基本退火算法的特点

模拟退火算法在搜索最优解时，不但往好的方向搜索，也往差的方向搜索，从而使得该算法可以跳出局部最优解的陷阱，搜索到全局的最优解。在模拟退火算法执行期间，随着温度控制参数的减小，该算法返回全局最优解的概率逐渐增大，返回非全局最优解的概率单调减小。模拟退火算法与初始值无关，即算法求得的解与初始解（或状态或算法迭代的起点）的选取无关。模拟退火算法具有渐近收敛性，并已在理论上被证明是一种以概率1收敛于全局最优解的全局优化算法。而且，模拟退火算法的计算过程简单、通用，鲁棒性强，适用于并行处理，可用于求解复杂的非线性优化问题。

但模拟退火算法也存在一些不足：返回一个高质量的近似解的时间花费较多，当问题规模不可避免地增大时，难以承受的运行时间将使算法丧失可行性。如果降温过程足够缓慢，这样得到的解的性能会比较好，但与此相对的是计算速度太慢；如果降温过程过快，很可能得不到全局最优解。

因为这些不足，对于实际应用中即刻调度的问题是一个不小的影响，所以必须探求改进算法性能、提高算法执行效率的可行途径，具体途径如下：

1）改变算法进行过程中的各种变异方法，如在算法中加入记忆器，记住算法进行过程中曾出现过的最优近似解。

2）对算法进行大规模并行计算，真正缩短计算时间。

3）将模拟退火算法与其他智能搜索机制的算法（如遗传算法、机器学习算法等）相融合，取长补短。

4.4.2　改进的遗传退火算法

在大量的求解大规模问题的实际应用中，传统的单一的搜索优化算法得到的优化结果往往不够理想，对多种算法进行混合的思想已经逐渐成为提高传统算法优化性能的一个重要且有效的途径。

遗传算法是基于适者生存的一种高度并行、随机和自适应的优化算法，在一定条件下具有全局收敛特性，并已广泛应用于机器学习、控制、优化等领域。但对于基本的遗传算法而言，在实际应用时，往往会出现早熟收敛和收敛性能差等缺点。

模拟退火算法是在某一初温下，伴随温度参数的不断下降，结合概率突跳特性在解空间中随机寻找目标函数的全局最优解。但对于基本的模拟退火算法而言，在实际应用中，当问题规模不可避免地增大时，返回一个高质量的近似解的时间花费将难以承受。

为了避免基本遗传算法和基本模拟退火算法的缺点，综合二者的优点，产生了一种新的混合优化策略—改进的遗传退火算法（Modified Genetic Algorithm and Simulated Annealing，MGASA）。MGASA算法不仅对基本遗传算法和基木模拟退火算法进行了算法思想融合，还引入了机器学习原理，引入模拟退火算法作为遗传算法中的种群变异算子，并将模拟退火算法中的Metropolis抽样过程与遗传算法相结合，不仅充分发挥了遗传算法并行搜索能力强的特点，而且增强和改进了遗传算法的进化能力；另外，利用机器学习原理来指导种群的建立，使优化过程在很短时间内获得最优解，提高了系统的收敛性能和收敛速度；同时，利用机器学习的记忆功能，避免了最优解的丢失。

1. MGASA 算法思想介绍

1）MGASA 算法的基本框架

MGASA 算法综合了遗传算法的全局并行搜索能力强和模拟退火算法的局部串行搜索能力强的特点，采用并行和串行相结合的结构。外层在模拟退火算法产生的各个温度下进行遗传算法的操作，内层对各子种群进行搜索，初始解来源于遗传算法中的进化，模拟退火算法经 Metropolis 抽样过程得到的解又成为遗传算法中进行下一步进化时的初始种群。这样的框架结构有效地避免了遗传算法易早熟和局部搜索能力不强的缺点，增强了算法的全局和局部搜索能力。

2）知识库的建立

知识库建立的合理性和信息的存储方式直接影响到信息的存储和提取速率，因此，建立一个合理的知识库，不仅能够提高数据的存储和提取速率，还能够合理分配资源，减少资源耗费。

(1) 初始种群库。该库用来存储各种情况下，最后一次迭代所产生的染色体群。由于遗传算法的整体进化性，使得最后一次迭代产生染色体群的平均适值最优，将这一结果记录下来，当再次进行优化计算时，将存储过的染色体群的全部或一部分用做初始种群的一部分，使初始种群有一个较高的平均适值，从而能够有效地减少进化次数。

(2) 种群分类库索引库。将每次迭代后产生的种群划分为若干类，记录分类索引号。每类中平均适值较高的将作用在不同子种群上交叉操作所产生的所有新个体，并与父代种群进行整体择优筛选，从而加速种群的进化过程。

(3) 优化结果库。用来存储每次遗传算法优化计算后所得到的温度调节参数和最优解，以使再次遇到相同工况时可以直接检索到最优结果。

3）机器学习过程

基本遗传算法中选取的初始种群的好坏及多样性，将会影响基本遗传算法的迭代次数和是否能达到最优解。根据这一特点，我们首先使用机器学习的方法来为遗传算法产生一部分初始群体，再利用随机产生的方式为遗传算法产生另一部分的初始群体，以此来提高初始群体的适应性和多样性，加快进化过程。此外，我们还将机器学习的方法加入到遗传交叉和变异中，即在遗传交叉和变异结束后使用机器学习的分类操作，将种群划分为若干类，作为模拟退火操作的初始种群。

4）学习记忆功能

Metropolis 等人在 1953 年提出的采样法就是以一定概率接受新产生的状态作为当前状态，即模拟退火算法中使用的 Metropolis 接受准则，在温度 t 下，由当前状态 i 产生新状态 j，二者的能量分别为 E_i 和 E_j。若 $E_j < E_i$，则接受新状态 j 为当前状态；否则，若概率 $p_r = \exp[-(E_j - E_i)/(kt)]$ 大于[0, 1] 间内的随机数，则仍旧接受新状态为当前状态，若不成立，则保留状态 i 为当前状态，其中 k 为玻耳兹曼常数。然而，在搜索过程中执行 etropolis 概率接受准则时，不可避免地会遗失最优解。因此，MGASA 算法引入机器学习方法中的记忆功能，将产生过的最优解存入知识库，在搜索过程中首先进行知识库的查询，以此来避免

最优解的丢失，提高进化能力。

5）模拟退火算法中的 Metropolis 抽样与遗传算法的混合

将模拟退火算法中的基于概率突跳的 Metropolis 抽样过程混合到遗传算法中，可以对遗传算法中的变异操作进行概率控制操作，并可以通过模拟退火算法中的控制初温的操作来控制遗传算法初始搜索的行为；控制温度的高低可以控制突跳能力的强弱，高温下的强突跳有利于避免陷入局部极小，低温下的趋化性有利于提高局部搜索能力；控制降温速率可控制突跳能力的下降幅度；控制抽样次数可控制各温度下的搜索能力，避免了变异概率难以选取且克服了基本遗传算法易早熟收敛的缺点。

2. 改进的算法流程

改进的算法流程如图 4-3 所示。

步骤 1：初始化算法参数。初温 $t=t_0$，退温速率为 λ，$k=0$。

步骤 2：搜索知识库，判断是否有符合条件的最优解和初始种群。若有，则调用部分初始种群，并随机生成另一部分，然后从数据库中调用最优解；否则，随机生成初始种群。

步骤 3：评价当前种群的个体。

步骤 4：判断算法的收敛准则。如果满足，则转到步骤 9；否则，转到步骤 5。

步骤 5：随机选择个体与种群中的最优个体进行交叉操作，产生新个体。如果新个体适值优于当前最优解，则进行种群更新；否则，保留当前种群和最优解并分类存储到知识库。

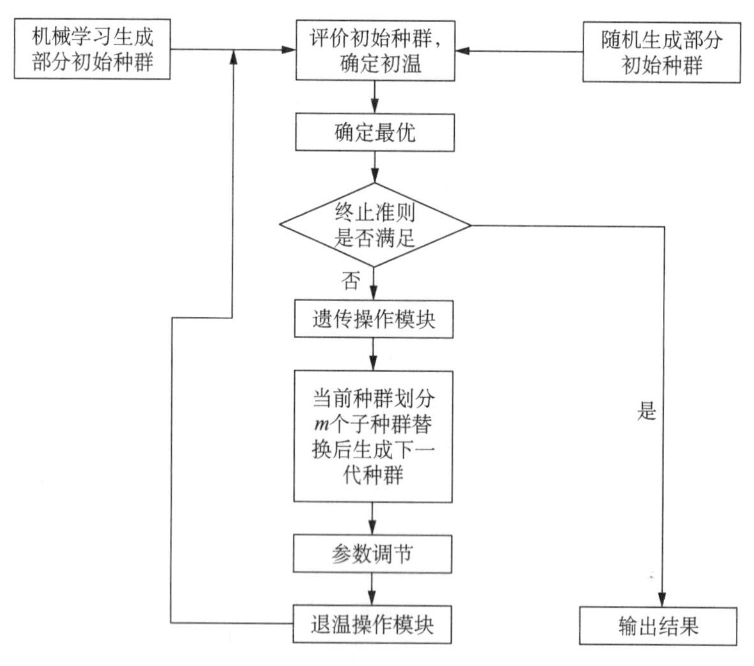

图 4-3 改进算法流程

步骤 6：对所有个体进行变异操作，保留最佳个体并划分为 n 个子种群作为 SA 的初始种群，同时进行种群更新和知识库更新，存储最优状态和温度调节参数。

步骤 7：对 n 个子种群的个体进行定步长抽样的模拟退火操作，以概率 $\min[l, \exp(-\Delta E/(tk))]$ 接受后代，更新种群和知识阵库。

步骤8：进行退温操作 $t_k = \lambda \cdot t_{k-1}$，$\lambda \in (0, 1)$，转到步骤4。

步骤9：输出本次优化结果。

步骤10：判断是否再次进行优化，若是则转到步骤2；否则，转到步骤11。

步骤11：输出最终优化结果。

3. 算法的优点

MGASA的优点如下：

(1) 增强了搜索效率。MGASA既具有基本遗传算法所具有的全局并行搜索能力，又具有模拟退火算法所具有的局部集中搜索能力，可以跳出局部极小。

(2) 机器学习原理的引入。引入机器学习原理，将先前优化过的工艺流程存储起来，当再次遇到相同工况时，可以通过查询数据库直接获取结果，避免了重复计算，提高了算法的进化速度。如果对当前查询结果不满意，可以从先前存储的种群中抽取部分个体作为初始种群中的一部分，其余个体随机生成，既保证了初始种群的多样化，也使初始种群保持了较高的平均适值，使得优化迭代次数大大减少。

(3) 增强进化能力。将最优解存入知识库，在搜索过程中首先查询知识库，避免了最优解的丢失，提高了进化能力。

4.4.3　基于学习机制的退火并行遗传算法

对于基本的遗传算法而言，在给定的时间内可以搜索到问题的最好解，并且在大系统优化与控制中也已得到了初步的应用。但在实际求解大规模或超大规模问题时，基本的遗传算法往往还是会出现局部搜索不敏感及早熟收敛和最优解丢失等缺点。

因此，我们选择了基本遗传算法的改进算法并行遗传算法，在并行遗传算法的基础上进行改进。并行遗传算法在基本遗传算法的基础上引入多种群并行进化，并使用迁移算子进行种群间的信息交流，避免了基本遗传算法中出现的未成熟收敛。

模拟退火算法是由Metropolis等提出的，在某一初温下，伴随温度参数的不断下降，结合概率突跳特性在解空间中随机寻找目标函数的全局最优解，使用串行结构，局部搜索能力强。由此，针对并行遗传算法中出现的局部搜索不敏感的问题，我们在并行的遗传算法中引入模拟退火算法的思想，采用并行和串行相合的两层结构，在整体构造上采用了粗粒度并行框架，增强了算法的全局搜索能力：局部搜索引入模拟退火算法思想作为并行遗传算法产生种群的变异算子，增强和补充了并行遗传算法的局部搜索能力。

此外，在综合了并行遗传算法与模拟退火算法的优点的同时，为了避免并行遗传算法搜索过程中出现最优解丢失的问题，新的混合优化策略(PGASA算法)还引入了机器学习原理，增加了种群的平均适值，有效地避免了最优解丢失的问题，加快了并行遗传算法的进化速度。

1. PGASA混合算法的基本思想

PGASA混合算法的设计主要针对并行遗传算法易早熟和局部搜索能力差的缺点进行改进，改进之处有以下三点：

(1) 算法的整体构造采用并行搜索和串行搜索相结合的两层结构。

(2) 模拟退火算法作为并行遗传算法产生种群的变异算子。

(3) 引入机器学习原理构造初始种群的学习机制。

PGASA 算法的执行分为并行搜索阶段、串行搜索阶段和种群迁移阶段。并行搜索阶段侧重于全局搜索，提高了种群的全局搜索能力；串行搜索阶段主要是增强算法的局部搜索能力，使算法能够跳出局部极小的“陷阱”；种群迁移阶段主要使种群能够朝着最佳方向迁移，提高了算法的收敛速度，其特点如下所述。

1）并行和串行结合的互补机制

由于并行遗传算法的全局收敛与种群多样性存在矛盾，所以全局搜索与局部搜索互相融合对算法的整体性能提高具有很大的作用。将种群分为多个子种群进行并行优化，通过选择对子种群进行最优个体保存，迁移算子进行种群间的信息交流，这是算法搜索的并行层次。在并行的框架中嵌入串行结构，对并行的子种群进行进化时将模拟退火算法嵌入并行遗传算法的框架中，两种机制互补。

2）串行层次局部微调

对于并行遗传算法而言，变异算子对种群多样性起着重要的作用。变异概率小，算法的收敛速率快，但是容易陷入局部极小：变异概率大，算法全局搜索能力强，但是收敛速率慢。单一遗传算法很难选取合适的变异参数，PGASA 算法使用模拟退火算法作为并行遗传算法的变异算子，将基于概率突跳的 Metropolis 抽样过程混合到并行遗传算法中，可以起到概率可控的变异操作，降低算法对变异参数的依赖。变异外层在各温度下进行并行遗传算法的操作，内层对各子种群进行搜索，初始解来源于并行遗传算法的进化，模拟退火算法经 Metropolis 抽样过程得到的解又成为并行遗传算法进一步进化的初始种群。

控制初温可控制初始搜索行为，控制温度的高低可控制突跳能力的强弱，高温下的强突跳有利于避免陷入局部小，低温下的趋化性有利于提高局部搜索能力，控制降温速率可控制突跳能力的下降幅度，控制抽样次数可控制各温度下的搜索能力，避免了变异概率难以选取、并行遗传算法易早熟收敛的缺点。模拟退火算法的串行优化和并行遗传算法的群体并行相结合避免了基本遗传算法易早熟和局部搜索能力不强的缺点，增强了算法的全局和局部搜索能力。

3）机器学习引导种群的建立

PGASA 算法引入机器学习原理，建立种群知识库，指导初始种群的建立，如图 4-4 所示。以往子种样的建立是随机进行的，有可能导致种群中大部分个体的适应度和最佳个体的适应度差别不大，降低了种群的多样性，导致早熟的发生。另外，随机选择容易造成最优解的丢失。知识库建立的合理性和信息存储的方式直接影响到信息的存储和提取速度，因此，建立一个合理的知识库，不仅能够提高数据的存储和提取速度，而且还能合理分配资源，减少资源耗费。

知识库的建立与更新如图 4-4 所示，下面对图 4-4 做简要说明。

1）初始种群库用来存储各种工况下最后一次迭代所产生的染色体群，由于遗传算法的整体进化性，使得最后一次迭代产生染色体群的平均适值是最优的，将这一结果记录下来，当再次进行优化计算时，可以将存储过的染色体群的全部或一部分用做初始种群的一部分，这样可以使初始种群有一个较高的平均适值，从而能够有效地减少进化次数。

2）索引库将每次迭代后产生的种群划分为若干类，记录分类索引号。每类中平均适值较高的将作用在不同子种群上的交叉操作产生的所有新个体与父代种群进行整体择优筛

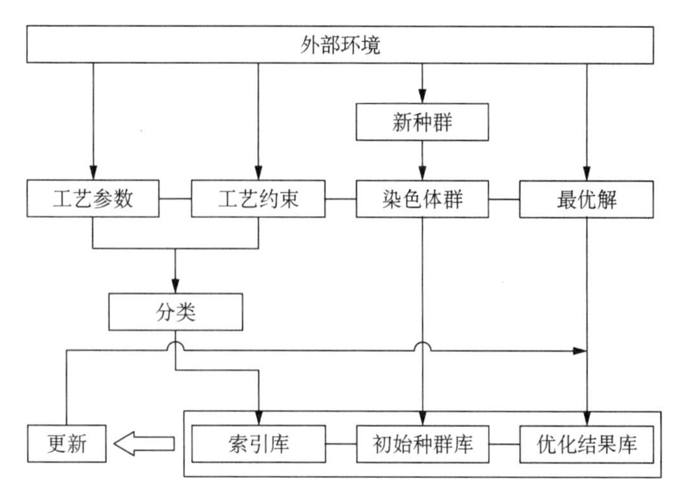

图4-4　建立种群知识库的流程

选，从而加速种群的进化过程。

3）优化结果库用来存储每次优化计算后所得到的最优解。这样，当再次遇到相同工况时可以直接检索到最优结果。

4）知识库的更新将每次优化后的结果存入知识库，知识库内的记录会快速增长，为了提高知识库的检索效率，对知识库内的数据动态进行更新。每次检索知识库时，对于工艺参数和工艺约束相同的记录，如果当前种群的适值 f 大于知识库中的种群适值，则删除知识库中的原记录，并将当前记录存入知识库。这样，可以保持知识库内的个体适值比较高，同时可以控制知识库的规模，提高知识库的处理速度。

2. 混合算法流程与优点

混合算法总体框架如图4-5所示。

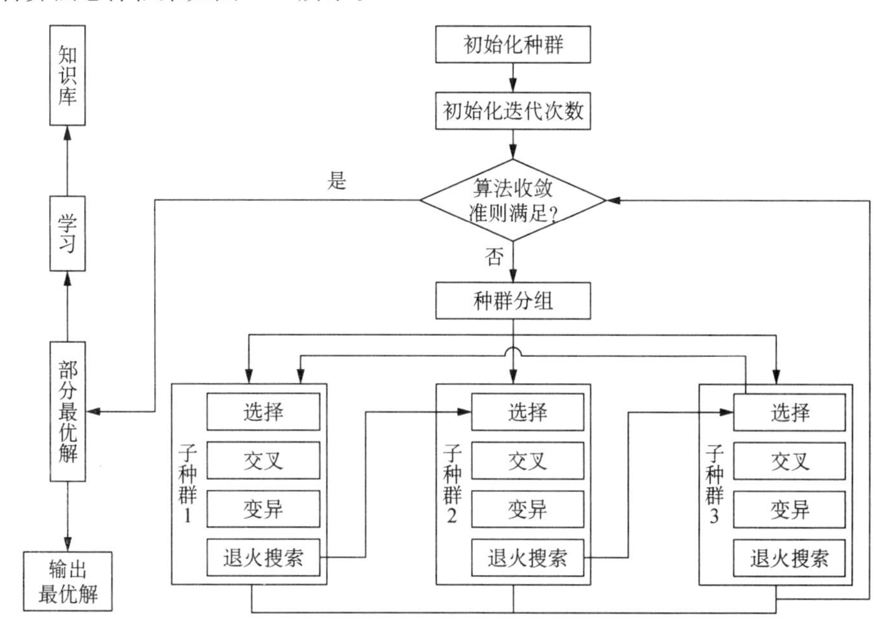

图4-5　混合算法总体框架

混合算法流程的执行步骤如下。

步骤 1:针对车间调度的问题初始化参数,编码采用 Gen 等提出的基于工序的编码方法。初始种群从知识库随机抽取一部分染色体,用随机生成的编码链的算法生成初始群体另一半个体的染色体编码串。

步骤 2:划分成 n 个并行的子种群,并计算每个子种群的适应值。在求解车间调度问题时,利用加工系统最小完成时间作为衡量标准。

步骤 3:判断收敛准则是否满足。以最大进化代数为终止准则,对车间调度问题使用最大进化代数作为工件数与机器数的乘积。如果满足收敛准则,则转到步骤 11。

步骤 4:对每个子种群进行独立进化,基于子种群进行遗传选择操作。

步骤 5:对每个子种群进行交叉操作,保留优良个体。

步骤 6:对每个子种群中的个体进行变异操作,保留最佳个体并划分为 n 个子种群作为 SA 的初始种群,同时进行种群更新和知识库更新,存储最优状态和温度调节参数。

步骤 7:对 n 个子种群的个体进行定步长抽样的模拟退火操作,以概率 $\min\{l, \exp[-\Delta E/(tk)]\}$ 接受后代,更新种群和知识库(其中,ΔE 是能量变迁的差值,t 是温度,k 为玻耳兹曼常数)。

步骤 8:进行退温操作 $tk \leftarrow \lambda tk - 1$,$\lambda \in (0, 1)$。

步骤 9:计算种样间的亮争力。

步骤 10:各子种群如果获得了比种群 i 中个体更好的个体,则用人工选择操作更新 i 中较差的个体,然后在子种样个体中再进行迁移替换。转到步骤 3。

步骤 11:将部分最优解存入知识库,并输出最优解。

3. 算法的优点

1) 在遗传算法的整体构造上使用并行框架,加速了遗传算法的搜索过程,而且能够增加种群的多样性,抑制早熟的发生,从而提高解的质量。

2) 引入了机器学习原理,将先前优化过的工艺流程存储起来,当再次遇到相同工况时,可以通过查询数据库直接获取结果,从而避免了重复计算,这一点对于大型的复杂优化问题特别有利。如果对当前查询结果不满意,可以将当前最优解和先前存储的种群中各抽取部分个体作为初始种群中的一部分,其余个体随机生成,这样既保证了初始种群的多样化,同时也使初始种群保持了较高的平均适值,使得优化迭代次数大大减小。

3) 模拟退火算法的引入,克服了遗传算法爬山能力弱的特点,结合了遗传样体进化和模拟退火算法具有较强的避免迂回搜索的特点,实现了快速的全局优化。

模拟退火算法来源于固体退火原理,即将固体加温至充分高,再让其徐徐冷却,是近年来应用比较广泛的智能优化算法之一,具有算法简单、并行性、善于搜索复杂区域的优点。本章主要介绍了一种改进的遗传算法和基于学习机制的退火并行遗传算法,前者引入了机器学习原理,并将模拟退火算法中的 Metropoli 抽样过程与遗传算法相结合,可以较快地找到高质量的近似解;后者在并行遗传退火混合算法中引入学习机制,有效避免了算法中期易出现的未成熟收敛情况。

应用神经网路系统进行工程结构优化,可通过电子电路模拟或计算仿真求解。由于一般的神经网络系统具有有限个渐近稳定平衡点,也就是说,系统能量函数具有有限个局部极小点。为了获得全局最优(或虽非最优,但所希望的较优)解,可采用模拟退火法。

4.5 例题

某隧道跨度15.96 m,高6.23 m,埋深20 m,围岩稳定性差,属于强风化变余砂岩,结构破碎,划分Ⅴ级围岩比较合适。求最优壁厚。

1) 初始种群创建:相关函数crtbp与bs2rv,分别用于随即创建二进制向十进制转化。每次创建一条染色体,立即调用ANSYS,进行运算,检验是否满足约束条件。不满足即重新创建,保证初始种群单体满足约束条件。

2) 适应度函数:相关函数ranking与scaling,ranking(ObjV)默认压差为2,线性排序。原理是先对目标函数值进行降序排序。定目标函数值最小个体的适应度值为2,目标函数值最大个体的适应度值为0。中间个体选择线性插值法。

3) 选择函数:相关函数rws,sus;高级函数select。select调用格式为child=select(SET_F, FitnV, GGAP),其中SEL_F为低级函数的字符串,如'rws'和'sus';GGAP为代沟,用于控制每代中种群被替代的比例,即每代有$N*(1-G)$个父代个体被选中进入下一代种群。$G=50\%$意味着一半的种群将被置换。

$$F(x_i)=\frac{f(x_i)}{\sum_{i=1}^{N} f(x_i)}$$

1) 交叉函数,即染色体重组。

相关函数为触及函数xovsp, xovdp, xovmp, xovsp及高级函数recombine。其中,xovsp为单点交叉,选择某个点,然后一次分为左右部,两个基因的左右部相互交换基因序列;xovdp为两点交叉,选择两个点,序号为k_1,k_2,交换k_1+1—k_2间的各变量;recombine为调用格式。Recombine(REC_F,Chrom,Recopt)中,REC_F为低级函数字符串;Recopt为重组概率。

2) 变异函数为mut,mutbga,mutate。mut的功能是对染色体每一元素以一定概率pm进行变异;mutbga针对实值进行变异;mutate是变异的高级函数,可以调用mut或是mutbga函数。

3) 约束的实现:限定搜索空间,罚函数法,逐点淘汰法。

限定搜索空间:即给定变量范围,保证该范围内任意变量是满足约束要求的;罚函数法:对目标函数进行形如$F'(x)=F(x)\pm Q(x)$的处理,但是对$Q(x)$如何设置,至今仍是一个难点;逐点淘汰法:即所谓的"*test*"试用法,此法可保证每代个体均满足约束要求,但效率无疑大大降低。本例采用限定搜索空间与逐点淘汰法结合的方法,根据规范要求、工程经验,设定变量取值范围,但由于t, rb对结构受力、变形的共线不存在线性对应关系,无法保证范围内任一组解均满足变形、强度要求。此时再添加逐点淘汰制,使得小概率条件下得到的不可行解被淘汰,运行效率并未降低多少,但收敛速度得以保证。

MABLAT调用ANSYS

1) MATLAB将相关数据写入文本文件a,供ANSYS提取并调用;

2) 通过函数system或!D,调用ANSYS,后台运行;

3) ANSYS按照命令流文件进行操作,最后将结果录入文本文件b;

4) MATLAB读取上述文本文件b,得到结果。

2. 代码说明:

1) MATLAB将数据录入文本文件

```
aa=[0.5 1.0 1.2; 0.6 1.0 1.3]
fid=fopen('c:\dupu.txt','wt')
fprintf(fid,'%6.2f%6.2f%6.2f\n','aa') %matlab的计算结果写入文件
fclose(fid)
```

2) 调用ANSYS

```
system('c:\ansys100 -b -p ane3f1 -I d:\AnsysCommand.txt -o c:\vm5.out');
%c:\AnsysCommand.txt是命令流文件;
%c:\vm5.out是输出文件所在位置,输出文件保存了程序运行的相关信息。
```

输入上述命令,系统会自动调用Ansys,按照文件AnsysCommand.txt中的命令流进行相关操作。

AnsysCommand.txt相关介绍:

(1) 在ANSYS的命令流中从matlab的输出文件中读入计算参数,进行计算:

! 读入命令

```
*create, ff  ! 创建宏
*DIM, EXA....2, 3
*VREAD, exa (1, 1, ), c:\duqu, txt......JIK, 3, 2
(3F6.2)
*end
/input, ff     ! 输入信息
t=exa(1, 1)   ! 设计变量,衬砌厚度
rb=exa(1, 2) ! 设计变量,锚杆半径
*end
/input, ff
```

(2) ANSYS的命令流中,获取计算结果,并录入文件供MATLAB调用。

! 记录位移、应力

```
*get, uy, node, 1, u, y
*get, ux, 1, node, 11, u, x
*get, ux2, node, 92, u, x
Disp=1000*(abs(uy+0.009)+abs(ux1-ux2))  ! 目标函数
Nsort, s, eqv, 0, 0, all
*get, max_eqv, sort, 0, max
*get, uy_face, node, 713, u, y
```

```
*dim, dis..., 2, 1
dis(1, 1) = disp
dis(2, 1) = uy_face
dis(3, 1) = max_eqv
! 输出命令
*CREAT, PP
*mwrite, dis, c:\output, txt.....jik, 1, 3
(1F16.6)
*END
/INPUT, PP
```

3）程序发布

实现方法：Vc++6.0 编译环境 &MATLAB 实现优化 &ANSYS 结构计算截面截取展示：

4）程序计算结果

结算分两次进行，总共耗时 20 h。第一次由于结构参数考虑欠缺，计算结果与实际应用情况不太相符。中文只引用了第二次计算的结果。

初始种群中包含 20 个个体。不难发现，个体差异较大，保证了种群的多样性，是的逐次迭代后，子代保持进化的几率较大。

红色曲线为每代平均适应度值，蓝色曲线为每代最优适应度值。由于添加了适当的约束条件，使得收敛效果较为明显。由图中不难发现：最优值发生三次跳跃，代表着检索到 3 个局部最优解。由于种群规模较大，在进行交叉、变异后，算法很快跳出局部最优解。各极小值及其对应变量解如表 4-1 和表 4-2 所示。

表 4-1　各组位移极小值解

序号	DISP(位移)	误差(以 ANSYS 结果为准%)
第一组	4.000 000	—
第二组	3.738 120	6.55
第三组	3.398 591	15.04

表 4-2　各组衬砌厚度及锚杆半径最优解

序号	衬砌厚度/m	锚杆半径/m
第一组	0.150 000	0.027 210
第二组	0.270 107	0.047 478
第三组	0.295 249	0.047 478

遗传算法与 ANSYS 优化等常规算法不同，它从多个点开始寻优，并采用交叉和变异算子，避免过早收敛到局部解，而且它对函数没有专门限制，不必求导计算，节省了计算量，提高了运算效率，这是遗传算法最大的有点。因此它更适合于解决大型复杂结构的优化问题。

5）核心代码

（1）MATLAB调用ANSYS的关键代码，通过它可以计算适应度。

```
Function fitness = fun(x)
X = [0.15 0.026];
aa(1, 1) = x(1, 1);
aa(1, 2) = x(1, 2);
fid = fopen('c:\duqu.txt', 'wt');
fprintf(fid, '%6.2f%6.2f%6.2f\n', aa');
fclose(fid);
system('C:\ansys100 - b - p ane3fl - I C:\AnsysCommand.txt - o C:\vm5.out');
disu = dlmread('C:\output.txt');
fitness = disu(1, 1);
```

（2）MATLAB版遗传算法主程序。

```
clc
clear
%%初始化遗传算法参数
PRECL = 20;  %二进制字串长度,与精度相关
maxgen = 25;  %进化代数,即迭代次数
sizepop = 20;  %种群规模
pcross = [0.7];  %交叉概率选择,0和1之间
pmutation = [0.2] %变异概率选择,0和1之间
pgap = [0.7];  %代沟
NVAR = 2;     %变量维数
bound = [0.15 0.01;0.3 0.05]; %限定搜索空间
trace = zeros(maxgen, 2); %记录器
gen = 1;
FieldD = [rep([PRECL], [1, NVAR]);bound;rep([1;1;1;1], [1, NVAR])]; %区域器
%%初始化种群
for k = 1:sizepop,
Kfuti = k
record = 0;
while record = = 0,
    SCh = crtbp(1, NVAR * PRECL); %生成二进制的初始种群
    SCh10 = bs2rv(SCh, FieldD); %种群十进制化
    %目标函数计算
    fitness = fun(SCh10);
    u = dlmread('C:\output.txt');
    uy_face = u(2, 1);
max_eqv = u(3, 1);
i = 0;j = 0;
%判断是否满足强度与地表沉降条件
if uy_face>= - 0.005 &&uy_face< = 0,
```

```
    I = i + 1;
end
    if max_eqv< = 1.3e8 && max_eqv< = - 3e7
        j = j + 1;
    end
    if i = = 1 && j = = 1,
        record = 1;
    end
end
Chrom(k, :) = SCh;
Chrom 10(k, :) = SCh10;
ObjV(k, 1) = fitness;
end %初始化完成
%记录父体
XChrom(:, 1:2) = Chrom 10;
Xobjv(:, 1) = ObjV;
trace(1, 1) = min(ObjV);
trace(1, 2) = sum(ObjV)/sizepop;
%初始存档
save Xobjv.txt Xobjv - ascii
save XChrom.txt XChorm - ascii
save trace.txt trace - ascii
%%迭代寻优
% 进化开始
gen = gen + 1;
while gen< = maxgen,
gen
%分配适应度
FinV = ranking(ObjV);
%选择
Child = select('sus', Chrom, FitnV, pgap);
%交叉
Child = recombin('xovsp', Child, pcross);
%变异
Child = mut(Child);
Child10 = bs2rv(Child, FieldD);
%检验变异并计算目标函数
for k = 1: size (Child, 1),
    flag = 0;
    x = Child10(k, :);
    ObjVCh(k, 1) = fun(x);
u = dlmread('C:\output.txt');
uy_face = u(2, 1);
max_eqv = u(3, 1);
i = 0; j = 0;
```

```
%判断是否满足强度与地表沉降条件
if uy_face>= - 0.005 && uy_face<= 0,
    i = i + 1;
end
if max_eqv<= 1.3e8 && max_eqv<= - 3e7
    j = j + 1;
end
if i = = 1 && j = = 1,
    flag = 1;
end
if flag = = 0,
    optimflag = 0;
    while optimflag = = 0,
        SingleChild = mut(Child(k, :));
        SingleChild10 = bs2rv(SingleChild, FieldD);
        Singleobjv = fun(SingleChild10);
        fitness = fun(x);
        u = dlmread('C:\output.txt ');
        uy_face = u(2, 1);
        max_eqv = u(3, 1);
        i = 0;j = 0;
        %判断是否满足强度与地表沉降条件
        if uy_face>= - 0.004,
        i = i + 1;
        end
        if max_eqv<= 1.3e8 && max_eqv>= - 3e7
            j = j + 1;
        End
        If i = = 1 && j = = 1,
            Optimflag = 1;
        end
    end
    Child(k, :) = SingleChild;
    ObjVCh(k, 1) = fitness;
end
end
%重插入
[Chrom ObjV] = reins(Chrom, Child, 1, [1 0.5], ObjV, ObjCh);
%结果记录
XChrom(:, gen * 2 - 1:gen * 2) = bs2rv(Chrom, FiledD);
Xobjv(:, gen) = ObjV;
trace(gen, 1) = min(ObjV);
trace(gen, 2) = sum(ObjV)/sizepop;
%再次存档
save Xobjv.txt Xobjv - ascii
```

```
save XChrom.txt XChrom -ascii
save trace.txt trace -ascii
gen = gen + 1;
end
%进化结束
```

第 5 章
数值模拟方法在地下结构优化中的应用

5.1 ANSYS 数值模拟软件优化模块

5.1.1 ANSYS 优化设计基本概念

优化设计是一种寻找或确定最优设计方案的技术。所谓“最优设计”，指的是一种方案可以满足所有的设计要求，而且所需的支出(如重量、面积、体积、应力、费用等)最小。也就是说，最优设计方案就是一个最有效率的方案。

对于一个设计方案来说，许多方面都是可以优化的，比如：尺寸(如厚度)、形状(如过渡圆角的大小)、支撑位置、制造费用、自然频率、材料特性等。实际上，所有可以参数化的 ANSYS 选项都可以作优化设计。

ANSYS 程序提供了两种优化的方法：零阶方法和一阶方法。这两种方法可以处理绝大多数的优化问题。零阶方法是一个很完善的处理方法，可以很有效地处理大多数的工程问题。一阶方法基于目标函数对设计变量的敏感程度，因此更加适合于精确的优化分析。对于这两种方法，ANSYS 程序提供了一系列的分析—评估—修正的循环过程。就是对于初始设计进行分析，对分析结果就设计要求进行评估，然后修正设计。这一循环过程重复进行直到所有的设计要求都满足为止。

除了这两种优化方法，ANSYS 程序还提供了一系列的优化工具以提高优化过程的效率。例如，随机优化分析的迭代次数是可以指定的。随机计算结果的初始值可以作为优化过程的起点数值。

在介绍优化设计过程之前，用户需要先了解一些基本概念：优化变量、设计序列、分析文件、循环、优化数据库以及合理和不合理的设计等。

图 5-1 是一个典型的优化设计问题，要求在以下的约束条件下找出矩形截面梁的最小重量：

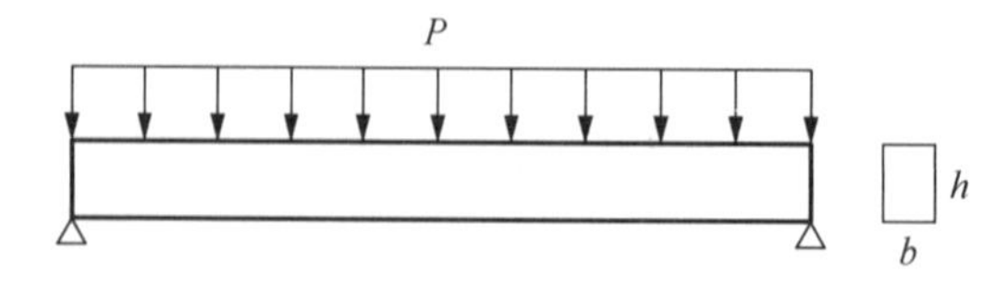

图 5-1　梁的优化设计示意图

1) 总应力 σ 不超过 σ_{max}，即 $\sigma \leqslant \sigma_{max}$；

2) 梁的变形 δ 不超过 δ_{max}，即 $\delta \leqslant \delta_{max}$；

3）梁的高度 h 不超过 $h_{\max}$，即 $h \leqslant h_{\max}$。

优化变量是优化设计过程中的基本变量，包括设计变量（DVs）、状态变量（SVs）和目标函数。优化变量由用户定义的参数来指定的。在 ANSYS 优化中，用户必须指出在参数集中哪些是设计变量，哪些是状态变量，哪些是目标函数。三种优化变量的定义如下：

1）设计变量（DVs）是优化设计中的自变量，优化结果的取得就是通过改变设计变量的数值来实现的。每个设计变量都有上下限，它定义了设计变量的变化范围。在以上的问题里，设计变量很显然为梁的宽度 b 和高度 h。b 和 h 都不可能为负值，因此其下限应为 b，$h > 0$，而且，h 有上限 $h_{\max}$。ANSYS 优化程序允许定义不超过 60 个设计变量。

2）状态变量（SVs）是指约束设计的数值。它们一般是设计变量的函数，是"因变量"。状态变量可能会有上下限，也可能只有单方面的限制，即只有上限或只有下限。在上述梁问题中，有两个状态变量：σ（总应力）和 δ（梁的位移）。在 ANSYS 优化程序中用户可以定义不超过 100 个状态变量。

3）目标函数是指设计所要优化的的数值。它必须是设计变量的函数，也就是说，改变设计变量的数值将改变目标函数的数值。在以上的问题中，梁的总重量应该是目标函数。在 ANSYS 优化程序中，只能设定一个目标函数。也就是说，ANSYS 只能解决单目标优化问题。

设计序列是指确定一个特定模型的参数的集合。一般来说，设计序列是由优化变量的数值来确定的，但所有的模型参数（包括不是优化变量的参数）组成了一个设计序列。分析文件是一个 ANSYS 的命令流输入文件，包括一个完整的分析过程（前处理、求解、后处理）。它必须包含一个参数化的模型，用参数定义模型并指出设计变量、状态变量和目标函数。由这个文件可以自动生成优化循环文件（Jobname.LOOP），并在优化计算中循环处理。

一次循环指一个分析周期（可以理解为执行一次分析文件）。最后一次循环的输出存储在文件 Jobname.OPO 中。优化迭代（或仅仅是迭代过程）是产生新的设计序列的一次或多次分析循环。一般来说，一次迭代等同于一次循环。但对于一阶方法，一次迭代代表多次循环。

优化数据库记录当前的优化环境，包括优化变量定义、参数、所有优化设定和设计序列集合。该数据库可以存储（在文件 Jobname.OPT），也可以随时读入优化处理器中。

一个合理的设计是指满足所有给定的约束条件（设计变量的约束和状态变量的约束）的设计。如果其中任一约束条件不被满足，设计就被认为是不合理的。而最优设计是既满足所有的约束条件又能得到最小目标函数值的设计。如果所有的设计序列都是不合理的，那么最优设计是最接近于合理的设计，而不考虑目标函数的数值。

5.1.2　ANSYS 优化设计步骤

在用 ANSYS 进行优化设计时，同样有两种实现方法：GUI 交互式和命令流方式。交互方式具有很大的灵活性，而且可以实时看到循环过程的结果。在用 GUI 方式进行优化时，首要的是要建立模型的分析文件，然后优化处理器所提供的功能都可以交互式的使用，以确定设计空间,便于后续优化处理的进行。这些初期交互式的操作可以帮助用户缩小设计空间的大小,使优化过程得到更高的效率。

如果用户对于ANSYS程序的命令相当熟悉,就可以选择用命令输入整个优化文件并通过批处理方式来进行优化。对于复杂的需用大量时间的分析任务来说(如非线性),这种方法更有效率。优化设计通常包括以下几个步骤,这些步骤根据用户所选用优化方法的不同(GUI方式和命令流方式)而有细微的差别:

1) 生成循环所用的分析文件。该文件必须包括整个分析的过程;
2) 建立优化参数;
3) 进入优化模块,指定分析文件(OPT);
4) 声明优化变量;
5) 选择优化工具和优化方法;
6) 指定优化循环控制方式;
7) 进行优化分析;
8) 查看设计序列结果(OPT)和后处理(POST1/POST26)。

5.1.3 ANSYS基本优化方法和工具

本节中,将对ANSYS中的优化方法和工具做简单的介绍,主要包括:单步运行法(Single Run)、随机搜索法(Random Designs)、乘子评估法(Factorial)、等步长搜索法(Gradient)、最优梯度法(DV Sweeps)、零阶方法(Sub-Problem)和一阶方法(First-Order)。

1. 单步运行法

单步运行法是指实现一次循环并求出一个FEA解。它不进行循环迭代,可以通过一系列的单次循环,每次求解前设定不同的设计变量来研究目标函数与设计变量的变化关系。

2. 随机搜索法

随机搜索法需要进行多次循环,每次循环设计变量随机变化。用户可以指定最大循环次数和期望合理解的数目。本工具主要用来研究整个设计空间,并为以后的优化分析提供合理解。

随机搜索法往往作为零阶方法的先期处理。它也可以用来完成一些小的设计任务。例如可以做一系列的随机搜索,然后通过查看结果来判断当前设计空间是否合理。

3. 乘子评估法

乘子评估法是一个统计工具,用来生成由各种设计变量极限值组合的设计序列。这种技术与称之为经验设计的技术相关,后者是用二阶的整体和部分因子分析。主要目标是计算目标函数和状态变量的关系和相互影响。对于整体评估,程序进行 $2n$ 次循环,n 是设计变量的个数。1/2部分的评估进行 $2n/2$ 次循环,依此类推。

4. 等步长搜索法

等步长搜索法以一个参考设计序列为起点,本工具生成几个设计序列。它按照单一步长在每次计算后将设计变量在变化范围内加以改变。对于目标函数和状态变量的整体变化评估可以用本工具实现。

本工具可生成 $n*$NSPS个设计序列,n 是设计变量的个数,NSPS是每个扫描中评估点的数目(由 OPSWEEP 命令指定)。对于每个设计变量,变量范围将划分为 NSPS－1 个相等的步长,进行 NSPS 次循环。问题的设计变量在每次循环中以步长递增,其他的设计变量保持其参考值不变。设计序列中设计变量的参考值用 OPSWEEP 命令的 Dset 指定(GUI:MainMenu>Design Opt>Method/Tool)。

5. 最优梯度法

对用户指定的参考设计序列,最优梯度法将计算目标函数和状态变量对设计变量的梯度。使用本工具可以确定局部的设计敏感性。用户可以用图显示设计变量和响应变量的数值。纵坐标表示目标函数或状态变量的实际数值。横坐标表示设计变量一个小的(1%)变化值。其菜单路径为 Main Menu>Design Opt>Design Sets>Tool Results>Print。

6. 零阶方法

之所以称为零阶方法是因为这种方法只用到因变量而不用到它的偏导数。在零阶方法中有两个重要的概念:目标函数和状态变量的逼近方法,由约束的优化问题转换为非约束的优化问题。

1) 逼近方法

本方法中,程序用曲线拟合来建立目标函数和设计变量之间的关系。这是通过用几个设计变量序列计算目标函数然后求得各数据点间最小平方实现的。该结果曲线(或平面)叫做逼近。每次优化循环生成一个新的数据点,目标函数就完成一次更新。实际上是逼近被求解最小值而并非目标函数。

状态变量也是同样处理的。每个状态变量都生成一个逼近并在每次循环后更新。

用户可以控制优化近似的逼近曲线。可以指定线性拟合,平方拟合或平方差拟合。缺省情况下,用平方差拟合目标函数,用平方拟合状态变量。

2) 转化为非约束问题

状态变量和设计变量的数值范围约束了设计,优化问题就成为约束的优化问题。ANSYS 程序将其转化为非约束问题,因为后者的最小化方法比前者更有效率。转换是通过对目标函数逼近加罚函数的方法计入所加约束的。搜索非约束目标函数的逼近是在每次迭代中用 Sequential Unconstrained Minimization Technique(SUMT)实现的。

3) 收敛检查

在每次循环结束时都要进行收敛检查。当目前的、前面的或最佳设计是合理的而且满足下列条件之一时,问题就是收敛的:

(1) 目标函数值由最佳合理设计到当前设计的变化应小于目标函数允差。

(2) 最后两个设计之间的差值应小于目标函数允差。

(3) 从当前设计到最佳合理设计所有设计变量的变化值应小于各自的允差。

(4) 后两个设计所有设计变量的变化值应小于各自的允差。

注意:收敛并不代表实际的最小值已经得到了,只说明以上四个准则之一满足了。因此,用户必须确定当前设计优化的结果是否足够。如果不足的话,就要另外做附加的优化分析。

7. 一阶方法

同零阶方法一样,一阶方法通过对目标函数添加罚函数将问题转换为非约束的。但是，与零阶方法不同的是，一阶方法将真实的有限元结果最小化，而不是对逼近数值进行操作。

一阶方法使用因变量对设计变量的偏导数。在每次迭代中，梯度计算（用最大斜度法或共轭方向法）确定搜索方向，并用线搜索法对非约束问题进行最小化。因此，每次迭代都有一系列的子迭代（其中包括搜索方向和梯度计算）组成。这就使得一次优化迭代有多次分析循环。用户可以通过 OPFRST 命令指定计算梯度的设计变量范围变化程度，也可以指定线搜索步长的范围。一般来说，这两个输入值的缺省数值就足够了。

一阶方法在收敛或中断时结束。当目前的设计序列相对于前面的和最佳序列满足下面任意一种情况时，问题就称为收敛：

1）目标函数值由最佳合理设计到当前设计的变化应小于目标函数允差。

2）从当前设计到前面设计目标函数的变化值应小于允差。

同时要求最后的迭代使用最大斜度搜索，否则要进行附加的迭代。

5.1.4 基于 ANSYS 的工程优化实例一

1. 工程背景

本次优化选取的工程项目为一公路隧道。隧道长度为 520 m，属于曲墙式连拱隧道。隧道处于平曲线中，曲线半径为 1 900 m，隧道纵坡变坡点桩号为 K148＋550，其前后纵坡分别为 1.966％和－1.800％，左右线的坡率一致。隧道超高为 2％，进、出洞门均为 1∶1 削竹式洞门。该隧道所处地段的围岩主要为强风化砂岩，初步鉴定为Ⅳ级和Ⅴ级围岩，隧道实际埋深约为 35 m 左右，隧道走向与山体走向斜交，属于典型的偏压连拱隧道。

该连拱隧道典型断面如图 5-2 所示，图 5-3 为隧道施工现场照片。

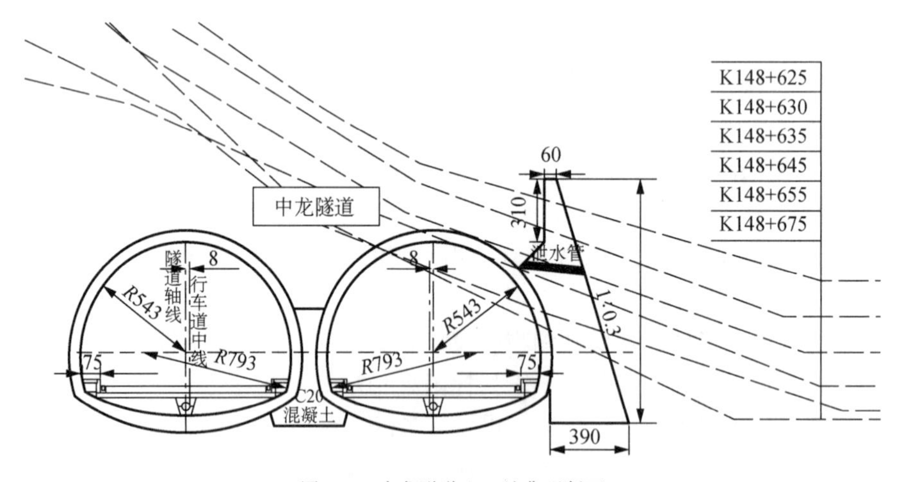

图 5-2 中龙隧道入口处典型断面

根据实际工程问题，抽象出需要进行优化计算的模型。按照实现性强和具有实际工程意义的原则，本次优化设计选取连拱隧道的衬砌结构进行优化计算。在实际数值计算中选取的断面如图 5-4 所示。

图 5-3 中龙隧道施工现场照片

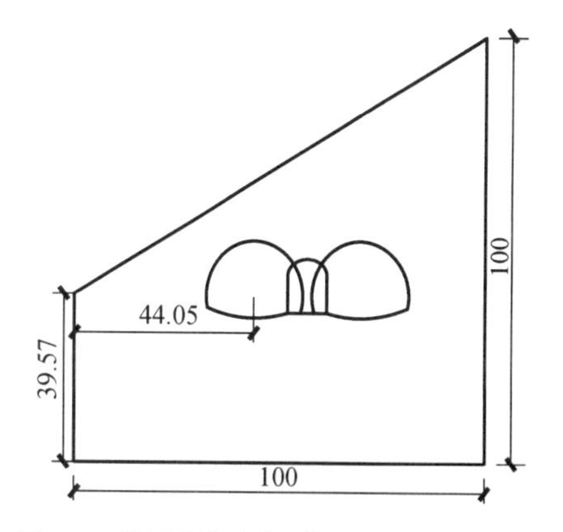

图 5-4 偏压连拱隧道整体模型示意(单位:m)

该隧道的断面几何参数见图 5-5 所示。

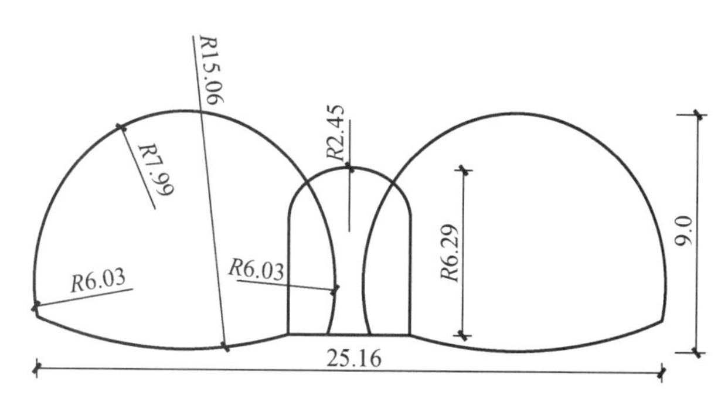

图 5-5 隧道断面几何尺寸(单位:m)

2. 材料计算参数的选取

对于地下工程的数值计算而言,材料计算参数的选取是一个常被简化处理但又十分重要的问题,因为计算参数选择的合理与否直接关系到数值计算的成败。同济大学地下建筑与工程系老教授侯学渊先生就曾经说过,数值计算材料参数选取得不对,数值计算就只是“Garbage in, garbage out”。然而,对于实际工程项目,现场地质勘察报告和岩土勘察报告给出的岩土材料的物理力学参数一般都只是一个大致的范围,而数值计算要求的材料计算参数必须是一个确定值,如何合理地解决这个矛盾呢?

基于普氏理论与公路隧道设计规范推荐公式在我国隧道工程界的广泛应用,可以通过该公式所得到的松动圈范围来反演数值模型中的计算参数。下面以《公路隧道设计规范》为依据,借助有限元软件 ANSYS,以围岩的极限拉应变为判据给出模型材料的力学性能参数。技术路线如图 5-6 所示。

按照公路隧道设计规范

$$\begin{aligned} h &= 0.45 \times 2^{S-1}\omega \\ \omega &= 1 + 0.1 \times (B-5) \end{aligned} \tag{5.1.1}$$

对于本节依托的双连拱隧道,单洞跨度为 12 m 左右,由此分别计算出Ⅳ,Ⅴ级围岩的荷载等效高度为:

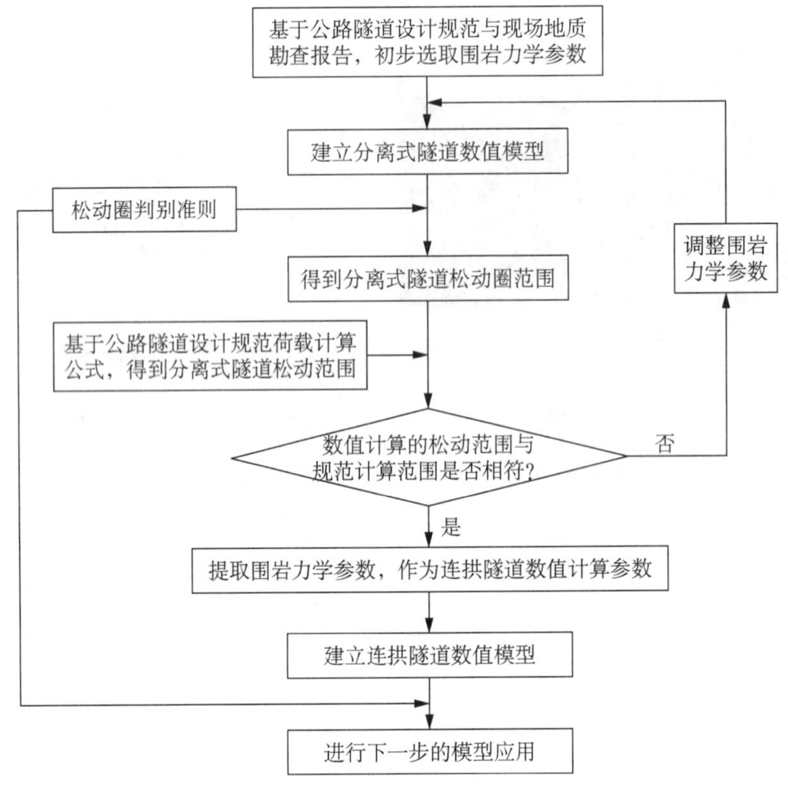

图 5-6　研究技术路线

Ⅳ级围岩：

$$h = 0.45 \times 2^{S-1}\omega = 0.45 \times 2^3 \times (1 + 0.1 \times (12 - 5)) = 6.12\ \text{m}$$

Ⅴ级围岩：

$$h = 0.45 \times 2^{S-1}\omega = 0.45 \times 2^4 \times (1 + 0.1 \times (12 - 5)) = 12.24\ \text{m}$$

根据隧道规范，对于Ⅳ，Ⅴ级围岩，深浅埋的分界高度为 $h_q = 2.5h$，由此计算出按照隧道规范，Ⅳ，Ⅴ级围岩深埋隧道的最小埋深分别为：15.3 m 与 30.6 m。实际工程中，由于地表风化层的存在以及岩体结构节理裂隙的影响，深浅埋分界标准不能完全绝对化，一般而言，覆土厚度在 30～50 m 为宜。

结合石吉中龙隧道实际工程，对于Ⅴ级围岩，计算选取断面为 K140＋200，隧道围岩为强风化变余砂岩，结构破碎，隧道埋深 35 m 左右；对于Ⅳ级围岩，计算选取断面为 K140＋235，隧道围岩为弱风化变余砂岩，结构较破碎，隧道埋深 35 m 左右。

由此建立起单洞隧道模型如图 5-7 所示。

一般而言，岩石在力学作用下发生张拉、剪切或拉剪破坏。对于岩土工程，可以用最大拉应变准则解决岩体破坏问题。谢兴华(2004)，T. R. Stacey(1986)，杨林德(2001、2003)，曲海峰(2007)，严宗雪(2009)等人在这方面均进行了一定的研究。借鉴上述研究成果，这里采用极限拉应变值确定隧道开挖后围岩松动圈范围。

岩石的极限拉应变 $[\varepsilon]$ 可以通过岩石的单轴抗拉强度 $R_{拉}$ 与弹性模量 E 的比值确定：

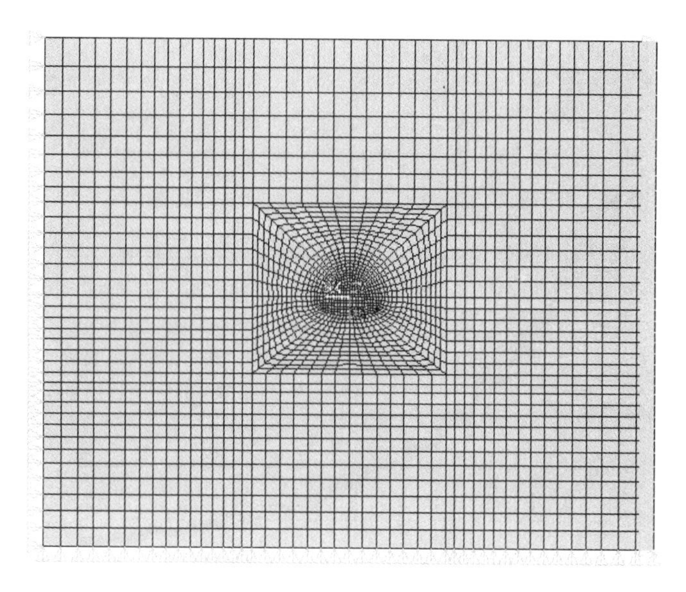

图 5-7　单洞隧道有限元数值模型

$$[\varepsilon]=\frac{R_{拉}}{E} \tag{5.1.2}$$

在数值模拟中，通过 ANSYS 路径功能，在隧道顶部布置深度为 20 m 的参考线，等分为 100 段，计算相邻两测点的径向平均拉应变值 ε：

$$\varepsilon=\frac{\delta}{\Delta L} \tag{5.1.3}$$

式中，δ 为相邻两测点的相对位移，ΔL 在本数值模拟中为 0.2 m。计算判断松动区深度的表达式为：

$$\varepsilon \geqslant [\varepsilon] \tag{5.1.4}$$

在本节中，[ε] 值的选取根据石吉线地质勘查报告(此处参照石吉线五峰山详细地质勘查报告，围岩情况与中龙隧道类似)，并参考公路隧道设计规范围岩参数的选取范围 [ε] = 0.2‰。

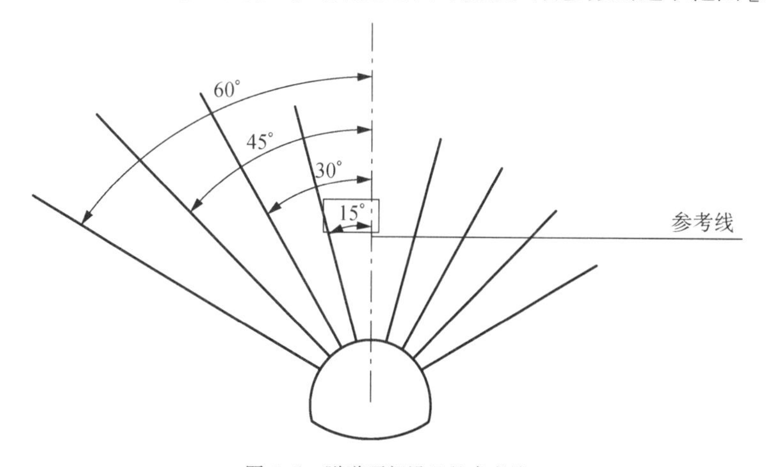

图 5-8　隧道顶部设置的参考线

通过反复调整围岩参数，使得计算得到的单洞隧道松动区范围与公路隧道规范中的松动区范围相符合，0°参考线方向(图 5-8)极限拉应变与松动区深度的关系如图 5-9、图 5-10 所示。

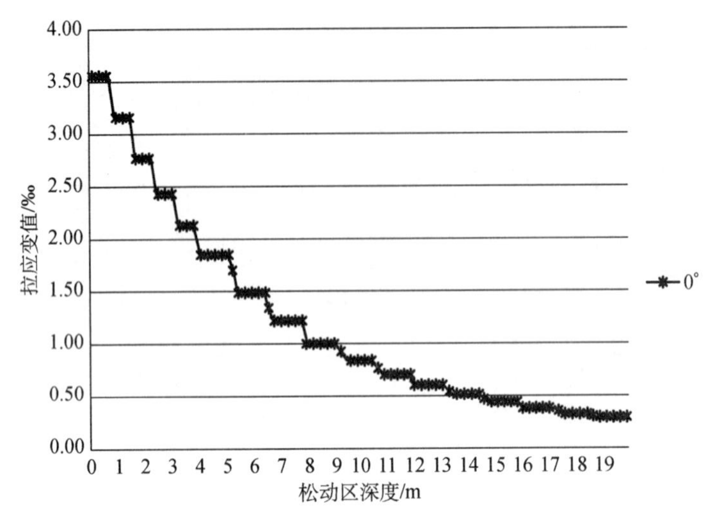

图 5-9　Ⅳ级围岩中 0°参考线方向拉应变与围岩松动区深度关系曲线

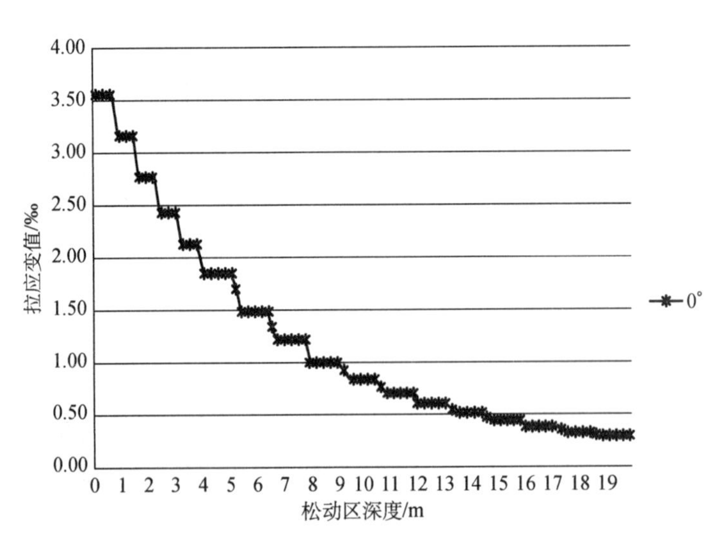

图 5-10　Ⅴ级围岩中 0°参考线方向拉应变与围岩松动区深度关系曲线

通过数值模拟得到的Ⅳ，Ⅴ级围岩松动区深度如表 5-1 所示。

表 5-1　数值模拟得到的Ⅳ，Ⅴ级围岩松动区深度

参考线方向	Ⅳ级围岩松动区深度/m	Ⅴ级围岩松动区深度/m
0°方向参考线	6.4	12.8
15°方向参考线	5.8	12.4
30°方向参考线	5.4	11.6
45°方向参考线	5.0	10.2
60°方向参考线	4.6	8.8

根据以上围岩松动区深度绘制出的松动区范围如图5-11、图5-12所示（其中红线为《公路隧道设计规范》给出的松动区范围，黑线为数值模拟的结果，可见二者是十分接近的）。

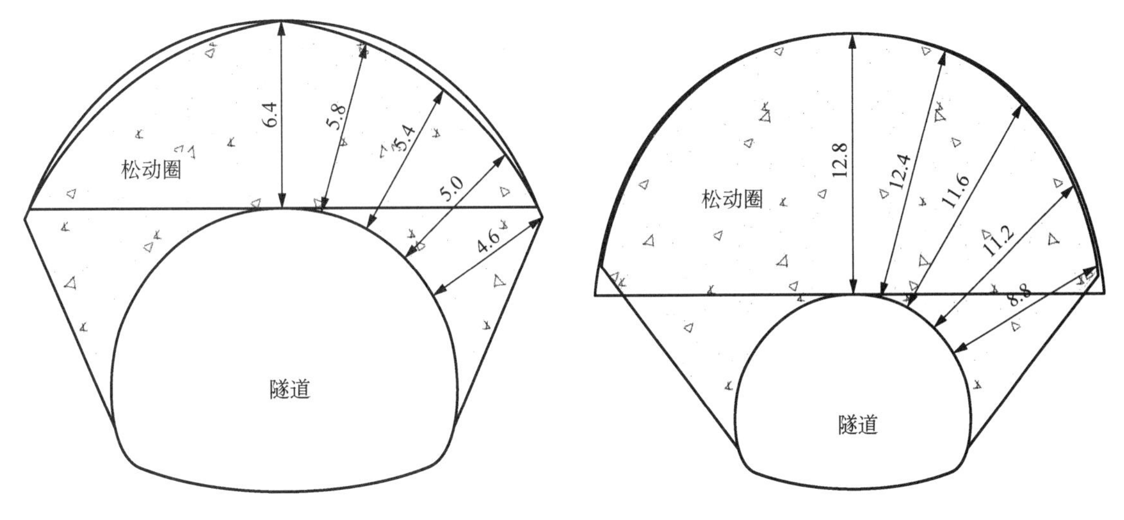

图5-11　Ⅳ级围岩松动区范围

图5-12　Ⅴ级围岩松动区范围

最终确定的围岩参数如表5-2所示。

表5-2　石吉中龙隧道围岩参数表

围岩级别	弹性模量	泊松比	容重	黏聚力	内摩擦角
Ⅴ级围岩	1.7 GPa	0.40	18.5 kN/m³	150 kPa	25
Ⅳ级围岩	5.0 GPa	0.35	22 kN/m³	400 kPa	35

应该指出，围岩力学参数不是围岩的真实或者绝对的力学参数，由于岩土材料的复杂性，即使对于同一级别围岩，该值亦发生变化。这里将围岩力学参数设为定值，只是为了合理地减少设计变量，便于衬砌结构的优化。优化计算时选取Ⅴ级围岩计算。

3. 基于ANSYS的偏压连拱隧道衬砌优化

1）有限元数值模型的建立

按照平面应变处理的有限元模型主要包括两种材料类型，模拟隧道围岩的平面单元和模拟隧道衬砌的梁单元。各材料的相关参数由中反演分析得到。值得指出的是，为了施工开挖时模拟的方便，将相同的材料赋予不同的材料号，此时只是材料的某一项指标稍有不同。数值模型的计算范围根据已有的经验确定。具体是，左右边界距离隧道外边缘均为连拱隧道三倍的单洞洞径；下边界距离隧道底边也是三倍单洞洞径，上部边界取自由边界。已有的研究无论是数值模拟或是现场实测均证明隧道开挖对周边的影响不会超过三倍的洞径。

计算模型选择为平面应变模式，模型的边界条件处理为位移边界条件，具体表述为：左右两侧竖直边界约束其水平方向的位移（即 $u=0$）；底边水平边界约束其竖直方向的位移（即 $v=0$）；上边界视作自由边界，不受约束。整体模型及隧道局部如图5-13—图5-16所示。

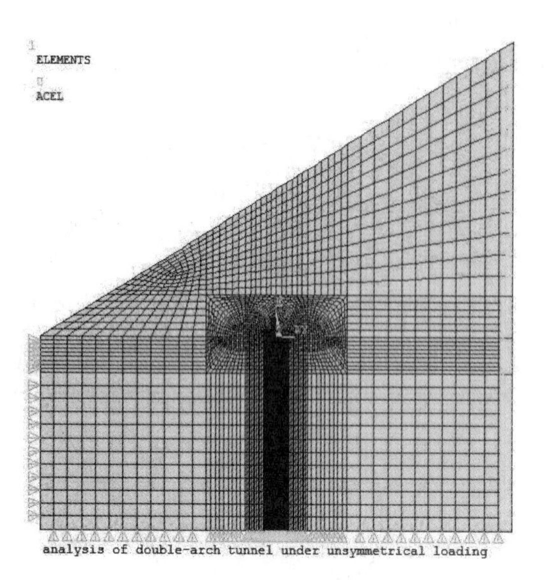

图 5-13　有限元计算整体数值模型

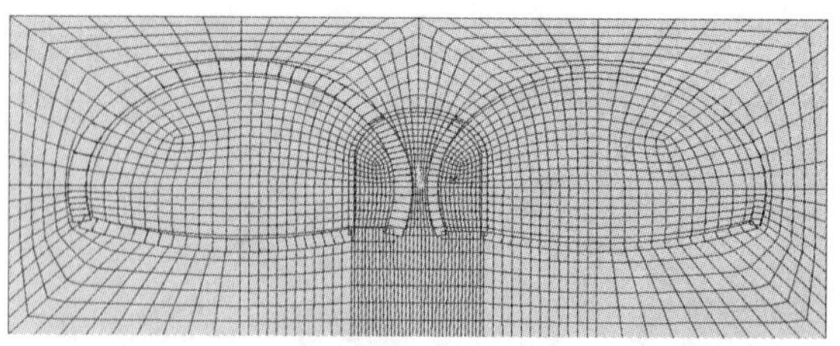

图 5-14　隧道局部详图

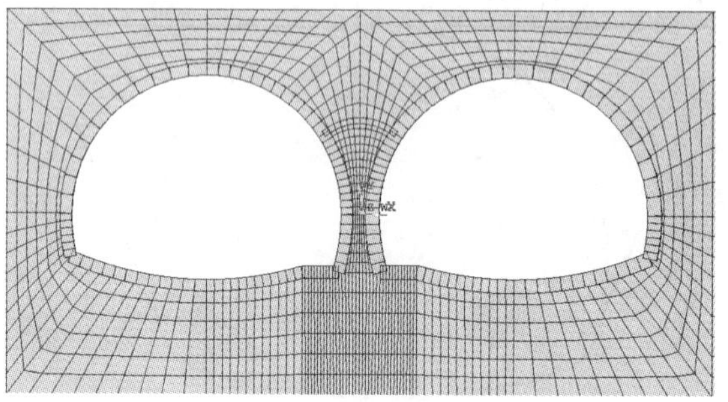

图 5-15　隧道开挖后局部详图

2）施工工法选择

目前隧道工程界对于连拱隧道有多种施工工法，较为常用的是中导洞上下台阶法施工，本次数值模拟即采用中导洞上下台阶法施工，模拟先开挖埋深较浅一侧（左侧）的方案（图 5-17）。

3）选取设计变量及优化目标

一般而言，工程结构的极限状态包括两方面：正常使用极限状态和承载能力极限状态。正常使用极限状态对应结构或者构件达到正常使用或者耐久性能的某项规定限制；承载能力极限状态对应结构或构件达到最大承载能力或不适于继续承载的状态。

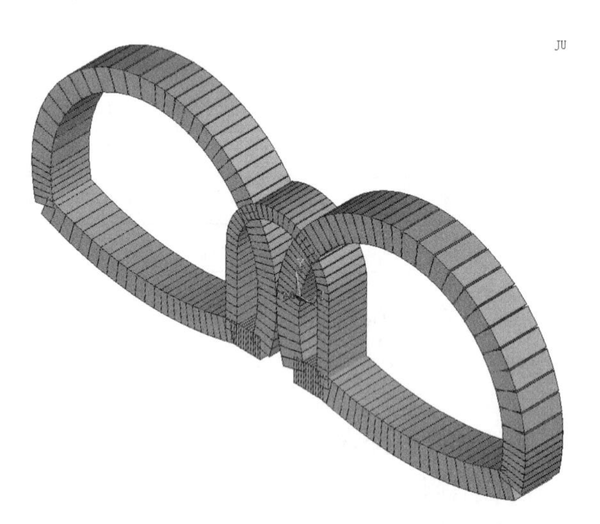

图 5-16　连拱隧道衬砌结构（平面应变实体模式显示）

对于公路隧道而言，为满足正常使用所需的建筑限界应该对隧道拱顶沉降和拱底隆起进行控制，使变形不至于太大从而影响正常营运。为了保证结构的安全可靠，应该对衬砌结构的最大拉、压应力进行控制从而不至于出现强度破坏。

据此，选取设计变量为连拱隧道的左洞衬砌厚度 t_1，右洞衬砌厚度 t_3，以及中导洞的衬砌厚度 t_2。考虑到基本的构造要求，t_1、t_3 和 t_2 均需满足一定的范围限制，具体见式(5.1.5)。其中，单位为 m。

$$0.3 \leqslant t_1 \leqslant 1.2, \quad 0.1 \leqslant t_2 \leqslant 0.5, \quad 0.4 \leqslant t_3 \leqslant 1.3 \tag{5.1.5}$$

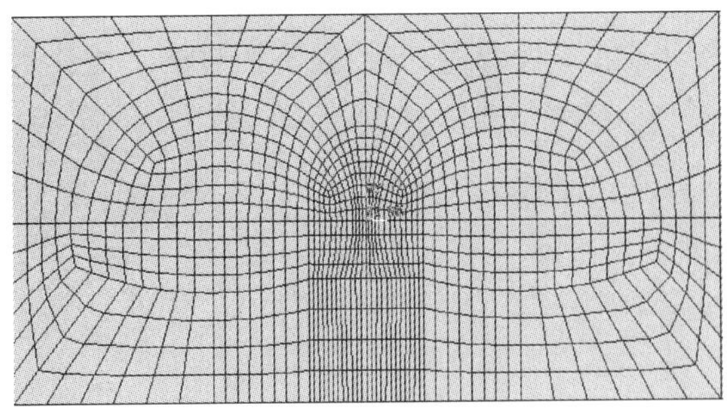

施工步1：自重应力模拟

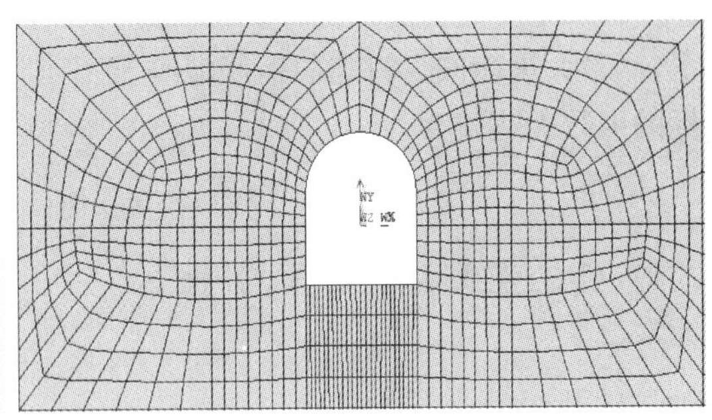

施工步2：中导洞开挖并支护

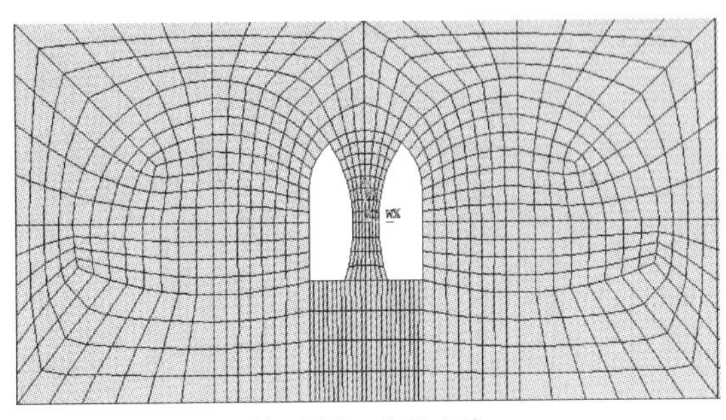

施工步3：施做中墙

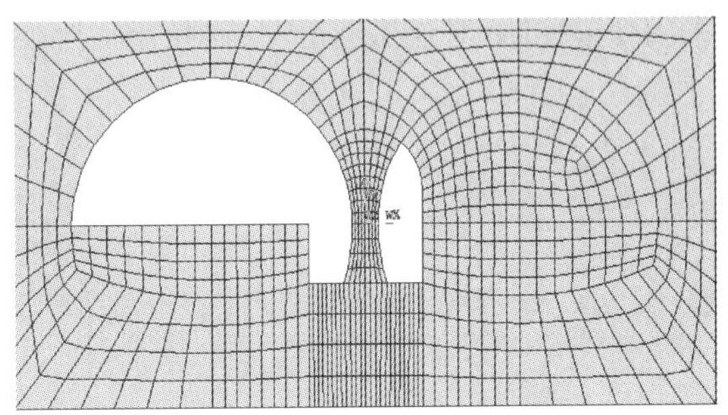

施工步4：左洞上台阶开挖并支护

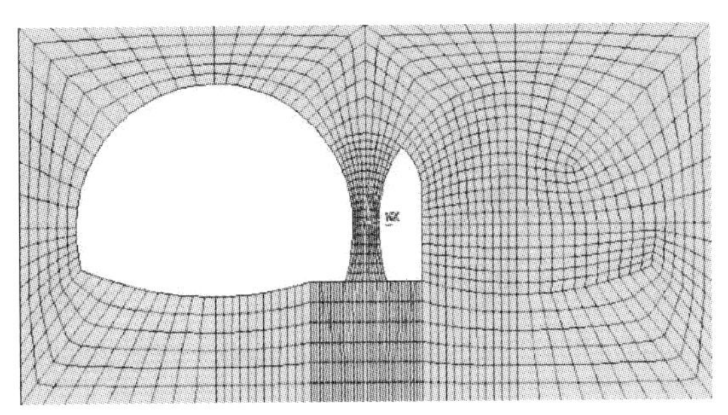

施工步5：左洞下台阶开挖并支护

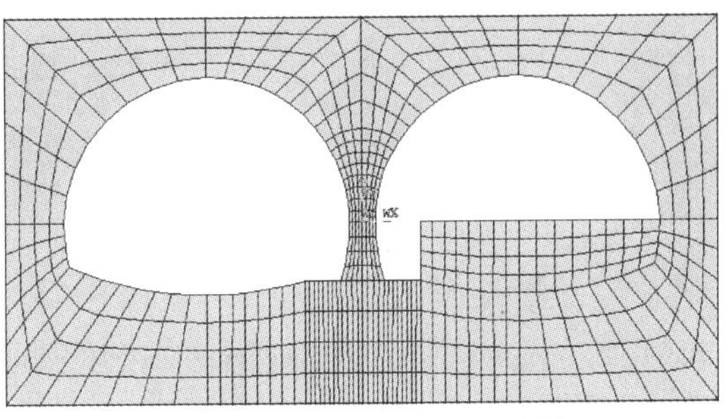

施工步6：右洞上台阶开挖并支护

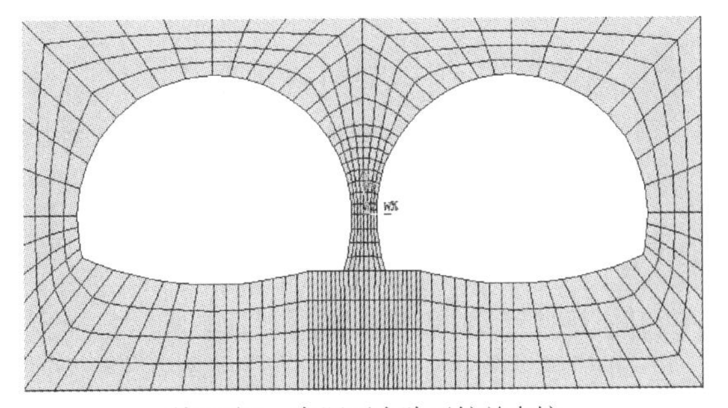

施工步7：右洞下台阶开挖并支护

图 5-17　先开挖浅埋一侧的施工方案

对该偏压连拱隧道进行优化设计的目标是在保证结构安全可靠并正常发挥功能的前提下，尽最大可能减少衬砌的钢筋混凝土用量，达到降低工程费用，节约经济的目的。优化目标的函数表达式为：

$$W(t_1,\ t_2)=C_1t_1+C_2t_2+C_3t_3 \tag{5.1.6}$$

式中，C_1 为连拱隧道左洞平均周长；C_2 为中导洞平均周长；C_3 为连拱隧道右洞平均周长，均为常数。

4）选取状态变量

状态变量(State Variables)：状态变量表征设计变量在变化过程中引起的工程控制参数的变化。在本工程实例中，选取不同的状态变量对应不同的极限状态。正常使用极限状态采用变形控制，对连拱隧道左右洞的洞周收敛进行控制。监测断面示意如图 5-18 所示。

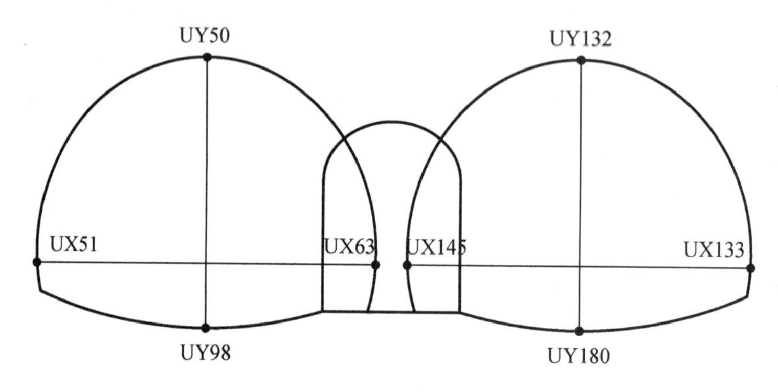

图 5-18　隧道断面监测示意图

正常使用极限状态采用变形控制，表达式为

$$\begin{cases}|\delta_{lb}-\delta_{lt}|\leqslant[\delta],\ |\delta_{rb}-\delta_{rt}|\leqslant[\delta]\\ |\delta_{ll}-\delta_{lr}|\leqslant[\delta],\ |\delta_{rl}-\delta_{rr}|\leqslant[\delta]\end{cases} \tag{5.1.7}$$

式中，δ_{lb}，δ_{lt}，δ_{rb}，δ_{rt} 分别表示左右洞的拱顶沉降和拱底隆起；δ_{ll}，δ_{lr}，δ_{rl}，δ_{rr} 表示左右隧道的水平位移。

按照公路隧道设计规范，取洞周收敛为隧道单洞跨径的 0.6%，即：

$$[\delta]=12\times6\%=0.072\ \text{m} \tag{5.1.8}$$

承载能力极限状态采用应力控制，中墙和衬砌结构均采用 C25 钢筋混凝土。按照偏压连拱隧道的工程经验，中隔墙为受力的薄弱环节，因此先对中隔墙的应力进行控制。控制方程如下：

$$\sigma_{\text{eqv}}\leqslant[\sigma_{\text{eqv}}]=12.583\times10^6\ \text{Pa} \tag{5.1.9}$$

此外，还应分别对左右隧道衬砌结构和中导洞衬砌的应力进行控制，方程为

$$\begin{aligned}-[\sigma_c]=-11.9\times10^6\ \text{Pa}\leqslant\sigma_{l\max}\leqslant[\sigma_t]=1.27\times10^6\ \text{Pa}\\ -[\sigma_c]=-11.9\times10^6\ \text{Pa}\leqslant\sigma_{m\max}\leqslant[\sigma_t]=1.27\times10^6\ \text{Pa}\\ -[\sigma_c]=-11.9\times10^6\ \text{Pa}\leqslant\sigma_{r\max}\leqslant[\sigma_t]=1.27\times10^6\ \text{Pa}\end{aligned} \tag{5.1.10}$$

应力监测断面布置示意图如图 5-19、图 5-20 所示。

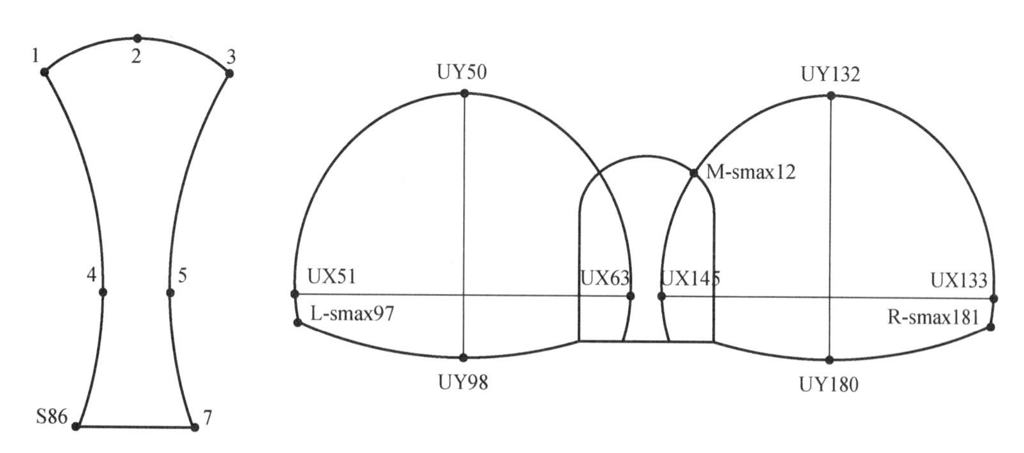

图 5-19　中墙应力监测　　　图 5-20　衬砌结构应力监测

5）利用 ANSYS 进行衬砌结构的优化

（1）参数化建立模型

用设计变量作为参数建立模型的工作是在 PREP7 中完成的。本例中，设计变量为左边、中隔墙和右边隧道的衬砌厚度 T_1、T_2 和 T_3。

（2）参数提取并建立优化中的参数

建立模型并进行求解后，进行参数的建立和提取。这些参数一般为设计变量，状态变量和目标函数。提取数据的操作用 * GET 命令：(Utility Menu>Parameters>Get Scalar Data)实现。通常用 POST1 来完成本步操作，特别是涉及到数据的存储，加减或其他操作。

提取梁截面应力的命令流：

```
*GET, L-MAXI, ELEM, 97, NMISC, 2
*GET, L-MAXJ, ELEM, 97, NMISC, 4
```

提取 mises 应力的命令流：

```
*GET, MISes86, NODE, 86, S, EQV
```

提取节点位移的命令流：

```
*GET, DY50, NODE, 50, U, Y
*GET, DY98, NODE, 98, U, Y
*GET, DY180, NODE, 180, U, Y
*GET, DY132, NODE, 132, U, Y
```

计算收敛位移：

```
*SET, DYL, ABS(DY98 - DY50)
*SET, DYR, ABS(DY180 - DY132)
```

这些参数的提取，都是为后面优化设计的状态变量做准备。可以通过 LGWRITE 命令(Utility Menu>File>Write DB Log File)生成命令流文件。LGWRITE 将数据库内部的命令流写到文件 Jobname.LGW 中。内部命令流包含了生成当前模型所用的所有命令。

(3) 进入 OPT，指定分析文件(OPT)

进入优化处理器：

```
Command：/OPT
GUI：Main Menu>Design Opt
```

指定分析文件：

```
Command：OPANL
GUI：Main Menu>Design Opt>Assign
```

(4) 声明优化变量

该步中，指定哪些参数是设计变量，哪些参数是状态变量，哪个参数是目标函数。ANSYS 中，允许有不超过 60 个设计变量和不超过 100 个状态变量，但只能有一个目标函数。主要操作如下：

```
Command：OPVAR
GUI：Main Menu>Design Opt>Design Variables
Main Menu>Design Opt>State Variables
Main Menu>Design Opt>Objective
```

对于设计变量和状态变量可以定义最大和最小值，而目标函数不需要给定范围。每一个变量都有一个容差值，这个容差值可以由用户输入，也可以选择由程序计算得出。

(5) 选择优化工具或优化方法

ANSYS 程序提供了一些优化工具和方法。缺省方法是单次循环。指定后续优化的工具和方法用下列命令：

```
Command：OPTYPE
GUI：Main Menu>Design Opt>Method/Tool
```

优化方法是使单个函数(目标函数)在控制条件下达到最小值的传统化的方法。ANSYS 中提供了一阶方法(First Order)、零阶方法(Sub Problem)、随机方法(Random Design)、阶乘方法(Factorial Tool)、梯度法(Gradient)、等步长搜索(Sweep Tool)以及用户自定义方法(User)。选择合理的方法，对于得到合理的优化计算结果至关重要。

(6) 进行优化分析及查看结果

选定优化循环控制后，即可进行分析，进行优化计算，并查看优化计算结果。

6）ANSYS 优化方法对比

（1）零阶方法

零阶方法之所以称为零阶方法是由于它只用到因变量而不用到它的偏导数。在零阶方法中有两个重要的概念：目标函数和状态变量的逼近方法，由有约束的优化问题转换为非约束的优化问题。

程序用曲线拟合来建立目标函数和设计变量之间的关系。优化处理器开始通过随机搜索建立状态变量和目标函数的逼近。由于是随机搜索，收敛的速度可能很慢。需要合理的设计初值以加速收敛。每次优化循环生成一个新的数据点，目标函数就完成一次更新。实际上是逼近被求解最小值而并非目标函数。

状态变量也是同样处理的。每个状态变量都生成一个逼近并在每次循环后更新。

用户可以控制优化近似的逼近曲线。可以指定线性拟合，平方拟合或平方差拟合。缺省情况下，用平方差拟合目标函数，用平方拟合状态变量。

状态变量和设计变量的数值范围约束了设计，优化问题就成为约束的优化问题。ANSYS 程序将其转化为非约束问题，因为后者的最小化方法比前者更有效率。转换是通过对目标函数逼近加罚函数的方法计入所加约束的。

搜索非约束目标函数的逼近是在每次迭代中用 Sequential Unconstrained Minimization Technique(SUMT) 实现的，该方法在进行搜索时补偿与设计变量和状态变量无关，可能会导致搜索的越界。

一般来说，零阶方法可以解决大多数的工程问题，在基本确定设计空间的时候，一般可以先选择零阶方法进行优化。虽然零阶方法的精度相对较低，但是基本都可以得到全部最优设计序列(图 5-21)。

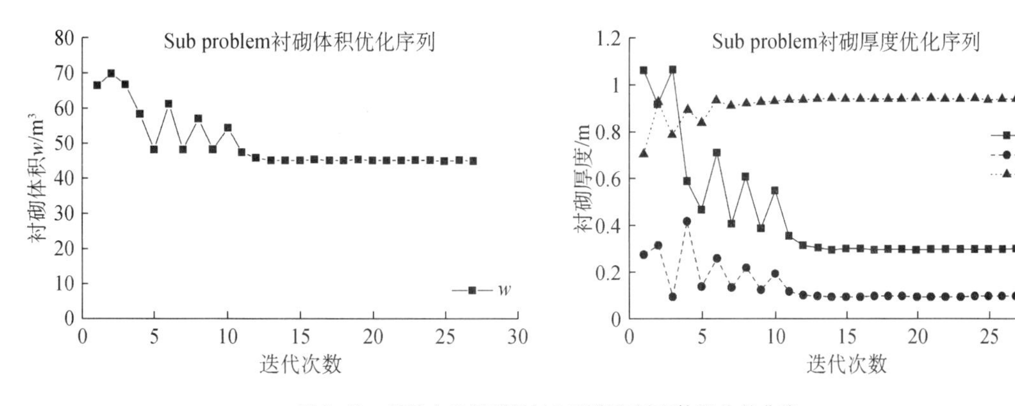

图 5-21 零阶方法得到的衬砌厚度和衬砌体积收敛曲线

（2）一阶方法

同零阶方法一样，一阶方法通过对目标函数添加罚函数将问题转换为非约束的。但是，与零阶方法不同的是，一阶方法将真实的有限元结果最小化，而不是对逼近数值进行操作。

一阶方法使用因变量对设计变量的偏导数。在每次迭代中，梯度计算(用最大斜度法或共轭方向法)确定搜索方向,并用线搜索法对非约束问题进行最小化。因此,每次迭代都有一系列的子迭代(其中包括搜索方向和梯度计算)组成。这就使得一次优化迭代有多次分析循环(图 5-22)。

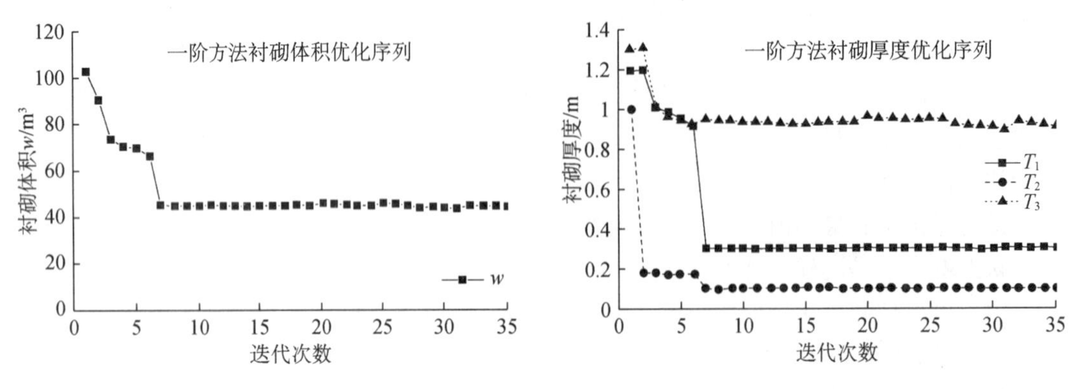

图 5-22　一阶方法的衬砌厚度和体积优化设计序列

一阶方法精度高,但是计算代价也很大。同时,一阶方法还有一些需要特别注意的:

① 一阶方法可能在不合理的设计序列上收敛。这时可能是找到了一个局部最小值,或是不存在合理设计空间。如果出现这种情况,可以使用零阶方法,因其可以更好的研究整个设计空间。也可以先运行随机搜索确定合理设计空间(如果存在的话),然后以合理设计序列为起点重新运行一阶方法。

② 一阶方法更容易获得局部最小值。这是因为一阶方法从设计空间的一个序列开始计算求解,如果起点很接近局部最小值的话,就会选择该最小值而找不到全局最小值。一般可以用零阶方法或随机搜索验证得到的是否为局部最小值。

(3) 随机搜索法

程序完成指定次数的分析循环,并在每次循环中使用随机搜索变量值。可以用 OPRAND 命令指定最大迭代次数和最大合理设计数。随机搜索法往往作为零阶方法的先期处理,它也可以用来完成一些小的设计任务。

(4) 等步长搜索法

等步长搜索法用于在设计空间内完成扫描分析。将生成 $n*$NSPS 个设计序列,n 是设计变量的个数,NSPS 是每个扫描中评估点的数目。对于每个设计变量,变量范围将划分为 NSPS−1 个相等的步长,进行 NSPS 次循环。问题的设计变量在每次循环中以步长递增,其他的设计变量保持其参考值不变。

(5) 乘子计算法

本工具[OPTYPE, FACT]用二阶技术生成设计空间上极值点上的设计序列数值。(这个二阶技术在每个设计变量的两个极值点上取值。)可以用 OPFACT 命令(Main Menu>Design Opt>Method/Tool)指定是完成整体的还是部分子的评估。对于整体评估,程序进行 $2n$ 次循环,n 是设计变量的个数。1/2 部分的评估进行 $2n/2$ 次循环,依此类推。

(6) 最优梯度法

最优梯度法计算设计空间中某一点的梯度。梯度结果用于研究目标函数或状态变量的敏感性。梯度法在开始迭代时收敛较快，但越接近最优点，步长越小，逼近函数极小的过程是“之”形的，可能在可行域内无法得到最优的值。

在本例中，无论选取初始值为多少，发现都难以得到较好的优化设计值，优化搜索只是在初始值附近循环，这可能与模型本身有关，也说明用该方法可能有很大的模型依赖性(图 5-23)。

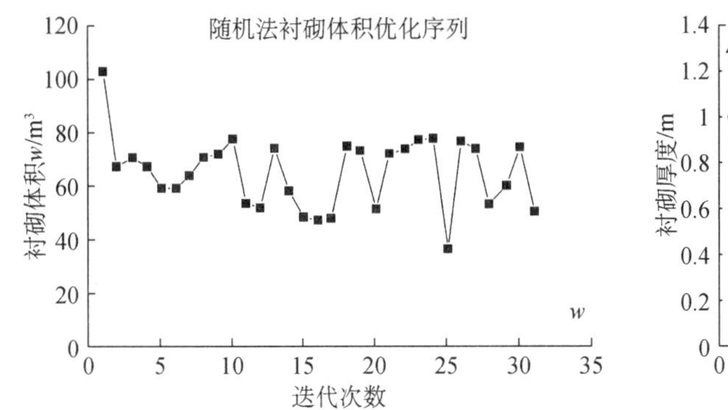

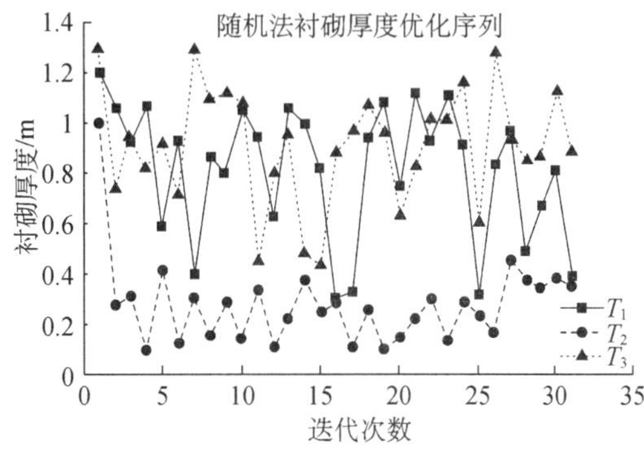

图 5-23　随机搜索法衬砌厚度和体积优化设计序列

表 5-3　三种优化设计方法对比分析

设计量	随机优化法	零阶优化法	一阶优化法
T_1/m	0.332 2	0.301 8	0.300 00
T_2/m	0.119 6	0.100 8	0.105 11
T_3/m	0.969 2	0.944 8	0.943 75
W/m^3	47.239	45.040	45.004

从表 5-3 三种优化设计方法对比分析可以看出，随机搜索方法一般也能给出合理的优化设计值，但是该值的合理性与计算次数有关。零阶方法能得出较好的优化序列，运用一阶方法进行计算时，二者值比较接近，说明在本例的，零阶方法得到比较合理的值，一阶方法得到的是全局最优的较高精度的设计序列。

5.1.5　基于 ANSYS 的工程优化实例二

本例以一整体式大跨浅埋隧道为例，来分析 ANSYS 优化算法在的地下结构优化方面的应用。隧道跨度 19.96 m，高 6.32 m，埋深 20.00 m，围岩属强风化变余砂岩，稳定性差，结构破碎，划为 V 级围岩较为合适。

利用 ANSYS 进行建模，采用平面应变方法进行分析，DP 模型(德鲁克-普拉格)屈服准则和相关流动准则来对隧道开挖过程进行分析。隧道二维平面应变模型如图 5-24 所示。模型两侧的水平距离为 4 倍隧道跨度，下边界至洞底距离为 6 倍洞高。上边界为自由面。两侧水平边界采用水平向约束，底部边界采用竖向约束。隧道采用上下台阶法施工，考虑支护作用。隧道支护的有限元网格如图 5-25 所示。

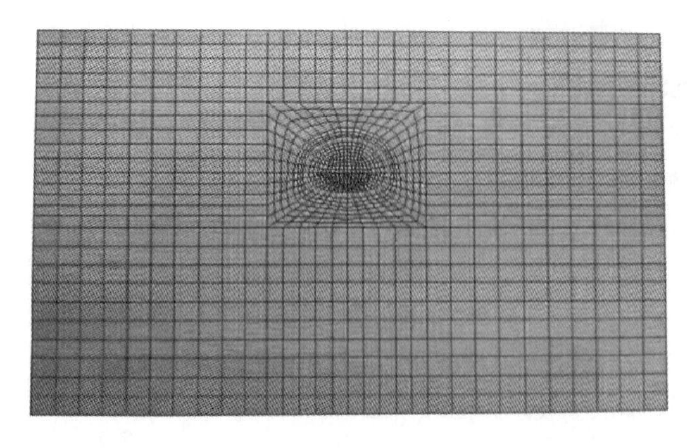

图 5-24　有限元模型网格

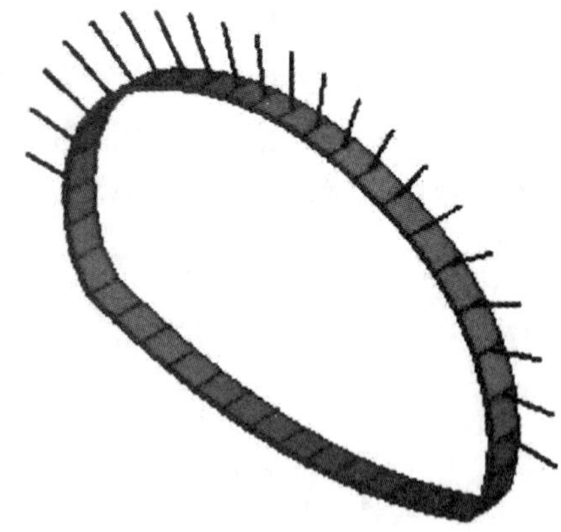

图 5-25　支护结构网格

围岩采用实体四边形 Plane42 单元模拟，锚杆采用 Link1 单元模拟，初衬采用 Beam3 单元模拟。单元数共 1 394 个，具体计算参数如下表 5-4 所示。

表 5-4　模型计算参数及取值

名称	弹模 E /GPa	泊松比 υ	容重 γ /(kN·m^{-3})	黏聚力 c /MPa	内摩擦角 φ/(°)	截面积 A/m^2
Ⅴ级围岩	0.8	0.38	18.5	0.2	24	—
锚杆	200	0.3	78	—	—	0.000 5
初衬	27.5	0.2	25	—	—	0.25

本例采用 ANSYS 零阶算法对隧道的锚杆截面和初衬厚度进行优化。设计变量(DV)为锚杆截面(RB)和初衬厚度(T)；状态变量为拱顶沉降(UY)、地表沉降(UY_FACE)、左右拱腰水平位移(UX1，UX2)以及隧道的最大等效应力(MAX_EQV)；目标函数 DISP=1 000×(abs(UY+0.009)+abs(UX1−UX2))。图 5-26 为优化后的隧道竖向位移云图。

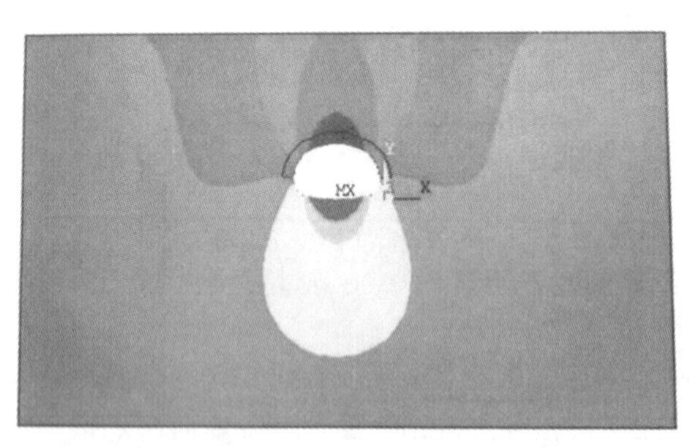

图 5-26　优化后的隧道竖向位移云图

目标函数 DISP，设计变量随迭代次数的关系曲线如图 5-27—图 5-29 所示。

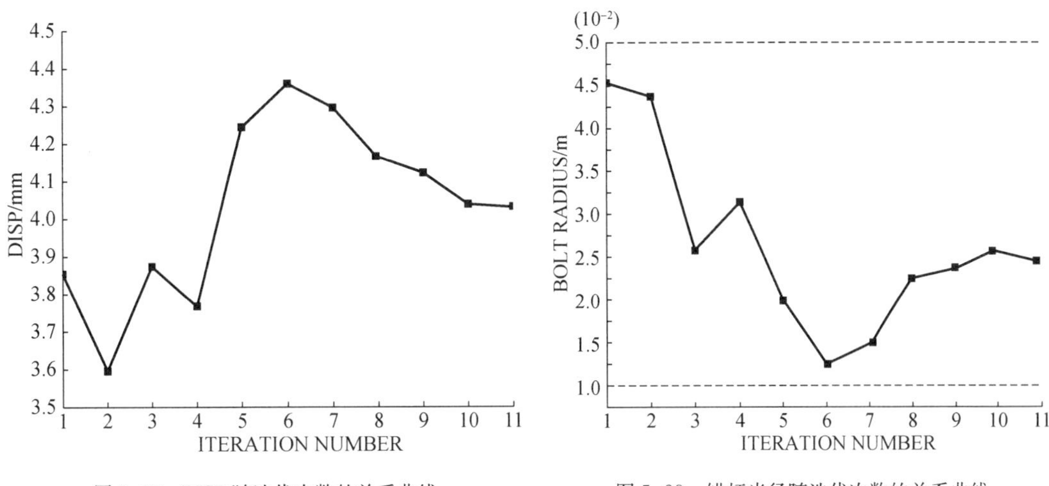

图 5-27　DISP 随迭代次数的关系曲线　　图 5-28　锚杆半径随迭代次数的关系曲线

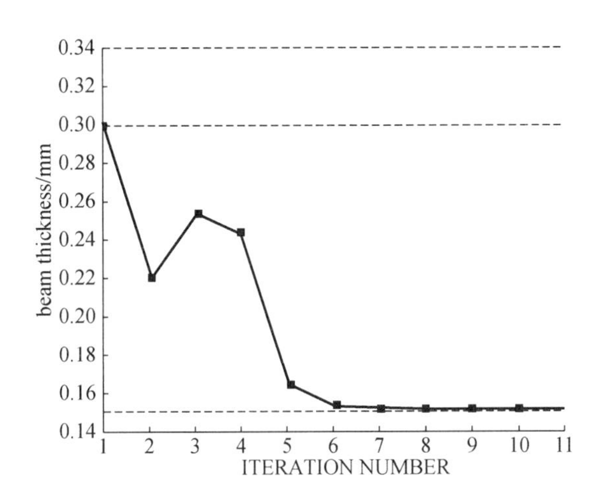

图 5-29　衬砌厚度随迭代次数的关系曲线

本例采用三组不同的初值来考察零阶方法的适用性及优缺点。三组初值如表 5-5 所示，优化结构如表 5-6、表 5-7 所示。

从图 5-27 可以看出，零阶方法的搜索范围很大，但它不容易得到全局最优解，往往得到的是局部最优解。从表 5-3 的结果可以看出，初始点的选择对优化结果影响很大，差异达到 10%。

表 5-5　设计变量初值

序号	衬砌厚度/m	锚杆半径/m
第一组	0.25	0.012 6
第二组	0.2	0.030 0
第三组	0.3	0.045 0

表 5-6 优化结果(目标函数)

序号	DISP	差异(%)(以第一组为准)
第一组	4.001 0	—
第二组	4.029 3	0.46%
第三组	4.401 7	10.0%

表 5-7 优化结构(设计变量)

序号	衬砌厚度/m	锚杆半径/m
第一组	0.150 00	0.027 2
第二组	0.153 04	0.026 0
第三组	0.150 00	0.010 0

一阶方法是一种间接的方法,它需要对因变量球一阶导数,计算量大而费时。因此,对于不存在一阶偏导数的目标函数最优化问题以及大型复杂的非线性问题,一阶方法就显得有些无能为力。

5.1.6 ANSYS 优化方法总结

ANSYS 提供的几种优化方法,对于解决优化问题比较有效。

1) 当设计空间不确定时,一般可以先运用随机方法确定设计空间。

2) 有确定的设计空间时,先选取零阶优化方法进行优化。随机方法得到的优化序列可以作为零阶方法的初始值,以加快迭代收敛。零阶方法可以解决大多数的工程问题,且得到的都是全局最优解。零阶方法计算效率高,应该为多数工程的首选,尤其是精度要求不高时。

3) 当精度要求较高时,可以在零阶方法的基础上,进行一阶优化。一阶优化计算代价较大,得到的可能还不是全局最优解,所以在运用一阶方法之前,需要对该工程的优化取值范围有大致的了解。

5.2 ABAQUS 数值模拟软件优化模块

5.2.1 ABAQUS 结构优化介绍

结构优化是一种对有限元模型进行多次修改的迭代求解过程,此迭代基于一系列约束条件向设定目标逼近,ABAQUS 优化程序就是基于约束条件,通过更新设计变量修改有限元模型,应用 ABAQUS 进行结构分析,读取特定求解结果并判断优化方向。

ABAQUS 提供两种基于不同优化方法的用于自动修改有限元模型的优化程序:拓扑优化(Topology optimization)和形状优化(Shape optimization)。

5.2.1.1 拓扑优化

拓扑优化是在优化迭代循环中,以最初模型为基础,在满足优化约束(比如最小体积或最大位移)的前提下,不断修改指定优化区域单元的材料属性,有效地从分析模型中移走单元从而获得最优设计。其主体思想是把寻求结构最优的拓扑问题转化对给定区域寻求最优材料的分布问题。

5.2.1.2 形状优化

形状优化一般是在工程设计中,形状上受到限制,或是追求某种造型,在满足众参数要求的条件下,优化结构形式的方法。即进一步细化拓扑优化模型,采用的算法与基于条件的拓扑算法类似,也是在迭代循环中对指定区域表面的节点进行移动,重置既定区域的表面节点位置,直至此区域的应力为常数,达到减小局部应力的目的。

形状优化可以用应力和接触应力、选定的自然频率、弹性应变、塑性应变、总应变和应变能密度作为优化目标,仅用体积作为约束。

5.2.2 ABAQUS优化设计流程

5.2.2.1 优化流程

先试算ABAQUS初始结构模型,以确认边界条件、结果是否合适,设置优化设计流程如下:

1) 创建优化任务;

2) 创建设计响应;

3) 应用设计响应创建目标函数;

4) 应用设计响应创建约束;

5) 创建几何限制;

6) 创建停止条件;

7) 创建优化进程,并提交分析;

8) 执行ABAQUS/standard分析;

9) 达到设定的停止条件。

5.2.2.2 设计响应设置

设计响应是从特定的结构分析结果中读取的唯一标量值,随后能够被目标函数和约束引用。要实现设计变量唯一标量值,必须在优化模块中特别运算,比如体积的运算只能是总和,对区域的运算只能是最大值。

1) 最大值或最小值:寻找出选定区域内的节点响应值的最大/最小值,但对应力、接触应力和应变只能是最大值。

2) 总和:对选定区域内节点的响应值做总和。ABAQUS优化模块仅允许对体积、质量、惯性矩和重做总和运算。

此外,可以定义基于另一个设计响应的响应,也可以定义由几个响应经数学运算而成的组合响应。比如,已分别对两个节点定义了两个位移响应,可以再定义两个位移响应的差作为组合响应。

5.2.2.3 目标函数设置

目标函数是在优化问题中描述优化目标,其实通过对一组设计响应公式运算得到的唯一标量值，例如设计响应为材料最少，目标函数可以定义成最小化设计响应总和。

5.2.2.4　约束设置

约束是优化问题中各参数受到的限制，其是对优化加强限制以获得合适的设计。在优化过程分析中，可以通过约束减少优化方案的尝试，提高优化速率，并获得合适的优化结果。

5.2.2.5　几何限制

1. 几何限制是对设计参数直接施加约束。一般会使用到设计限制和制造限制。

1）冻结区域

特别定义一个区域，使其从优化区域中排除，优化不修改冻结区域内的模型。对加载有预定义条件的区域都必须冻结，为简化操作，ABAQUS优化模块能够自动冻结具有预定义条件和加载的区域。

2）最大/最小无条件尺寸

针对一些设计，不能有太薄的元件，以免加工困难。而针对类似铸造件，又不能有过厚的元件。一旦设计定了尺寸限制，优化试件会增加很多，所以，如无必要不要使用此限制。

3）设定对称结构，能够加速优化，比如施加轴对称和平面对称、点对称和旋转对称、循环对称等。

2. 制造上的限制

制造上的限制主要是为了满足可注塑性和可冲压性。

1）可注塑性/可锻造性

为满足可注塑性，要阻止优化模块优化模块含有空洞和负角。

2）可冲压性

考虑冲压的特殊性，在优化时，如果删除了一个单元，也需要把其上下单元一起删除。

5.2.3　基于ABAQUS隧道结构形式拓扑优化实例

5.2.3.1　案例背景

某工程为一隧道工程，穿越煤系地层，岩质软，出口段为采空区，工程地质条件复杂，地势西高东低。隧道为单向双车道分离式隧道，洞身衬砌设计以新奥法为原理为指导，采用复合式衬砌，包括初期支护、防水层及现浇钢筋混凝土二次衬砌。隧道断面设计如图5-30所示。

1）初期支护：ϕ 25 mm中空注浆锚杆，长度为3.5 m，间距60×120 cm（纵×环）；全环I20b工字钢，60 cm/榀，C20气密性喷射混凝土，厚度24 cm；工字钢拱架之间铺设间距20×20 cm的ϕ 6.5 mm钢筋网。

2）二衬支护：全环50 cm厚C40钢筋混凝土，纵向间距为20 cm的ϕ 22主筋。

为了解决破碎围岩体钻爆施工引起的超挖严重、局部塌方不断的技术难题以及降低煤层瓦斯隧道的高风险，本工程采用机械铣挖法进行施工，其具有对围岩扰动小、便于控制超欠挖，实现隧道轮廓的精确成型、作业环境及施工安全性好，有利于保护岩体原有的自承能力，不易造成大面积变形及局部塌方等优点。

在隧道某段140 m，埋深135～286 m范围内施工时，围岩软弱，涌水量大。该段仰拱存

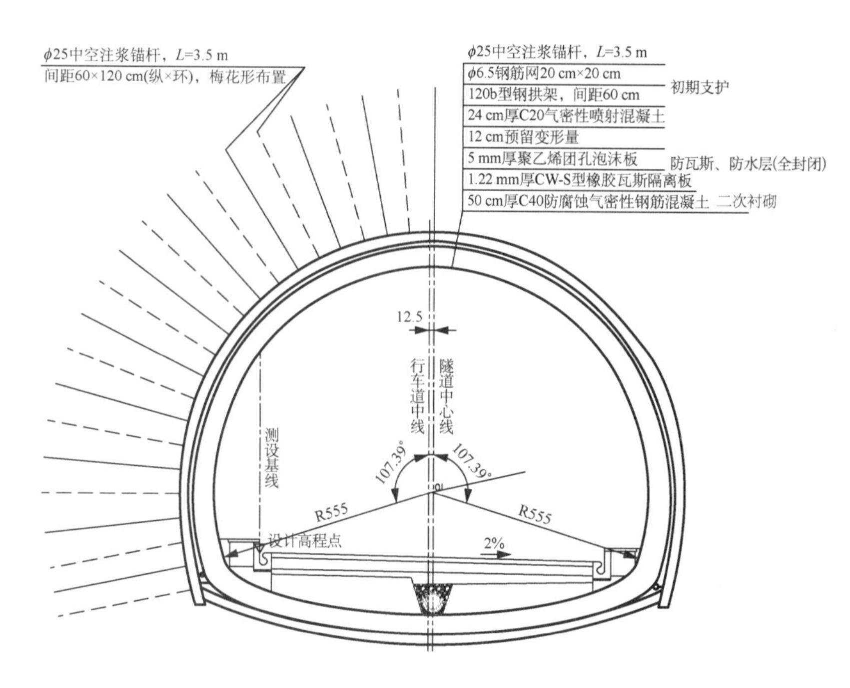

图 5-30　隧道支护设计示意图

图 5-31　仰拱隆起破坏

在不同程度的开裂破坏(图 5-31)，施工完成后，局部里程段仰拱中心处出现不同程度的隆起开裂，最大隆起变形量达到 60 cm。

对于该隧道，由于围岩强度相对较低，在支护过程中采用强支护方法。在隧道断面设计中根据《公路隧道设计规范》(JTG D70—2004)[86]规定的隧道内轮廓确定方法。公路隧道设计流程是：首先根据一定的技术标准初步设计出满足建筑限界、通风条件、受力要求的衬砌内轮廓线，再根据经验(工程类比)拟定出衬砌各截面厚度，最后验算衬砌截面强度；如检算不通过，则需要修改设计重新检算，如此进行有限次选择后，便得出满足要求的衬砌结构。这样设计出来的隧道结构没有充分兼顾到支护结构断面在经济上的合理性，且安全系数一般均有些偏大，不能达到所谓的“最优设计”的目的。如何能设计出一个既满足一定要求(建筑限界、通风条件、受力要求)，又经济合理的公路隧道衬砌结构，是许多设计者都在思考的一个问题。

从实际施工过程和监测数据分析发现水塘隧道局部存在仰拱隆起现象，采用公路隧道规范的衬砌结构形式，应力集中现象较突出，隧道的安全系数偏小，且隧道底鼓破坏严重。为寻求适用于水塘隧道的衬砌结构型式，拟结合拓扑优化基本理论，运用 ABAQUS 软件，定义总体积为约束条件，以刚度最大为目标函数，结合该隧道断面仰拱隆起破坏严重的工程实践，对该断面的衬砌结构进行拓扑优化分析，确定合理的衬砌结构断面型式，对隧道仰拱底鼓问题治理提供理论指导方法。

5.2.3.2 模型建立

与传统优化设计的不同之处在于,拓扑优化不需要给出参数定义。根据已经定义好的目标函数,约束变量,设计变量,结合结构的参数和省去的材料的百分比,采用体积约束条件下刚度最大化准则,进行拓扑优化分析。为得到最优的隧道衬砌断面内轮廓线,在建模时,将衬砌结构材料在满足断面要求的前提下增大一倍,拓扑优化时省去50%的衬砌材料,这样既可以达到优化设计的目的,同时也不造成后期指导施工时开挖工作量的增大。计算模型如图5-32所示。

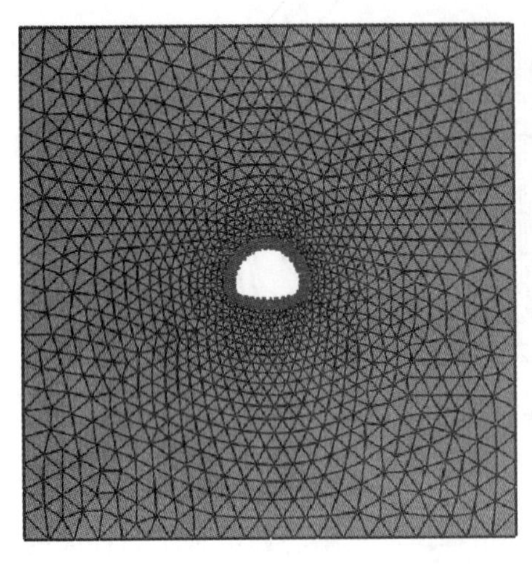
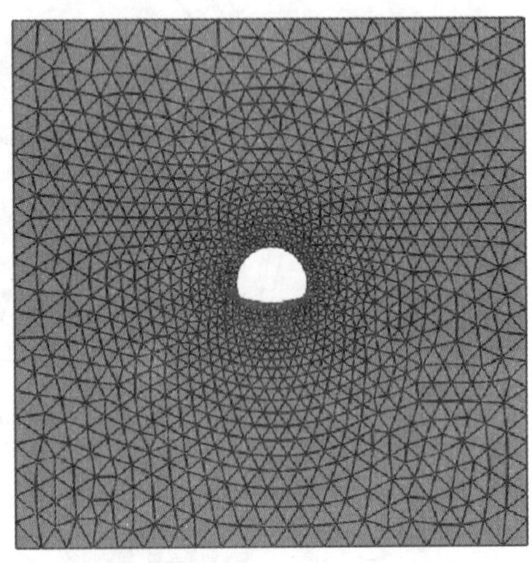

图5-32 拓扑优化模型

边界取120 m×120 m,隧道埋深80 m,侧压力系数0.3。围岩参数如下表5-8所示。结合平面有限元模型,进行计算分析,数值分析中采用如下基本假设:

1) 模型左右两侧施加水平位移约束,底部施加水平和竖直位移约束,并在顶部施加地表至顶部埋深的竖向重应力,从而保证计算模型应力场接近实际工况。

2) 假定初支和二衬结构为弹性材料,初支中的钢拱架和二衬钢筋均采用刚度等效法换算到混凝土结构中。

表5-8 隧道及地层参数

材料	密度 /(kg·m^{-3})	弹性模量 /GPa	泊松比	黏聚力 /kPa	内摩擦角 /°	厚度 /m
煤系地层	1 900	0.2	0.35	20	25	120
初支	2 200	26.77	0.2	—	—	0.24
二衬	2 200	34.76	0.2	—	—	0.5

5.2.3.3 拓扑优化结果分析

由图5-33所示:白色线条所形成的轮廓线为体积约束为0.5时,不同迭代步下,隧道衬砌结构最优拓扑图。图中,红色代表单元密度值大于0.5的区域,表明该区域对刚度的贡献最大,其构成衬砌结构的基本形状即为最优衬砌结构断面图。由图可以看出:原设计断面型式显得较为平坦,应适当增大其高跨比;仰拱的曲率应该适当增大,同时应力最集中的地方存在拱脚部位；在采用同等用量的衬砌材料进行支护时，应重点对左右拱脚处的衬砌厚度增加；得到的衬砌结构轮廓线趋向于圆形，这与弹性力学的计算结构基本一致，验证了结果的合理性；最优拓扑效果图表明，在施工中，增大仰拱的曲率，更有利于隧道整体施工。

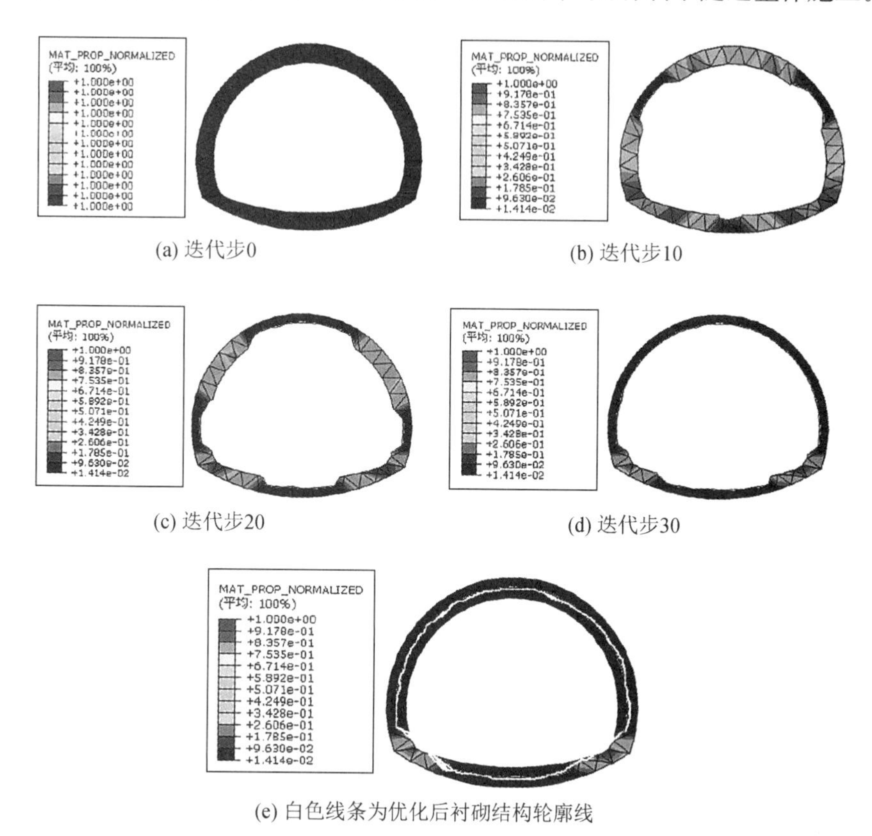

(a) 迭代步0　(b) 迭代步10

(c) 迭代步20　(d) 迭代步30

(e) 白色线条为优化后衬砌结构轮廓线

图 5-33　隧道衬砌结构拓扑优化云图

采取同样的方法，仅仅对水塘隧道仰拱部位进行拓扑优化分析，图 5-34 为体积约束为 0.5 时，不同迭代步下，隧道衬砌仰拱部位的最优拓扑图。图中，相对于原有仰拱曲率，拓扑

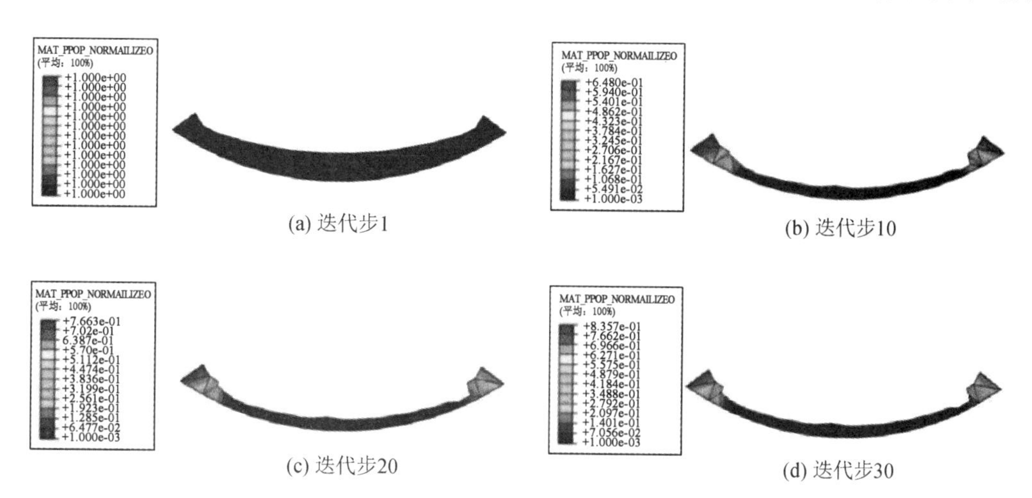

(a) 迭代步1　(b) 迭代步10

(c) 迭代步20　(d) 迭代步30

图 5-34　体积约束 0.5 时，不同迭代步下，隧道仰拱形式变化

优化后的仰拱曲率也明显变大，这与对隧道整体进行拓扑优化的结果(图 5-33)基本一致。对比优化时迭代步 1(仰拱原来形式)和迭代步 30(优化后仰拱形式)，由图 5-34 可以得到：对于同样的应力场，优化后设计断面仰拱的曲率明显变大，曲率半径明显减小，且可以看到仰拱的拱脚部位，应力最集中，需要适当增加仰拱拱脚处的衬砌厚度。

优化前后衬砌断面参数如图 5-35 所示：隧道衬砌断面内轮廓线由三心圆组成，优化后衬砌断面仰拱的曲率半径由优化前的 15 m 减少为优化后的 8 m，曲率半径减小 7 m，减少了 46%，曲率变大；优化后的衬砌高跨比变大。

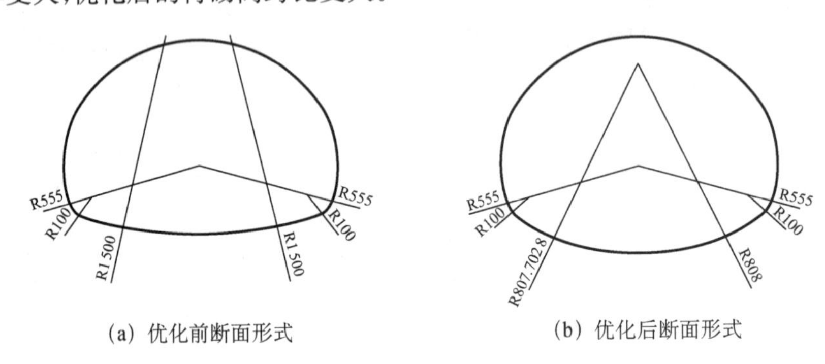

(a) 优化前断面形式　　(b) 优化后断面形式

图 5-35　优化前后衬砌结构断面参数变化

5.2.3.4　优化前后隧道数值分析

1. 模型建立及参数选取

数值计算采用平面应变模型，进行二维计算。计算范围及边界条件如图 5-36 所示。计算范围：隧道洞宽 11.08 m，洞高 10.20 m，埋深(从洞顶到地表的竖直距离)37 m。为保证模型边界不受隧道开挖的影响，从隧道中心线向两侧各取 40 m，模型沿 X(水平)方向共取 80 m，Y(竖直)方向取 80 m。

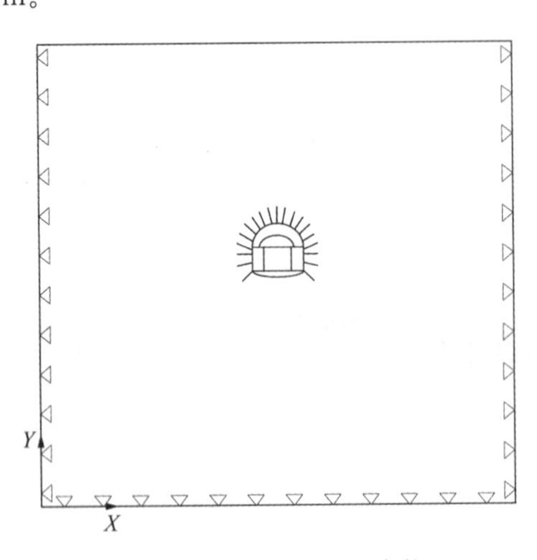

图 5-36　计算范围及边界条件

边界条件：模型左、右和下边界设置位移边界条件，模型上边界设置应力边界条件。约束左、右边界的水平位移，约束下边界的竖向位移。模型上边界到地表范围内的岩体引起的竖向自重应力施加到上边界，作为应力边界条件。

围岩采用实体单元模拟，锚杆采用植入式桁架单元模拟，初支和二衬采用梁单元模拟，计算模型划分为三边形单元。网格划分如图 5-37 所示。

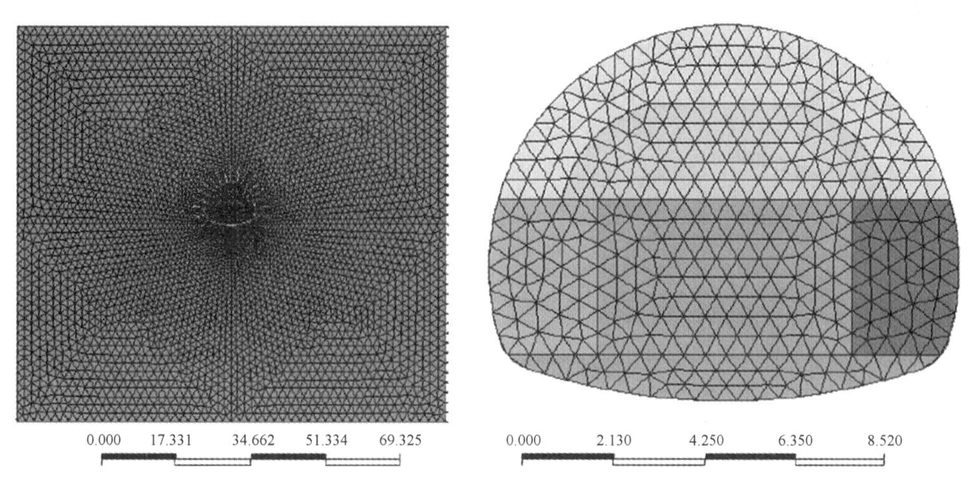

图 5-37　网格划分示意图

衬砌及锚杆计算参数如表 5-9 所示。

表 5-9　衬砌和锚杆计算参数

材料	密度 /(kg · m^{-3})	弹性模量 /GPa	泊松比	截面直径 /m	厚度 /m
锚杆	7 850	200	0.2	0.025	—
初支	2 400	24	0.2	—	0.24
二衬	2 400	34	0.2	—	0.50

2. 初始地应力平衡

计算初始地应力，并将位移清零，保留应力状态。

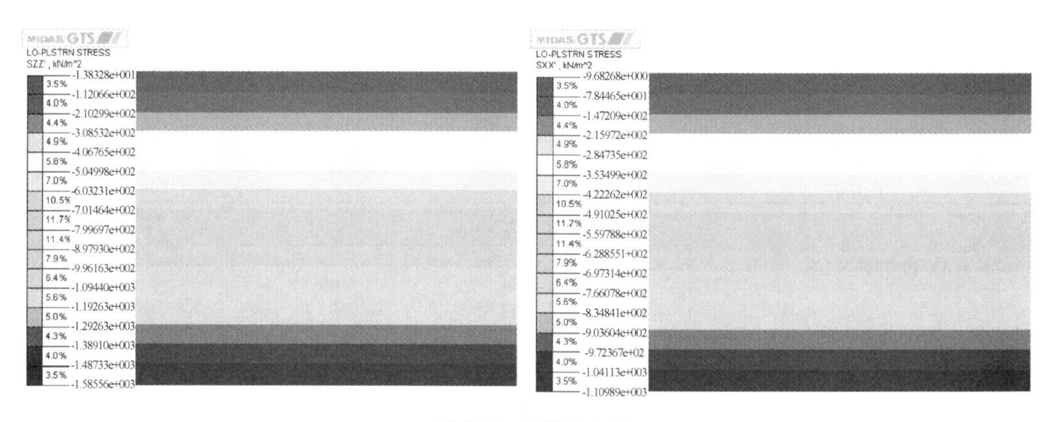

图 5-38　初始应力场

3. 施工过程模拟

数值模拟的各施工步为：

①在初始地应力场下计算平衡；②上台阶铣挖施工；③上台阶铣挖锚杆；④上台阶铣挖初支；⑤中台阶左侧铣挖施工；⑥中台阶左侧铣挖锚杆；⑦中台阶左侧铣挖初支；⑧中台阶右侧铣挖施工；⑨中台阶右侧铣挖锚杆；⑩中台阶右侧铣挖初支；⑪上台阶核心土开挖；⑫中台阶核心土开挖；⑬仰拱开挖；⑭仰拱初支；⑮二衬施作。

具体施工步骤如下图 5-39 所示。

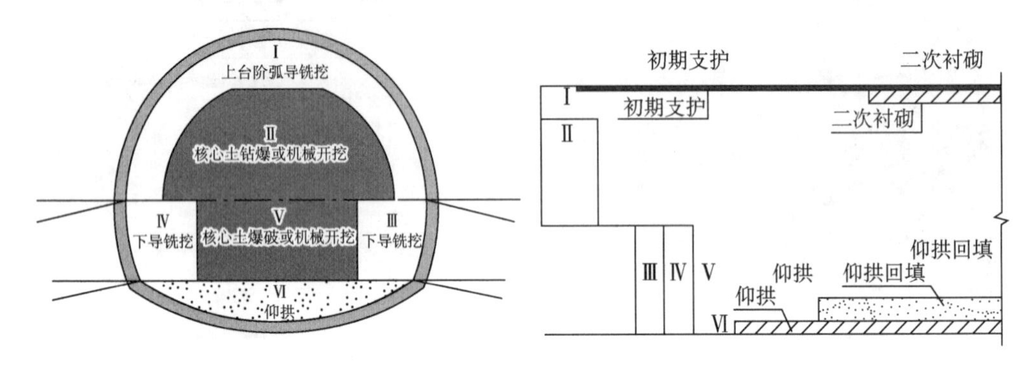

图 5-39　施工步骤

考虑到煤系软弱地层段应力释放速率较快，故在上台阶开挖后采用较大的应力释放率；中下台阶开挖后，施作初期支护较为方便，能够在开挖后迅速施作初支，故采用比上台阶开挖后较小的应力释放率。考虑到拱部锚杆施作困难，施工质量不易保证，锚杆不会承担，故上台阶锚杆施作后应力释放率较小，中台阶锚杆施作后应力释放率略大。同时根据施工情况，数值模拟中二衬承担约 20%的荷载，确定的应力释放如表 5-10 所示。

表 5-10　数值模拟施工步骤及应力释放

	施工步骤	应力释放
(0) 初始地应力平衡		不释放
(1) 上台阶铣挖施工	(1a) 上台阶铣挖	30%
	(1b) 施作锚杆	40%
	(1c) 施工初期支护	30%
(2) 中台阶铣挖施工	(2a) 中台阶铣挖	30%
	(2b) 施作锚杆	40%
	(2c) 施作初期支护	30%
(3) 下台阶仰拱施工	(3a) 开挖下台阶仰拱	30%
	(3b) 施作初期支护	40%
	(3c) 施作二次衬砌	30%

4. 优化前后断面沉降变形

1) 分析水塘隧道仰拱断面优化前后，隧道沉降变化情况。取水塘隧道断面重要部位监测点，对其各个观测点的沉降进行分析。沉降点选取如图 5-40 所示。

由图 5-40 可知，隧道开挖不同施工步过程中，原有设计断面拱顶的最大沉降为 −138 mm；短拱腰的最大沉降为 −135 mm；长拱腰的最大沉降为 −36 mm。优化后，隧道

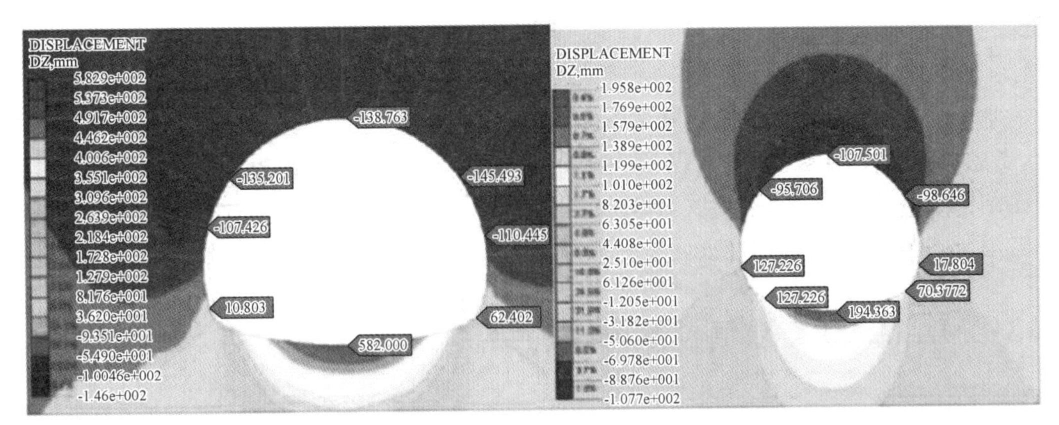

(a) 原衬砌断面　　(b) 优化后衬砌断面

图 5-40 隧道沉降监测点布置及沉降云图

开挖完成后，拱顶的最大沉降为－107 mm；短拱腰的最大沉降为－95 mm；长拱腰的最大沉降为－17 mm。对比优化前后，拱顶最大沉降减少了 31 mm，减小约 22％；短拱腰处沉降变化量为 40 mm，减小约 30％；长拱腰处沉降减少了 19 mm，减小约 52％。这说明衬砌断面形式的改变，使得各个观测点的沉降值均减小，最大变化值出现在拱肩部位，变化量为 40 mm。

2）水塘隧道仰拱断面优化前后，隧道收敛变化情况。取水塘隧道断面重部位监测点，对其各个观测点的收敛进行分析。水平收敛观测点选取如图 5-41 所示。

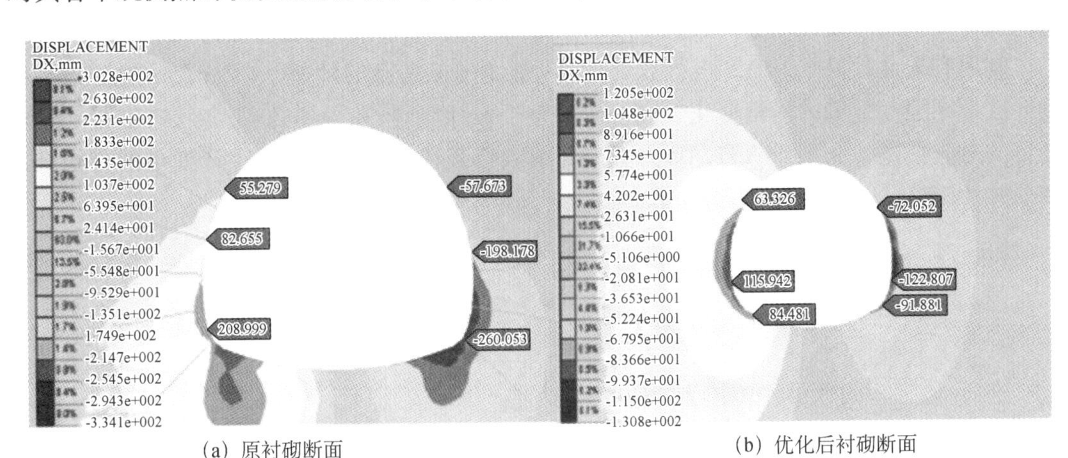

(a) 原衬砌断面　　(b) 优化后衬砌断面

图 5-41 隧道收敛监测点布置及水平变形云图

由图 5-41 可知，原有设计断面，水塘隧道施工开挖的过程中，拱肩的最大收敛为 103 mm；拱腰的最大收敛为 280 mm；拱脚的最大收敛为 468 mm。优化后衬砌断面，水塘隧道开挖的过程中，拱肩的最大收敛为 81 mm；拱腰的最大收敛为 237 mm；拱脚的最大收敛为 175 mm。通过对比优化前后，水平收敛的均明显减小，拱肩的收敛值减少 22 mm，减小约 21％；拱腰的收敛减少 43 mm，减小约 15％；拱脚处的收敛减少最为明显，拱脚处减少 293 mm，减小约 62％。说明对原有衬砌断面优化后，使得衬砌整体变形减小，安全性提高，特别是对拱脚处水平收敛大的治理，效果最好。

5.2.4 小结

本小节对 ABAQUS 中优化模块进行了介绍，并基于 ABAQUS 拓扑优化进行了案例分析，考虑体积约束和结构平衡方程，以结构刚度最大化为目标，利用拓扑优化理论能够得到衬砌结构断面的相对“最优”形式，并在此基础上进行数值模拟分析，优化形成内轮廓线构成的隧道衬砌断面形式，采取增大仰拱曲率，分段进行换拱，整治仰拱底鼓破坏问题。

5.3 MATLAB 与数值模拟方法的结合

在第 5.1 节已经实现了本工程问题在 ANSYS 软件中的优化。鉴于数值计算软件 MATLAB 在优化计算方面的强大功能，本节尝试将 MATLAB 和 ANSYS 联合起来进行偏压连拱隧道衬砌结构的优化。

5.3.1 工程问题数学模型抽象化

MATLAB 是一个数学软件，其强大的优化功能只能在已有明确的数学模型的基础上实现。而本问题是一个实际的工程问题，因而首先需要将其抽象为一个数学模型。

由于本模型采用地层——结构法计算，并且进行的是岩土体的弹塑性分析，因而是一个高度的非线性问题。从数学上来讲，其非线性主要表现在约束条件的高度非线性，即状态变量是设计变量的非线性函数，而这种非线性关系是无法给出显式表达式的。

利用有限元软件 ANSYS 进行数值计算，由优化工具箱的随机法(Random Designs)使设计变量在限制范围内随机变化 20 次，研究整个设计空间，并得到 20 组各状态变量和设计变量的对应数据。利用 MATLAB 内置拟合函数将各状态变量拟合为设计变量的 3 次齐次多项式，该多项式的项数表达式如下：

```
A = [1, t1, t2, t3, t1^2, t2^2, t3^2, t1 * t2, t2 * t3, t3 * t1, t1^3, t2^3, t3^3,
     t1^2 * t2, t1^2 * t3, t2^2 * t1, t2^2 * t3, t3^2 * t1, t3^2 * t2, t1 * t2 * t3]
```

(5.3.1)

这样，该工程问题最终转化为的数学模型为：

$$\begin{cases}\min \quad f(t)=34.8852\times(t_1+t_3)+15.372\times t_2 \\ \text{s.t.} \quad 0.3\leqslant t_1\leqslant 1.2,\ 0.1\leqslant t_2\leqslant 0.5,\ 0.4\leqslant t_3\leqslant 1.3, \\ \quad 0< S86=AZ1\leqslant 1.2583E7 \\ \quad -1.19E7\leqslant L\_SMAX=AZ2\leqslant 1.27E6 \\ \quad -1.19E7\leqslant M\_SMAX=AZ3\leqslant 1.27E6 \\ \quad -1.19E7\leqslant R\_SMAX=AZ4\leqslant 1.27E6 \\ \quad 0< L\_UX=AZ5\leqslant 0.024 \\ \quad 0< L\_UY=AZ6\leqslant 0.024 \\ \quad 0< R\_UX=AZ7\leqslant 0.024 \\ \quad 0< R\_UY=AZ8\leqslant 0.024 \end{cases} \tag{5.3.2}$$

上式中：

$f(t)$—— 目标函数，单位米延长的衬砌总体积；

$S86$—— 中隔墙最大 MISES 等效应力；

L_SMAX—— 隧道左洞衬砌最大应力；

M_SMAX—— 隧道中导洞衬砌最大应力；

R_SMAX—— 隧道右洞衬砌最大应力；

L_UX—— 隧道左洞水平收敛；

L_UY—— 隧道左洞竖向收敛；

R_UX—— 隧道右洞水平收敛；

R_UY—— 隧道右洞竖向收敛。

拟合得到的状态变量关于设计变量的系数矩阵见表 5-11。

表 5-11　由设计变量拟合状态变量的多项式系数矩阵

$Z1$	$Z2$	$Z3$	$Z4$	$Z5$	$Z6$	$Z7$	$Z8$
1.0e+007*	1.0e+007*	1.0e+008*	1.0e+007*	1.0*	1.0*	1.0*	1.0*
2.506 8	−1.930 4	−1.136 4	−2.339 5	0.014 1	0.007 0	0.003 8	0.014 5
−3.315 7	3.115 6	3.684 6	−2.410 9	−0.036 3	−0.005 4	−0.009 3	−0.012 4
−1.322 6	−0.018 2	−2.617 4	−2.562 6	−0.012 7	0.001 1	−0.004 9	−0.008 8
−0.378 3	0.096 5	0.881 7	3.782 0	−0.012 1	−0.000 1	−0.000 4	−0.009 8
1.687 9	−2.422 0	−2.073 9	1.681 9	0.031 5	0.004 5	0.006 2	0.008 5
1.958 1	0.667 0	−0.798 5	0.140 8	0.004 1	−0.001 7	0.000 0	0.002 6
−1.339 8	−0.055 0	0.592 2	−3.487 7	0.002 6	−0.000 9	−0.001 2	0.005 2
3.550 4	−0.033 2	−0.126 7	2.826 2	0.025 0	0.001 5	0.007 7	0.012 2
−1.832 5	−0.423 7	5.746 3	2.679 5	0.004 2	−0.002 4	0.003 3	0.003 6
3.289 7	0.004 6	−4.290 8	1.883 4	0.020 6	0.001 6	0.006 3	0.008 7
−0.498 6	0.697 9	0.441 9	−0.396 2	−0.010 6	−0.001 7	−0.001 5	−0.002 2
−1.065 8	−0.153 5	1.507 8	0.740 4	0.013 9	−0.000 1	0.001 6	0.001 1
0.719 3	0.035 3	−0.486 9	1.016 1	0.000 6	0.000 5	0.000 1	−0.002 0
−0.326 9	0.103 9	0.059 8	−0.341 4	−0.004 8	−0.000 7	−0.000 5	−0.000 0
−0.802 0	0.040 5	1.104 1	−0.761 3	−0.005 0	−0.000 4	−0.002 3	−0.003 2
−3.588 1	−0.582 3	1.786 3	−0.918 6	−0.019 1	−0.000 3	−0.004 1	−0.008 3
3.103 8	0.116 3	−2.075 2	0.257 8	0.002 7	0.002 1	0.002 9	0.005 3
−0.707 8	−0.061 6	1.309 8	−0.084 0	−0.005 3	−0.000 4	−0.000 7	−0.000 7
0.924 1	0.110 3	−2.226 0	−0.430 7	0.002 4	0.000 8	0.000 5	0.002 0

5.3.2　构造优化函数

本次优化计算调用 MATLAB 优化工具箱的有约束非线性优化函数 fmincon().其表达格式为：

```
[x, fval, exitflag, output, lamda] = fmincon(fun,x0,A,b,Aeq,beq,lb,ub, nonlcon, options)
```

上式输出列表中，x 为设计变量的优化值，fval 为对应于设计变量的函数值，exitflag 为算法终止原因输出，output 是其他的相关输出选项。

在输入参数列表中，fun 表示优化函数；x0 为设计变量初始值；A，b 为满足线性关系式 Ax=b 的系数矩阵；Aeq 和 beq 是满足线性等式 Aeq * x=beq 的系数矩阵；lb 和 ub 是变量 x 的下限和上限；参数 nonlcon 表示满足非线性约束关系 $c(x) \leqslant 0$ 和 ceq(x)=0 的优化情况，是本问题的主要控制指标；参数 options 是优化的属性设置，默认为采用大规模算法(large scale)。所谓大规模问题指的是出现在工程，化学等领域中有大量优化变量的问题。由于自变量的维数很高，这样的问题是被分解成多个低维子问题来求解的。Medium-Scale 优化问题实际上是 MATLAB 自己提出和大规模问题对应的一个概念，就是通常一般的优化算法，如牛顿法，最速下降法之类的处理优化变量不是很多的问题。针对本数学模型只有 3 个优化变量，且状态变量只是设计变量的 3 次表达式，选用 medium scale 设置。

5.3.3 构造非线性约束函数

对于已经抽象的数学模型而言，要调用 MATLAB 优化函数 fmincon()的关键是构造相关非线性优化函数。在 MATLAB 工作空间建立如下的非线性约束函数：

```
function [c,ceq] = Nonlinearcon(t)
% definition of the nonlinear constrain
% input data:
% t------design variables
% output data
% c------unequal constrains
% ceq----equal constrains
% %
ceq = [];
    z1 = [25068198.5522036; -33157241.0197501; -13225861.5092695; -3782584.85480284;
16878583.6518718;19581310.2502938; -13398071.8895233;35503572.2279070; -18324963.4952565;
32896685.9060049; -4986376.62629713; -10657651.9262507;7192560.36734058;
-3268720.84862883; -8020379.32688981; -35880758.1983084;31037557.9673907;
-7078187.72089911;9241345.35168539; -14963295.8982707];
    z2 = [-19304298.4213873;31155858.6630687; -182213.508859899;965305.825956092;
-24219995.9229515;6670248.46601984; -549922.888422540; -332073.802312716;
-4237303.35901532;45710.3505387453;6979347.20915484; -1534950.42689339;352828.109022318;
1038512.95385005;405357.384892755; -5822886.09504116;1163416.29846471; -616098.260911258;
1103368.86764218;1891754.81838941];
    z3 = [-113639320.278302;368462248.496086; -261742544.739717;88172015.2745322;
-207392362.359503; -79848218.0059170;59215153.6201087; -12674155.1240482;
574627789.538378; -429083942.743615;44187523.6859195;150782432.009598; -48689670.6792006;
5982613.73162765;110409120.155812;178628549.558367; -207519774.745124;130978652.610826;
-222602757.142924; -89830599.8756627];
    z4 = [-23394728.2475152; -24108639.3749427; -25625608.4291397;37820261.9093245;
16818892.8765273;1408420.20475871; -34877349.3996488;28261977.8106761;26795055.9662523;
18833515.6121533; -3962490.96573128;7403928.24270700;10161108.8018327; -3413756.16531494;
```

```
-7612782.05892942;-9185874.01073007;2578252.37660602;-840276.750977368;
-4306718.40347551;-20749217.5795012];
    z5=[0.0140888040893211;-0.0363056672015123;-0.0127178014129256;
-0.0120906919608090;0.0315234553979052;0.00405454333169367;0.00264941378820012;
0.0250160694605745;0.00415741543839361;0.0205845912193575;-0.0106288165906862;
0.0139235639461333;0.000 604331529922619;-0.00477131795485968;-0.00502060631160816;
-0.0191447547712434;0.00270742018818064;-0.00527257602960294;0.00238713319567861;
-0.0114665643764148];
    z6=[0.00703900265897420;-0.00543910349934329;0.00106722423757224;
-9.98436876641933e-05;0.00449019076455422;-0.00172086671634881;-0.000 852939941678536;
0.00152986813481359;-0.00235242232595397;0.00159560883222286;-0.00170419894334539;
-9.90759257065962e-05;0.000 456901238888225;-0.000 692277326867540;
-0.000 362953156219477;-0.000 319699276580616;0.00205257463163276;
-0.000 406266380997463;0.000 785030166438997;-0.000 474962317685993];
    z7=[0.00384230792952753;-0.00931907073017069;-0.00494161027598015;
-0.000 35347060 0005636;0.00620348126739545;4.22870816039851e-05;-0.00120645275119208;
0.00769791925795105;0.00328257921234268;0.00626863300233470;-0.00147515105327291;
0.00155823565310274;0.000 137167916622574;-0.000 511384873574178;-0.00228218201310948;
-0.00405279565982355;0.00291059877889372;-0.000 680676343108011;0.000 522860846292584;
-0.00570138458350455];
    z8=[0.0145242634879468;-0.0124370613530301;-0.00881096158395476;
-0.00983535755508104;0.00845843956045419;0.00261416861918003;0.00519917106512632;
0.0122101402659376;0.00364108335031374;0.00867915185554432;-0.00221000191822330;
0.00107069184250504;-0.00197857401986942;-4.99666208165418e-06;-0.00317800805183385;
-0.00832744469827067;0.00532512404920093;-0.000 707877859244538;0.00197493866971212;
-0.00928146829055365];
    z=[z1 z2 z3 z4 z5 z6 z7 z8 -z1 -z2 -z3 -z4 -z5 -z6 -z7 -z8];
    a=[1 t(1) t(2) t(3) t(1)^2 t(2)^2 t(3)^2 t(1)*t(2) t(2)*t(3) t(3)*t(1) t(1)^3 t(2)^3 t
(3)^3 t(1)^2*t(2) t(1)^2*t(3) t(2)^2*t(1) t(2)^2*t(3) t(3)^2*t(1) t(3)^2*t(2) t(1)*t
(2)*t(3)];
    p=[1.2583e7 1.27e6 1.27e6 1.27e6 0.072 0.072 0.072 0.072 0 1.19e7 1.19e7 1.19e7 0 0 0 0];
    c=a*z-p;
    %%
```

5.3.4 构造目标函数

取连拱隧道单位米延长衬砌总体积为优化目标函数 TotalVolu(t)，在 MATLAB 工作空间编写目标函数如下：

```
function vtot=TotalVolu(t)
% object function of optimization
% input data:
% thickness of the lining
% output data:
% total volume of the lining
```

```
%%
vtot = 34.8852 * (t(1) + t(3)) + 15.372 * t(2);
%%
```

5.3.5 优化结果输出

在 MATLAB 命令窗口输入如下命令：

```
t0 = [0.6 0.3 0.7];
lb = [0.3 0.1 0.4];
ub = [1.2 0.5 1.3];
options = optimset('largescale','off','display','iter');
[t,fval,exitflag,output,lamda,grad,hessian] = fmincon(@TotalVolu,t0,[],[],[],[],lb,ub,@
Nonlinearcon,options)
```

运行程序后输出如下：

```
                                  max                    Directional   First-order
Iter   F-count    f(x)        constraint    Step-size    derivative    optimality     Procedure
  0       4      49.9624      2.744e+006                                              Infeasible start
point
  1       8      42.5427      3.223e+005        1          -7.42          20.5
  2      12      44.1584      1.127e+004        1           1.62          11.9
  3      16      44.2243        19.19           1          0.0659        0.0474
  4      20      44.2244      8.398e-005        1         0.000123       4.56e-005    Hessian modified
  5      24      44.2244      1.863e-009        1          5e-010        1.13e-006    Hessian modified
Optimization terminated: first-order optimality measure less than options.TolFun
 and maximum constraint violation is less than options.TolCon.
Active inequalities (to within options.TolCon = 1e-006):
  lower      upper     ineqlin     ineqnonlin
    1                                  1
                                      12
t =

           0.3000    0.1099    0.9193
fval =

           44.2244
exitflag =

           1
output =

           iterations: 5
           funcCount: 24
           stepsize: 1
           algorithm: 'medium-scale: SQP, Quasi-Newton, line-search'
           firstorderopt: 1.4521e-014
```

```
        cgiterations: []
        message: [1x143 char]
lamda =
        lower: [3x1 double]
        upper: [3x1 double]
        eqlin: [0x1 double]
        eqnonlin: [0x1 double]
        ineqlin: [0x1 double]
        ineqnonlin: [16x1 double]
grad =
        34.8852
        15.3720
        34.8852
hessian =
          0.6317     1.8141    -4.5441
          1.8141    22.3890   -43.5973
         -4.5441   -43.5973    87.1275
```

最终得到的优化结果和利用 ANSYS 优化的结果列于表 5-12。

表 5-12　利用 MATLAB 和 ANSYS 的优化结果比较

项目	ANSYS 零阶方法	ANSYS 一阶方法	MATLAB 优化
S86	1.26E+07	1.24E+07	1.25+E07
L_SMAX	−8.78E+06	−8.71E+06	−1.15+E07
M_SMAX	−5.89E+06	−1.36E+06	−1.83+E05
R_SMAX	−1.20E+07	−1.19E+07	−1.19+E07
L_UX	3.60E−04	2.78E−04	9.68E−04
L_UY	5.24E−03	5.26E−03	5.60E−03
R_UX	1.47E−03	1.38E−03	1.63E−03
R_UY	6.73E−03	6.77E−03	7.03E−03
T1	0.301 8	0.30 000	0.300 0
T2	0.100 8	0.105 11	0.109 9
T3	0.944 8	0.943 75	0.919 3
VTOT	45.040	45.004	44.224 4

5.3.6　小结

本节通过联合数值计算软件 MATLAB 和有限元计算软件 ANSYS 对该偏压连拱隧道衬砌结构进行优化，可以得出以下结论：

1）利用通用有限元软件 ANSYS 进行地下工程结构优化设计是一个可行的方法。ANSYS 优化工具模块内置有零阶优化算法和一阶优化算法。零阶算法具有强大的全局寻优能力但精度较低，一阶算法计算精度较高但容易陷入局部最优解。建议在实际工程优化计算时采用零阶算法和一阶算法配合进行，可以取得较为合理的优化结果。

2）数值计算软件 MATLAB 具有很强的数值计算功能，其优化工具箱内置多种功能强大的优化算法。但对于实际工程问题往往难以写出约束条件的显式表达式，可以利用 ANSYS 先得到有限元数值计算解，然后调用 MATLAB 的优化函数进行优化。

3）总体上来讲，ANSYS 的一阶算法精度高于零阶算法，而 MATLAB 的优化结果又优于 ANSYS 的一阶算法。如有实际监测数据，可以考虑使用神经网络等更为高级的优化算法。

4）从优化结果来看，主洞衬砌结构的应力约束起了控制性作用。这主要是因为该连拱隧道采用的是整体式直中墙结构，衬砌在与中墙交汇处存在“尖角”，导致过大的应力集中。建议在实际工程中采用弧度更为缓和的整体式曲中墙或三层曲中墙。

第6章
工程综合应用案例

本章案例来自部分研究生的作业，供同行参考。

6.1 案例1——基于遗传算法的隧道结构优化设计

6.1.1 工程背景

丰收岭隧道是一条拟建于云南省中部的高速公路隧道。该隧道进出口段埋深浅、围岩风化严重，成洞性极差，开挖后易发生衬砌大变形，围岩坍塌等事故，因而导致施工难度大，建设成本高。因此必须进行设计方案优化，保证工程安全可靠，提高施工效率，同时尽量降低成本。云南武定至易门高速公路里程 K89＋624—K90＋250 段地形起伏较大，以隧道（丰收隧道）形式通过该路段。隧道为小净距隧道，即分离式隧道左右幅净距小于 27 m，穿越地层以 Pt1lb 板岩夹砂岩为主，属构造剥蚀低中山地貌。

图 6-1 为丰收隧道拟检测段地形示意图，图 6-2 为拟检测横断面地层示意图。根据地质调查综合分析，该段隧道围岩被划分为Ⅴ2 级。隧道进出口以硬塑状粉质黏土、全风化板岩夹砂岩为主，隧道埋深较浅，围岩受罗次—易门区域大断裂影响，节理裂隙发育，岩体破碎，风化层厚，线路右侧存在顺层偏压现象，隧道极易坍塌。板岩富水性差，砂岩透水性较好，层面、不同岩性接触带贯通性好，地下水易于运移排泄，隧道开挖过程中可能遇突水情况。该段岩体破碎，自稳能力差，开挖时不及时支护或支护（处理）不当易产生较大规模的坍

图 6-1　丰收隧道拟检测段地形示意图

塌，浅埋时易出现地表下沉或坍塌至地表，侧壁稳定性差。拟建隧道上覆第四系全新统残坡积(Qel＋dl)层粉质黏土，下覆前震旦系昆阳群柳塘坝组(Pt1lb)板岩(全风化、强风化、中风化)，表 6-1 为隧道涉及土层。本算例中，隧道断面设计形式为四圆隧道，施工拟采用三台阶临时仰拱法，支护采用 SF5d 工法，只考虑初期支护，并考虑锚杆作用(表 6-2)。

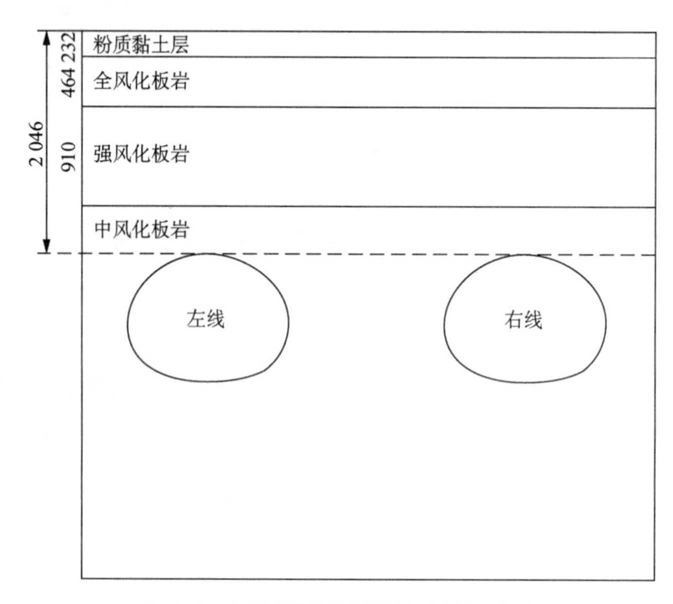

图 6-2　丰收隧道拟检测横断面地层示意图

表 6-1　丰收隧道涉及土层

地质成因	土层名称	状态	天然密度 ρ/(g/cm^3)	内聚力 c/kPa	内摩擦角 φ/°	弹性模量 E/MPa	泊松比 μ
Q_4^{el+dl}	粉质黏土	硬塑性	1.89	25	20	5	0.35
Pt1lb	板岩	全风化	2	20	22	20	0.2
Pt1lb	板岩	强风化	2.3		45	30	0.2
Pt1lb	板岩	中风化	2.5		50	50	0.2

表 6-2　丰收隧道支护形式

支护类型	围岩级别	初期支护						二次衬砌厚度/cm	预留变形量/mm
		喷射混凝土厚度/cm	锚杆/m			钢筋网/mm	钢架间距/cm		
			位置	长度	间距				
SF5d	Ⅴ级全强风化板岩	29	拱、墙	3.5 注浆小导管	1.0×0.6	双向 Φ8@150 (双层，拱、墙等)	60 (I22b)	60　C30 防水钢筋混凝土	200

6.1.2　研究综述

隧道结构设计时要兼顾结构安全可靠和经济适用，因此优化目标要综合考虑结构变形和工程造价两部分，即以变形和造价各乘上权重系数构成目标函数。在选择设计变量时，由于本例不考虑分步开挖、临时支撑和二次衬砌的作用，因此选取与初期支护衬砌和锚杆有关的参数作为设计变量。本结构优化三要素如下：设计变量为衬砌厚度 t、锚杆根数 n、锚杆长度 l、锚杆半径 r；约束条件为各变量取值范围，参考实际工程经验，$200\ \text{mm} < t < 550\ \text{mm}$，$12 < n < 30$，$2\,500\ \text{mm} < l < 5\,500\ \text{mm}$，$15\ \text{mm} < r < 40\ \text{mm}$；目标函数：$\min F(t, n, l, r) = p1 \cdot W(t, n, l, r) + p2 \cdot Z(t, n, l, r)$ 其中 W 为拱顶沉降，Z 为造价，$p1$，$p2$ 为权重系数。本例技术路线(图 6-3)：选取一些特定的设计变量组合通过数值模拟获得拱顶沉降；利用这些样本训练神经网络，获得设计变量与沉降的关系；得到拱顶沉降和工程造价函数后，通过变异系数法确定目标函数中沉降和造价的权重；最后利用遗传算法寻找最优解。

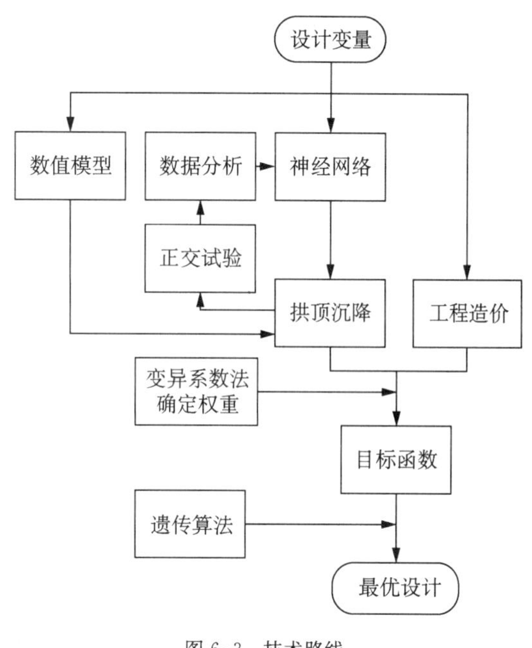

图 6-3　技术路线

6.1.3　拱顶沉降

6.1.3.1　数值模拟

1. 有限元模型基本假设

1) 地表面和各土层呈均质水平层状分布；

2) 初始地应力计算只考虑围岩自重应力，忽略岩体构造应力；

3) 围岩是各向同性、连续的弹塑性材料，材料塑性屈服准则采用 Mohr Coulomb 屈服准则；

4) 衬砌和锚杆视为弹性材料，根据混凝土和钢的弹性模量和泊松比计算单元刚度。

2. 有限元模型

本次开挖模隧道埋深 20 m。为了消除边界效应，底边及两侧距离隧道边界的最短距离取 5 倍隧道外径，即 50 m，整个模型尺寸的 X、Y 方向尺寸为 100 m×74.11 m。岩土层采用 4 节点平面应变单元，衬砌采用梁单元，锚杆采用杆单元。共计 2 367 个单元，2 696 个节点。有限元模型如图 6-4 所示。

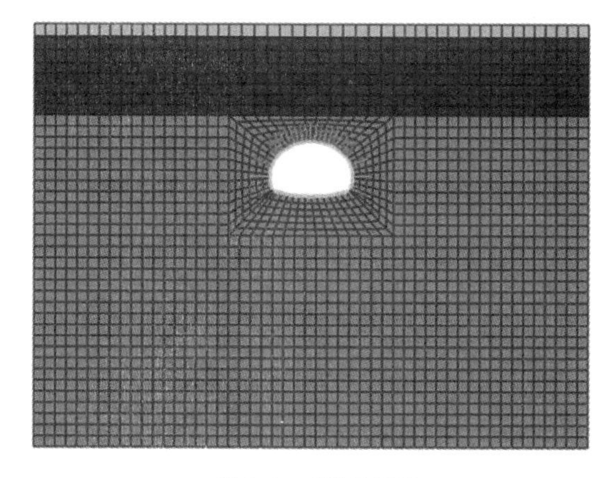

图 6-4　有限元模型

3. 有限元计算的 Pyhton 命令流

有限元计算程序，主要分成两个子程序。第一个是隧道建模程序，Tunnel_Function.py。该程序主要用来生成有限元模型。和 GUI 操作相同，主要分为六个模块，即部件，属性，装配，相互作用，荷载，网格(图 6-5)。第二个是调用程序，tunnel_Optimization.py，主要用于提交分析和汇总结果。首先在 JOB 模块中提交计算，然后从 ODB 中提取出拱顶沉降数据存储在一个列表中。最后把列表中的数据写入 Excel，便于数据的分析和处理。调用程序流程见图 6-6。

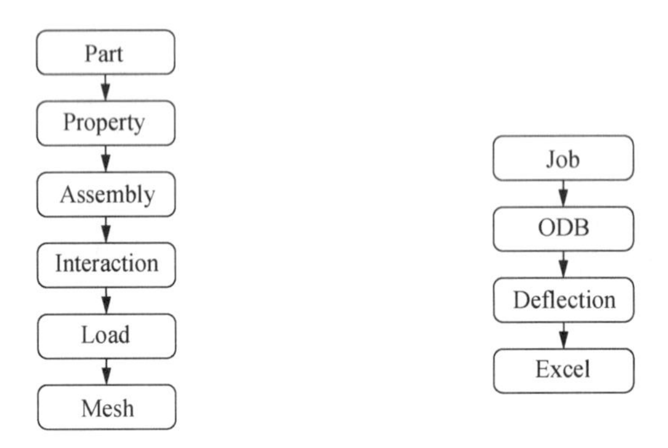

图 6-5　有限元建模程序流程图　　　图 6-6　调用程序流程

4. 有限元计算过程

1）地应力平衡。

地应力平衡后的竖向应力云图如图 6-7 所示。模型底部约 80 m，容重深度乘积验证，表明计算结果基本可靠。

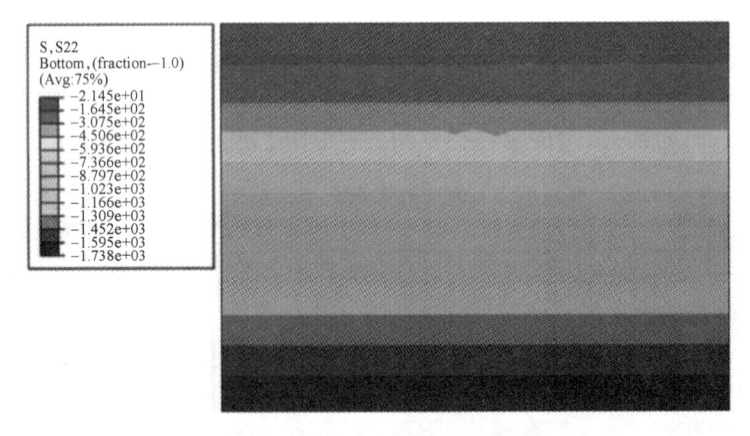

图 6-7　地应力平衡-竖向应力(kPa)

地应力平衡后的竖向位移云图如图 6-8 所示。竖向位移最大值在 10^{-5} m 量级，而计算结果基本在 0.1 m 量级，地应力平衡结果理想。

2）开挖模拟。

土体同时施加衬砌，锚杆。开挖后的竖向变形云图如图 6-9 所示，因围岩弹性模量较小，约为 50 MPa，最终变形值较大，最大沉降大于 150 mm。

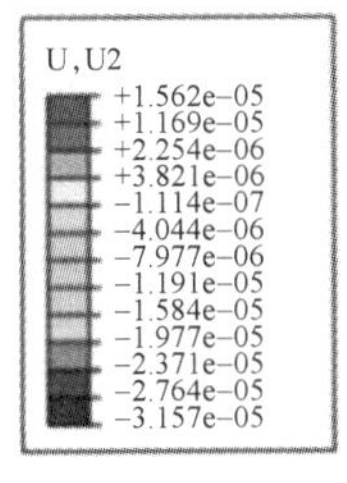

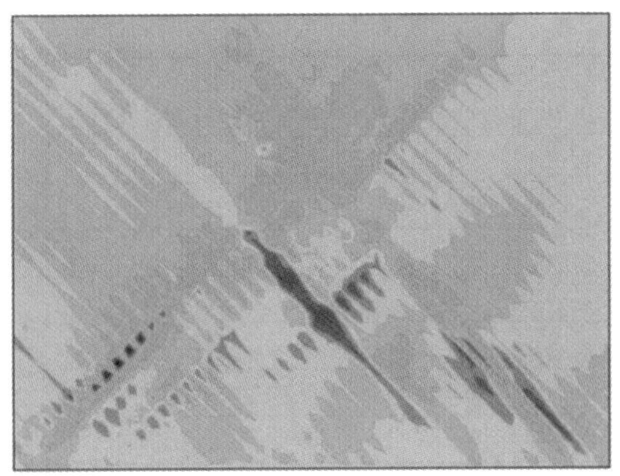

图 6-8 地应力平衡-竖向位移力(m)

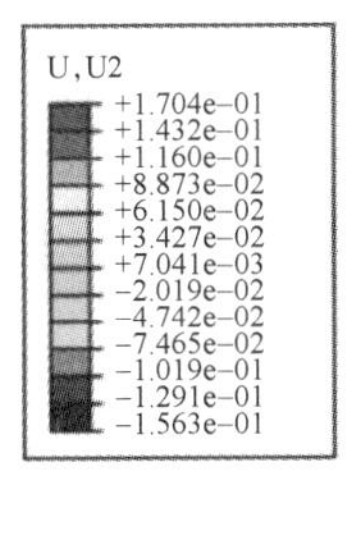

图 6-9 开挖施工步-竖向变形云图(m)

3）结果输出。

结果输出利用 Python 第三方库 xlwt，将 ABAQUS 计算拱顶沉降结果列表写入一个 Excel 文件中。

6.1.3.2 数据分析

有了数值模型，我们将 (t, n, l, r) 输入 ABAQUS 中得到 W，但优化过程中，每次都要调用 ABAQUS 模型来获得拱顶沉降，难度大，工作效率低，运算时间长。因此我们利用少量 (W, t, n, l, r) 数据，拟合出 (t, n, l, r) 和 W 之间的关系，这样在寻优过程中只需每次都调用该关系函数 $W(t, n, l, r)$，可以在保证精度的基础上，提高计算效率。通过正交试验的方法，让设计变量的不同水平互相组合，可以保证选取的样本的均匀性。衬砌厚度 t 取值范围为 200～550 mm，每个水平增加 50 mm，共 8 个水平；锚杆根数 n 取值范围为 12～30，对应间距 225～90 mm，每个水平增加一根，但数值模拟过程中特定锚杆根数的情况不收敛，无法得出沉降值，表中只列出了可以收敛的 12 个水平；锚杆长度 l 取值范围为 2 500～5 500 mm，每个水平增加 500 mm，共 7 个水平。锚杆半径 r 为 15～40 mm，每个水平增加 5 mm，共 6 个水平。这样理论上可以获得 4 032 个样本，但仍有一些情况不收敛，因此只得到了 3 712 个样本(表 6-3)。

表 6-3　选取样本时的设计变量水平

等级	衬砌厚度 /mm	锚杆 根数	锚杆长度 /mm	锚杆半径 /mm
1	200	12	2 500	15
2	250	14	3 000	20
3	300	15	3 500	25
4	350	17	4 000	30
5	400	18	4 500	35
6	450	20	5 000	40
7	500	22	5 500	
8	550	24		
9		25		
10		27		
11		29		
12		30		
等级数	8	12	7	6
总样本	理论样本　4 032		实际样本　3 712	

以(400, 20, 4 000, 30)(衬砌厚度 400 mm,锚杆 20 根,长度 4 000 mm,半径30 mm)为基准点,每次改变其中一个变量,探讨各变量对拱顶沉降的影响(图 6-10)。通过观察纵坐标的取值范围,可得衬砌厚度对拱顶沉降影响很大,而锚杆根数、长度、半径对拱顶沉降影响小。衬砌厚度与拱顶沉降之间的相关性极强,锚杆半径次之,而锚杆根数、长度与拱顶沉降之间的相关性较差。

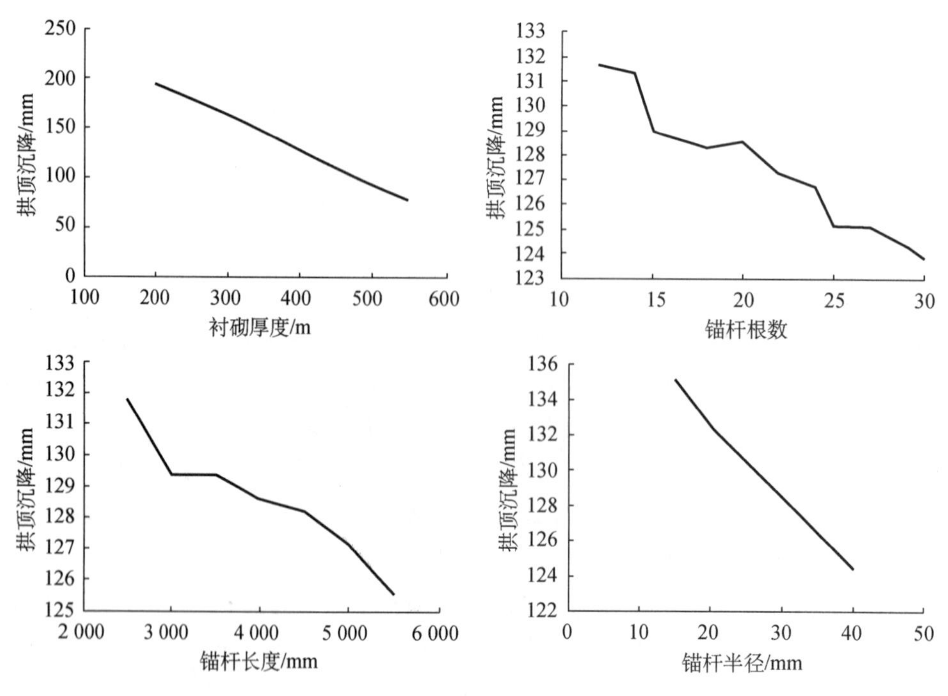

图 6-10　各变量对拱顶沉降的影响曲线

通过多元线性回归分析可得 $W(t, n, l, r)$（表 6-4）

$$W = 288.433 - 0.341 \cdot t - 0.294 \times n - 0.001\,59 \times l - 0.395 \times r \qquad (6.1.1)$$

利用 200 个随机生成的样本进行效果检验，发现绝对误差平均值为 1.34 mm，最大值为 5.5 mm，相对误差平均值为 1.12%，最大值 5.95%，其精度不能令人满意。

表 6-4　各变量与拱顶沉降的关系系数

	衬砌厚度/mm	锚杆根数	锚杆长度/mm	锚杆半径/mm
线性回归	0.341	0.294	0.001 59	0.395
影响权重	0.811	0.050	0.045	0.094
偏相关	0.999	0.664	0.635	0.871

将各变量的回归系数在其取值范围内归一化，得到的系数可以作为各变量对拱顶沉降的影响权重。衬砌厚度对拱顶沉降的影响很大，权重超过 80%，而锚杆的三个因素对沉降的影响权重之和不到 20%。

偏相关分析可以在分析两变量的相关关系时，剔除其他变量造成的影响。利用 SPSS 进行偏相关分析，可得设计变量与拱顶沉降间的偏相关性大小为：衬砌厚度＞锚杆半径＞锚杆根数＞锚杆长度。由于锚杆因素对拱顶沉降的影响很小，数值模拟不够精确问等题导致的拱顶沉降数值波动，造成了个别取值点处“锚杆支护增强不一定使得拱顶沉降减小”。

6.1.3.3　神经网络

利用 3 712 个学习样本训练神经网络，并利用随机生成的 200 个样本验证神经网络的预测效果。神经网络经过 69 次迭代终止学习，均方误差为 1.2×10^{-4}，没有达到目标值 1.00×10^{-5}（图 6-11、图 6-12）。有效性检验次数达到 6 次，意味着即使继续训练，也无法降低误差，提高预测精度。

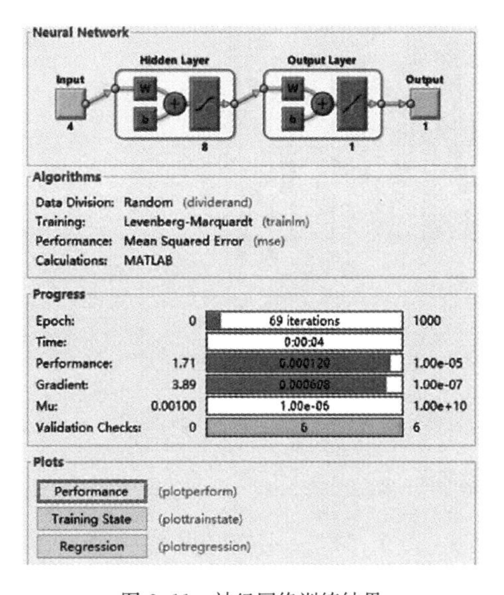

图 6-11　神经网络训练结果

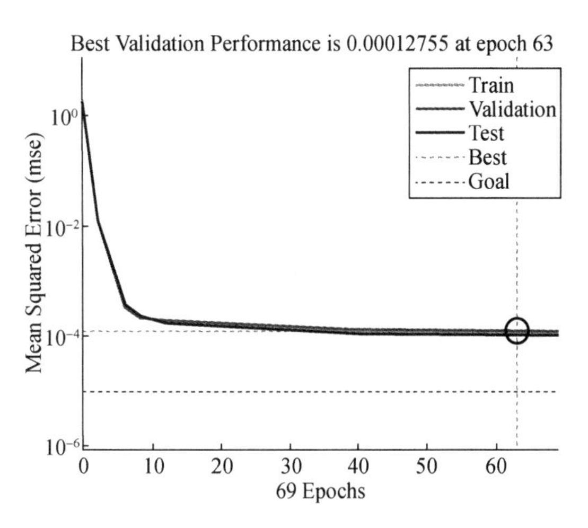

图 6-12　均方误差收敛图

利用之前随机生成的200个样本验证神经网络预测效果(图6-13、表6-5),发现神经网络预测精度很高。

表6-5 神经网络预测效果验证

样本编号	理论值/mm	预测值/mm	衬砌厚度/mm	锚杆根数	锚杆长度/mm	锚杆半径/mm
1	107.88	109.14	458	15	2 718	34
2	89.88	91.10	511	21	3 730	23
3	125.67	125.29	408	24	4 896	23
4	123.23	123.57	429	12	2 924	22
5	84.09	84.63	520	29	4 371	31
6	145.21	146.94	351	19	4 778	25
7	163.84	167.01	301	27	4 386	17
8	123.28	124.88	421	17	4 277	20
⋮	⋮	⋮	⋮	⋮	⋮	⋮
198	171.01	172.13	293	17	4 412	18
199	164.91	163.71	279	26	4 477	37
200	122.89	123.05	402	24	3 761	38

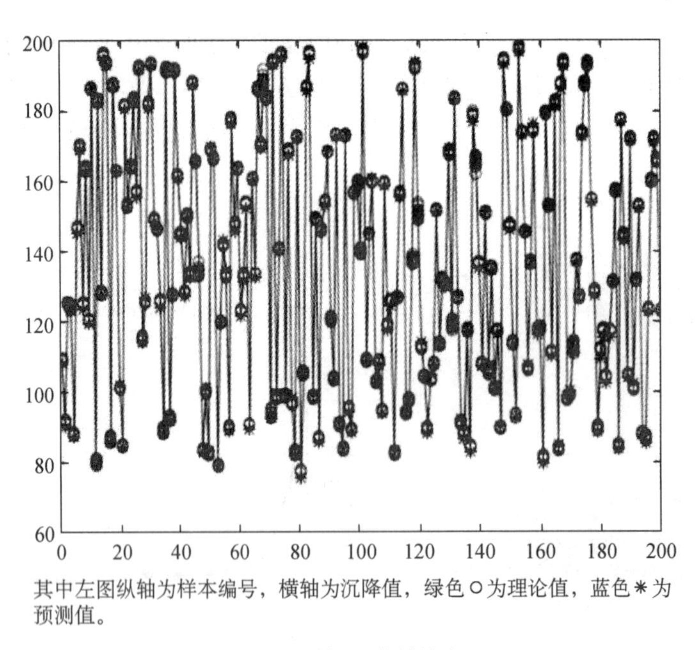

其中左图纵轴为样本编号，横轴为沉降值，绿色○为理论值，蓝色*为预测值。

图6-13 神经网络效果验证

比较神经网络模型和多元线性回归的误差可发现(表6-6),应用神经网络模型对预测精度有明显的提升,相对误差平均值小于1%,最大值3%,绝对误差平均值小于1 mm,最大值2.89 mm。My_net函数即是$W(t, n, l, r)$,我们不需要它的具体表达式,只需每次用

sim(net,input)语句调用该函数,(t, n, l, r)输入前要做归一化操作,sim 函数的输出经反归一化得到拱顶沉降的预测值。

表 6-6　神经网络和线性回归比较

	回归系数	相对误差		绝对误差	
		平均值/mm	最大值/mm	平均值/mm	最大值/mm
线性回归	0.998 8	0.011 2	0.059 5	1.34	5.50
神经网络	0.999 8	0.007 2	0.030 3	0.87	2.89

6.1.4　目标函数及求解

6.1.4.1　工程造价

参考工程成本测算方法,一般是对复杂条件下的工程进度以及人工、材料和机械成本测算数据进行测算并统计分析。在本算例中,各项费用单价如表 6-7 所示。

表 6-7　锚杆和初衬单价表

锚杆	直接成本	人工、机械:15 元/m 注浆锚杆:30 元/m 注浆:6 元/m 其他:8 元/m 合计:59 元/m
	管理成本	59 元/m×3.75%=2.21 元/m
	单　价	61.21 元/m
初期支护 (混凝土)	直接成本	材料费:C20 混凝土材料综合单价 421.16 元/m^3 机械人工费:150 元/m^3 喷射混凝土损耗为 20% 571.16 元/m^3/0.8=713.95 元/m^3 钢筋综合单价:234.14 元/m^3 合计:948.09 元/m^3
	管理成本	948.09 元/m^3×3.75%=35.55 元/m^3
	单　价	983.64 元/m^3

则单位长度隧道成本估算公式为

$$Z = l \times n \times [61.21 - 10 \times (40 - r)/25] + c \times t \times 983.64 \tag{6.1.2}$$

其中　l ——单根锚杆长度;

n ——单位长度隧道锚杆数量;

c ——隧道洞周周长(取初衬中心线处周长);

r ——锚杆半径;

t ——初衬厚度。

为综合考虑隧道变形 W 和施工成本 Z 的约束,设总代价

$$F = p_1 W + p_2 Z \tag{6.1.3}$$

其中 F ——总代价；

p_1，p_2——系数，根据复杂度分析法决定；

W，Z ——进行无量纲化取值，定义域均为[0，1]。

则目标函数为总代价最小。

6.1.4.2 变异系数法确定权重

确定权重的方法有很多，根据计算权重时原始数据的来源不同，可以将这些方法分为三类：主观赋权法、客观赋权法、组合赋权法。主观赋权法是根据决策者（专家）主观上对各属性的重视程度来确定属性权重的方法，其原始数据由专家根据经验主观判断而得到。常用的主观赋权法有专家调查法（Delphi 法）、层次分析法（AHP）、二项系数法、环比评分法、最小平方方法等。本文选用的是利用人的经验知识的有序二元比较量化法。主观赋权法是人们研究较早、较为成熟的方法，主观赋权法的优点是专家可以根据实际的决策问题和专家自身的知识经验合理地确定各属性权重的排序，不至于出现属性权重与属性实际重要程度相悖的情况。但决策或评价结果具有较强的主观随意性，客观性较差，同时增加了对决策分析者的负担，应用中有很大局限性。鉴于主观赋权法的各种不足之处，人们又提出了客观赋权法，其原始数据由各属性在决策方案中的实际数据形成，其基本思想是：属性权重应当是各属性在属性集中的变异程度和对其他属性的影响程度的度量，赋权的原始信息应当直接来源于客观环境，处理信息的过程应当是深入探讨各属性间的相互联系及影响，再根据各属性的联系程度或各属性所提供的信息量大小来决定属性权重。如果某属性对所有决策方案而言均无差异（即各决策方案的该属性值相同），则该属性对方案的鉴别及排序不起作用，其权重应为零；若某属性对所有决策方案的属性值有较大差异，这样的属性对方案的鉴别及排序将起重要作用，应给予较大权重.总之，各属性权重的大小应根据该属性下各方案属性值差异的大小来确定，差异越大，则该属性的权重越大，反之则越小。常用的客观赋权法有：主成份分析法、熵值法、变异系数法、多目标规划法等。

其中熵值法用得较多，这种赋权法所使用的数据是决策矩阵，所确定的属性权重反映了属性值的离散程度。客观赋权法主要是根据原始数据之间的关系来确定权重，因此权重的客观性强，且不增加决策者的负担，方法具有较强的数学理论依据。但是这种赋权法没有考虑决策者的主观意向，因此确定的权重可能与人们的主观愿望或实际情况不一致，使人感到困惑。因为从理论上讲，在多属性决策中，最重要的属性不一定使所有决策方案的属性值具有最大差异，而最不重要的属性却有可能使所有决策方案的属性值具有较大差异。这样，按客观赋权法确定权重时，最不重要的属性可能具有最大的权重，而最重要的属性却不一定具有最大的权重。而且这种赋权方法依赖于实际的问题域，因而通用性和决策人的可参与性较差，没有考虑决策人的主观意向，且计算方法大都比较繁锁。根据本问题的目标函数，调查统计法或主成分分析法是最适合的方法，但是考虑到实际情况，没有大量的时间去调查、统计样本，故采用变异系数法确定两个参数的权重系数。变异系数法（Coefficient of Variation Method）是直接利用各项指标所包含的信息，通过计算得到指标的权重。是一种客观赋权的方法。此方法的基本做法是：在评价指标体系中，指标取值差异越大的指标，也就是越难以实现的指标，这样的指标更能反映被评价单位的差距。例如，在评价各个国家的经济发展状况时，选择人均国民生产总值（人均 GNP）作为评价的标准指标之一，是因为人均 GNP 不仅能反映各个国家的经济发展水平，还能反映一个国家的现代化程度。如果各个国家的人均 GNP 没有多大的差别，则这个指标用来衡量现代化程度、经济发展水平就失去了意义。由于评价指标体系中的各项指标的量纲不同，不宜直接比较其差别程度。为了消除各项评价指标的量纲不同的影响，需要用各项指标的变异系数来衡量各项指标取值的差异程度。各项指标的变异系数公式如下：

$$V_i = \frac{\sigma_i}{\bar{x}_i},\ (i=1,\ 2,\ \cdots,\ n) \tag{6.1.4}$$

式中，V_i 是第 i 项指标的变异系数，也称之为标准差系数；σ_i 是 i 项指标的标准差；$\bar{x}_i$ 是 i 项指标的平均数。则各项指标的权重为：

$$p_i = \frac{V_i}{\sum_{i=1}^{n} V_i} \tag{6.1.5}$$

第一步：利用数值模拟计算出的样本，求得拱顶变形和成本的平均值、标准差分别为

$$\bar{x}_1 = 135.97\ \text{mm},\ \bar{x}_2 = 2.029\ 万元,\ \sigma_1 = 39.101\ 1\ \text{mm},\ \sigma_2 = 0.502\ 6\ 万元$$

第二步：求得变异系数分别为

$$V_1 = 0.287\ 6,\ V_2 = 0.247\ 0$$

第三步：归一化求权值。得权分布

$$p_1 = p_w = 0.537\ 2$$
$$p_2 = p_z = 0.462\ 7$$

带入目标函数 $F = 0.537\ 2 \times W + 0.462\ 7 \times Z$，利用智能算法——遗传算法求解目标函数最小值。

6.1.4.3　遗传算法求最优解

遗传算法（Genetic Algorithm）是模拟达尔文生物进化论的自然选择和遗传学机理的生物进化过程的计算模型，是一种通过模拟自然进化过程搜索最优解的方法。遗传算法可以解决多种优化问题，如：TSP 问题、生产调度问题、轨道优化问题等，在现代优化算法中占据了重要的地位，下面简要介绍一下在 MATLAB 软件中利用遗传算法求解目标函数的最小值，所有代码见附录 A。遗传算法的主要过程如图 6-14 所示。

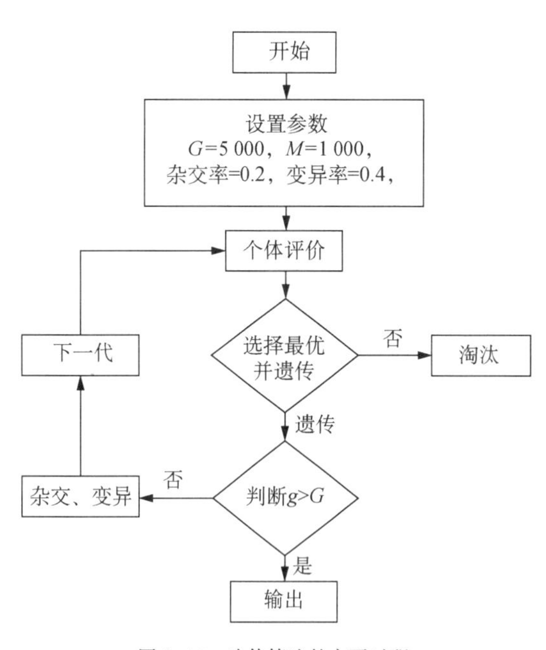

图 6-14　遗传算法的主要过程

1）初始化：设置进化代数计数器 $g=0$，设置最大进化代数 G，随机生成 M 个个体作为初始群体 $P(0)$。

2）个体评价：计算群体 $P(t)$ 中各个个体的适应度，即计算该群体中的最优值。

3）选择运算：将选择算子作用于群体。选择的目的是把优化的个体直接遗传到下一代或通过配对交叉产生新的个体再遗传到下一代。选择操作是建立在群体中个体的适应度评估基础上的，保留最优的基因组合。

4）杂交运算：将杂交算子作用于群体。遗传算法中起核心作用的就是杂交算子。

5）变异运算：将变异算子作用于群体。即是对群体中的个体串的某些基因座上的基因值作变动。群体 $P(t)$ 经过选择、交叉、变异运算之后得到下一代群体 $P(t+1)$。

6）终止条件判断：若 $t=T$，则以进化过程中所得到的具有最大适应度个体作为 最优解输出，终止计算。在程序中，分别设置最大进化代数为 500，1 000，5 000 进行搜索，结果分别如图 6-15、表 6-8 所示。

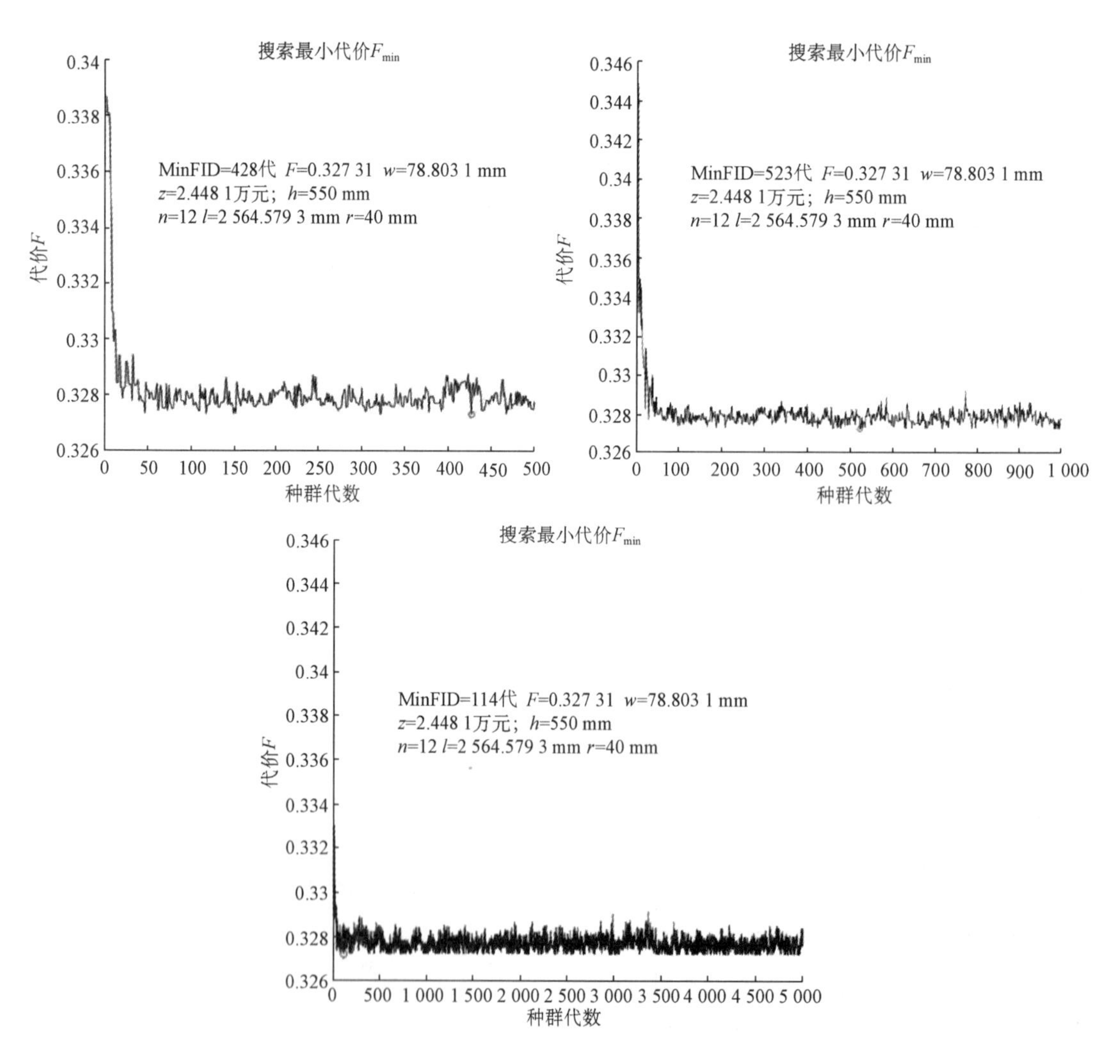

图 6-15　最大种群代数分别为 500，1 000，5 000 的结果

表 6-8　遗传算法结果对比

最大种群代数	最优值代数	Min F	变形 w/mm	成本 /万元	衬砌厚度 h/mm	锚杆根数 n	锚杆长度 L/mm	锚杆半径 r/mm
500	428	0.327 31	78.803	2.448 1	550	12	2 565	40
1 000	523	0.327 31	78.803	2.448 1	550	12	2 565	40
5 000	114	0.327 31	78.803	2.448 1	550	12	2 565	40

可以看到，三次运算均基本收敛，结果相同，说明该算法比较有效。

6.1.5　结论展望

最终最优化的结果为：衬砌厚度 550 mm，锚杆 12 根，长度 2.565 m，半径 40 mm，此时变形为 78.80 mm，成本为 2.45 万元/m，总代价最小为 0.327 31。得出这样的结果是由于没有考虑土方开挖、运输的成本，以及是否侵线，但说明了增厚初衬的性价比很高，衬砌厚度对拱顶沉降的影响很大，而锚杆根数、长度、直径对沉降的影响较小。数值模拟的计算结果不够准确是制约神经网络预测精度和遗传算法寻优精度的主要因素。今后可在通过考虑接触面的相互作用，模拟开挖施工步与临时仰拱，建立三维模型等途径改善结果，提高模拟的准确性。变形和成本的权重系数根据样本的变异系数确定，是目前比较实用的方法，但仍可能和工程实际存在偏差，今后可以利用统计调查法、因子分析法等方法进一步研究。综上所述，本文中所提出的方法比较有效，但仍可以进一步改进数值模型，增加约束条件，优化权重系数，使其更加符合工程实际，以应用于实践。

6.2　案例 2——基于隧道衬砌费用的优化设计

6.2.1　工程背景

本案例是结合田龙岗 2011 年参与的一项江西省交通厅公路隧道项目进行的。依托江西省石吉高速公路偏压连拱隧道的建设，隧道位于江西泰和县中龙乡，隧道起讫桩号为：K148＋145～K148＋665，隧道长度为 520 m，属于曲墙式连拱隧道。隧道处于平曲线中，曲线半径为 1 900 m，隧道纵坡变坡点桩号为 K148＋550，其前后纵坡分别为 1.966% 和 －1.800%，左右线的坡率一致。隧道超高为 2%，进、出洞门均为 1∶1 削竹式洞门。该隧道所处地段的围岩主要为强风化砂岩，初步鉴定为Ⅳ级和Ⅴ级围岩，隧道实际埋深约为 35 m，隧道走向与山体走向斜交，属于典型的偏压连拱隧道。

该连拱隧道典型断面如图 6-16 所示，图 6-17 为隧道施工现场照片。

根据实际工程问题，抽象出需要进行优化计算的模型。按照实现性强和具有实际工程意义的原则，本次优化设计选取连拱隧道的衬砌结构进行优化计算。在实际数值计算中选取的断面如图 6-18 所示。

该隧道的断面几何参数如图 6-19 所示。

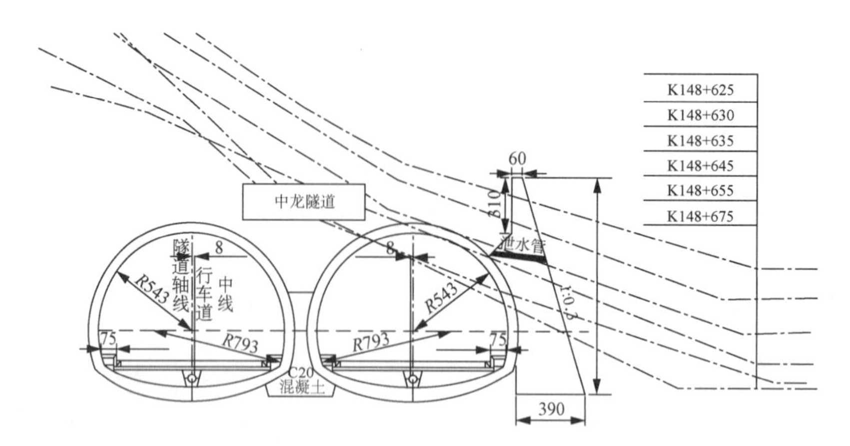

图 6-16 中龙隧道入口处典型断面

图 6-17 中龙隧道施工现场照片

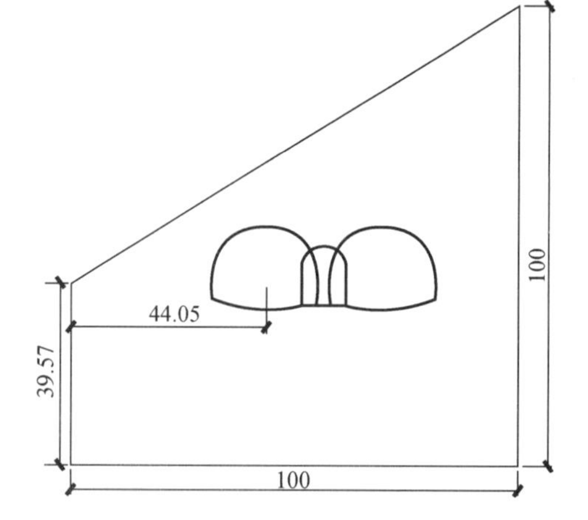

图 6-18 偏压连拱隧道整体模型示意(单位:m)

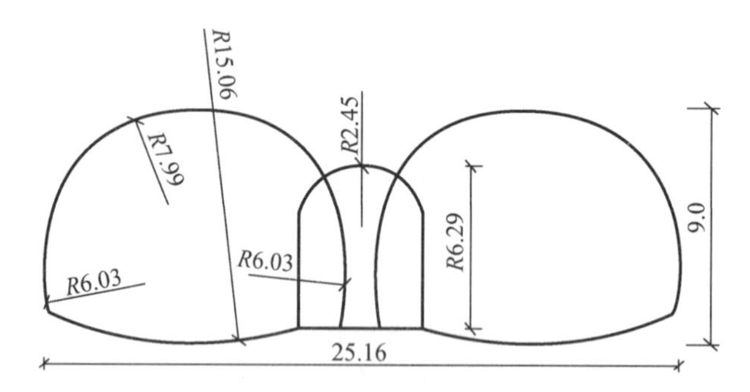

图 6-19 隧道断面几何尺寸(单位:m)

6.2.2 材料计算参数的选取

对于地下工程的数值计算而言,材料计算参数的选取是一个常被简化处理但又十分重要的问题,因为计算参数选择的合理与否直接关系到数值计算的成败。同济大学地下建筑与工程系教授侯学渊先生就曾经说过,数值计算材料参数选取得不对,数值计算就只是

"Garbage in, garbage out",现在听来依然振聋发聩。然而,对于实际工程项目,现场地质勘察报告和岩土勘察报告给出的岩土材料的物理力学参数一般都只是一个大致的范围,而数值计算要求的材料计算参数必须是一个确定值,如何合理地解决这个矛盾呢?我们想到了以下办法。

基于普氏理论与公路隧道设计规范推荐公式在我国隧道工程界的广泛应用,可以通过该公式所得到的松动圈范围来反演数值模型中的计算参数。下面以《公路隧道设计规范》为依据,借助有限元软件 ANSYS,以围岩的极限拉应变为判据给出模型材料的力学性能参数。技术路线如图 6-20 所示。

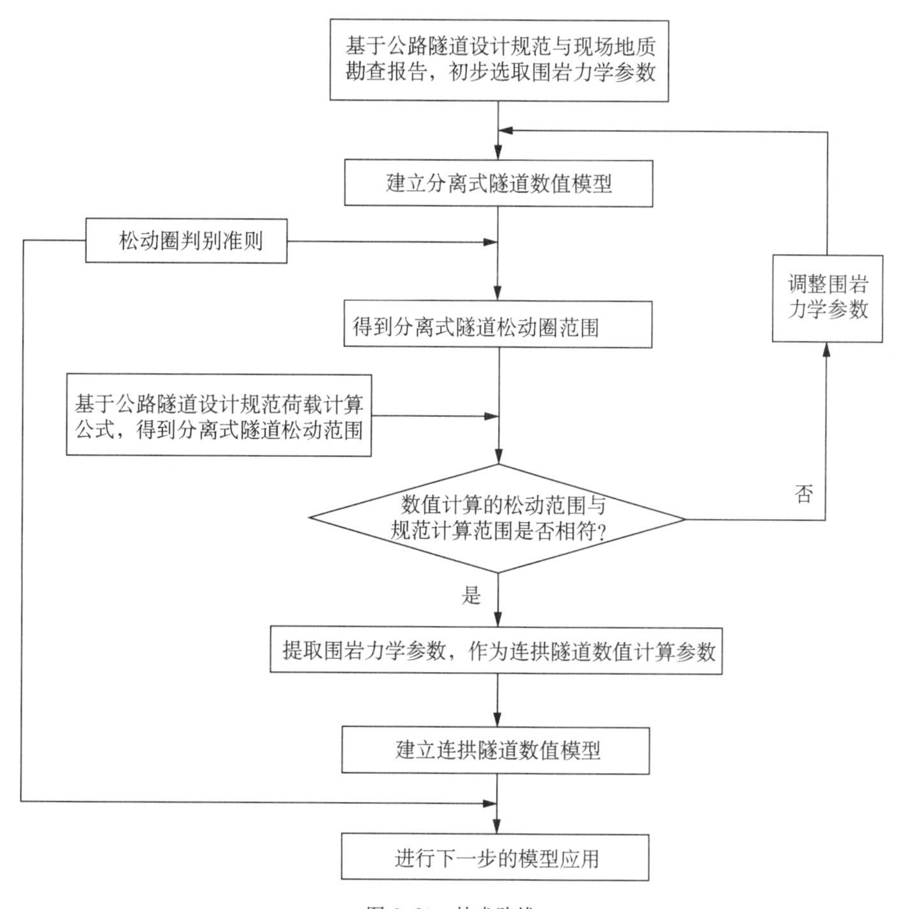

图 6-20 技术路线

按照公路隧道设计规范

$$h = 0.45 \times 2^{S-1}\omega,\ \omega = 1 + 0.1 \times (B - 5) \tag{6.2.1}$$

对于本节依托的双连拱隧道,单洞跨度为 12 m 左右,由此分别计算出Ⅳ级,Ⅴ级围岩的荷载等效高度为:

Ⅳ级围岩:$h = 0.45 \times 2^{S-1}\omega = 0.45 \times 2^3 \times [1 + 0.1 \times (12 - 5)] = 6.12\ \text{m}$

Ⅴ级围岩:$h = 0.45 \times 2^{S-1}\omega = 0.45 \times 2^4 \times [1 + 0.1 \times (12 - 5)] = 12.24\ \text{m}$

根据隧道规范,对于Ⅳ级,Ⅴ级围岩,深浅埋的分界高度为 $h_q = 2.5h$,由此计算出按照隧道规范，Ⅳ级，Ⅴ级围岩深埋隧道的最小埋深分别为：15.3 m 与 30.6 m。实际工程中，由于地表风化层的存在以及岩体结构节理裂隙的影响，深浅埋分界标准不能完全绝对化，一般而言，覆土厚度在 30～50 m 为宜。

结合石吉中龙隧道实际工程，对于Ⅴ级围岩，计算选取断面为 K140＋200，隧道围岩为强风化变余砂岩，结构破碎，隧道埋深 35 m 左右；对于Ⅳ级围岩，计算选取断面为 K140＋235，隧道围岩为弱风化变余砂岩，结构较破碎，隧道埋深 35 m 左右。

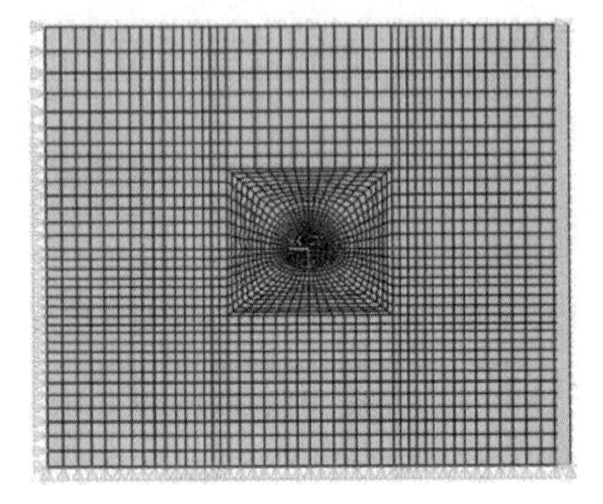

图 6-21　单洞隧道有限元数值模型

由此建立起单洞隧道模型如图 6-21 所示：

一般而言，岩石在力学作用下发生张拉、剪切或拉剪破坏。对于岩土工程，可以用最大拉应变准则解决岩体破坏问题。借鉴已有研究成果，这里采用极限拉应变值确定隧道开挖后围岩松动圈范围。

岩石的极限拉应变可以通过岩石的单轴抗拉强度 $R_{拉}$ 与弹性模量 E 的比值确定：

$$[\varepsilon]=\frac{R_{拉}}{E} \tag{6.2.2}$$

在数值模拟中，通过 ANSYS 路径功能，在隧道顶部布置深度为 20 m 的参考线，等分为 100 段，计算相邻两测点的径向平均拉应变值 ε

$$\varepsilon=\frac{\delta}{\Delta L} \tag{6.2.3}$$

式中，δ 为相邻两测点的相对位移；ΔL 在本数值模拟中为 0.2 m。计算判断松动区深度的表达式为：

$$\varepsilon \geqslant [\varepsilon] \tag{6.2.4}$$

在本例中，$[\varepsilon]$值的选取根据石吉线地质勘查报告（此处参照石吉线五峰山详细地质勘查报告，围岩情况与中龙隧道类似），并参考公路隧道设计规范围岩参数的选取范围 $[\varepsilon]=0.2‰$。

通过反复调整围岩参数，使得计算得到的单洞隧道松动区范围与公路隧道规范中的松动区范围相符合，0°参考线方向极限拉应变与松动区深度的关系如图 6-23 所示。

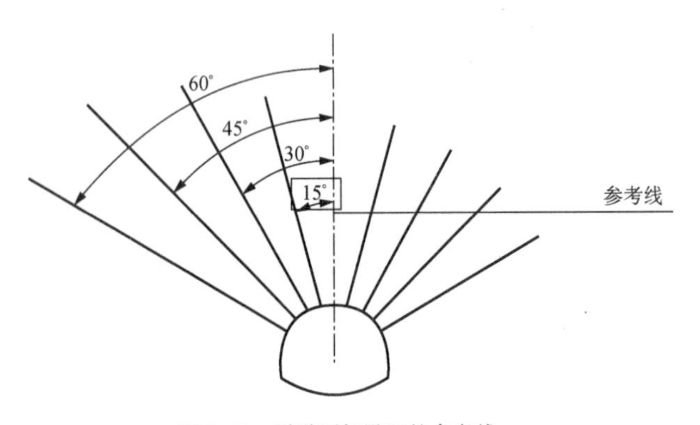

图 6-22　隧道顶部设置的参考线

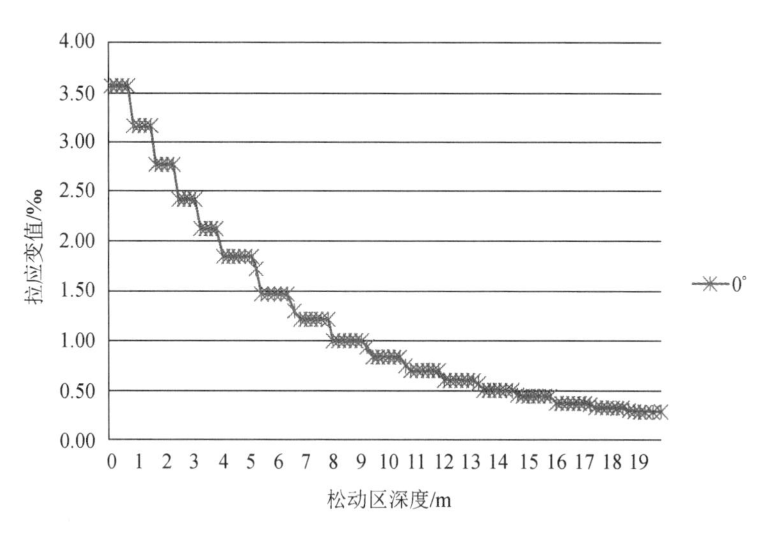

图 6-23　Ⅳ级围岩中 0°参考线方向拉应变与围岩松动区深度关系曲线

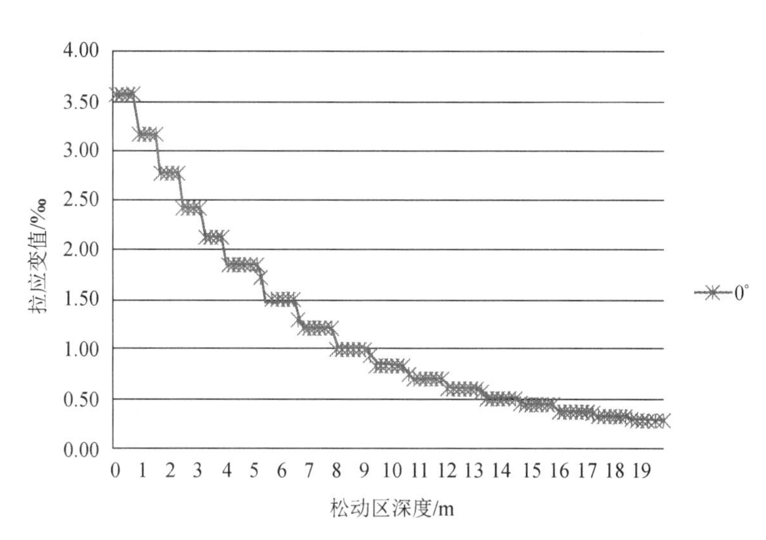

图 6-24　Ⅴ级围岩中 0°参考线方向拉应变与围岩松动区深度关系曲线

通过数值模拟得到的Ⅳ级，Ⅴ级围岩松动区深度如表 6-9 所示。

表 6-9　数值模拟得到的Ⅳ级，Ⅴ级围岩松动区深度

参考线方向	Ⅳ级围岩松动区深度/m	Ⅴ级围岩松动区深度/m
0°方向参考线	6.4	12.8
15°方向参考线	5.8	12.4
30°方向参考线	5.4	11.6
45°方向参考线	5.0	10.2
60°方向参考线	4.6	8.8

根据以上围岩松动区深度绘制出的松动区范围如图 6-25、图 6-26 所示（其中红线为

《公路隧道设计规范》给出的松动区范围，黑线为数值模拟的结果，可见二者是十分接近的）。

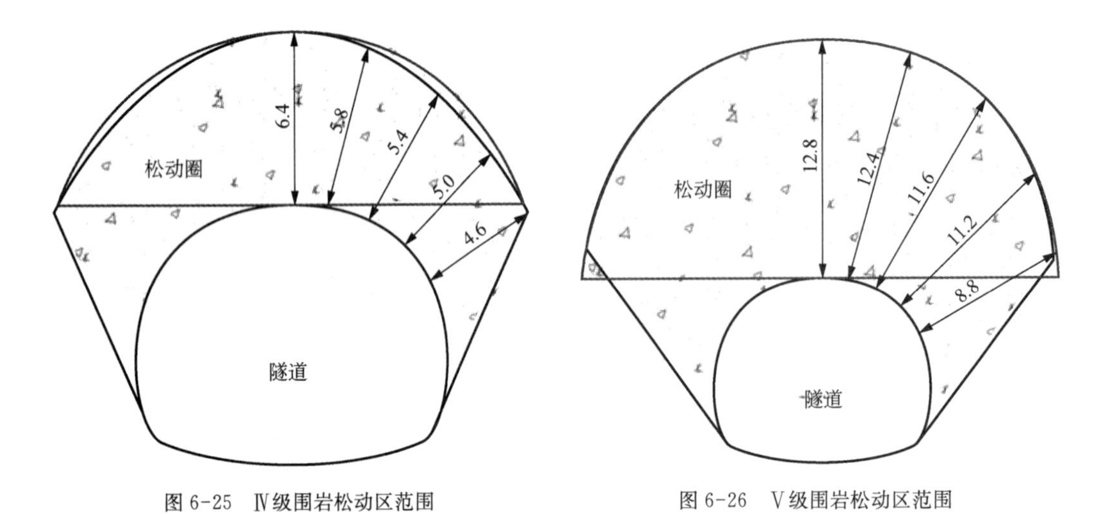

图 6-25 Ⅳ级围岩松动区范围　　　图 6-26 Ⅴ级围岩松动区范围

最终确定的围岩参数如表 6-10 所示：

表 6-10　石吉中龙隧道围岩参数建议表

围岩级别	弹性模量/GPa	泊松比	容重/(kN·m^{-3})	黏聚力/kPa	内摩擦角/(°)
Ⅴ级围岩	1.7	0.40	18.5	150	25
Ⅳ级围岩	5.0	0.35	22	400	35

应该指出，围岩力学参数不是围岩的真实或者绝对的力学参数，由于岩土材料的复杂性，即使对于同一级别围岩，该值亦发生变化。这里将围岩力学参数设为定值，只是为了合理地减少设计变量，便于衬砌结构的优化。优化计算时选取Ⅴ级围岩计算。

6.2.3　基于 ANSYS 的偏压连拱隧道衬砌优化

6.2.3.1　有限元数值模型的建立

按照平面应变处理的有限元模型主要包括两种材料类型，模拟隧道围岩的平面单元和模拟隧道衬砌的梁单元。各材料的相关参数由中反演分析得到。值得指出的是，为了施工开挖时模拟的方便，将相同的材料赋予不同的材料号，此时只是材料的某一项指标稍有不同。数值模型的计算范围根据已有的经验确定。具体是，左右边界距离隧道外边缘均为连拱隧道 3 倍的单洞洞径；下边界距离隧道底边也是 3 倍单洞洞径，上部边界取自由边界。已有的研究无论是数值模拟或是现场实测均证明隧道开挖对周边的影响不会超过 3 倍的洞径。

计算模型选择为平面应变模式，模型的边界条件处理为位移边界条件，具体表述为：左右两侧竖直边界约束其水平方向的位移（即 $u=0$）；底边水平边界约束其竖直方向的位移（即 $v=0$）；上边界视作自由边界，不受约束。整体模型及隧道局部如图 6-27—图 6-30 所示。

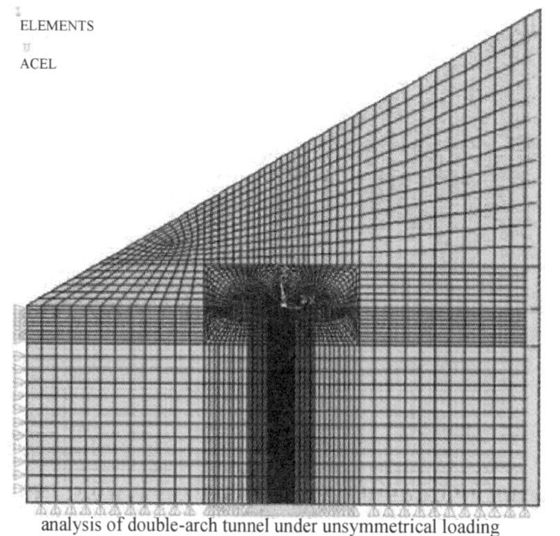

图 6-27　有限元计算整体数值模型

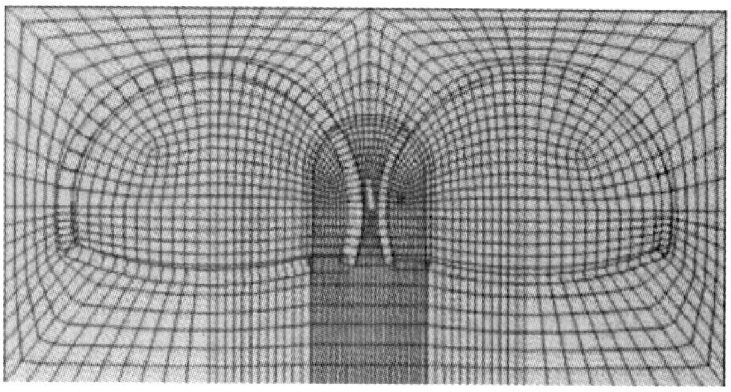

图 6-28　隧道局部详图

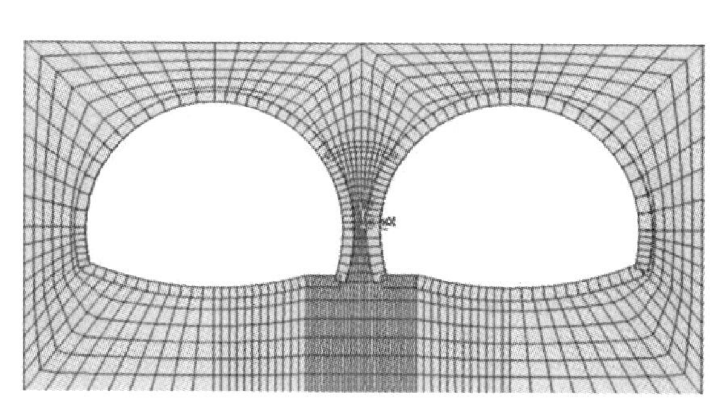

图 6-29　隧道开挖后局部详图

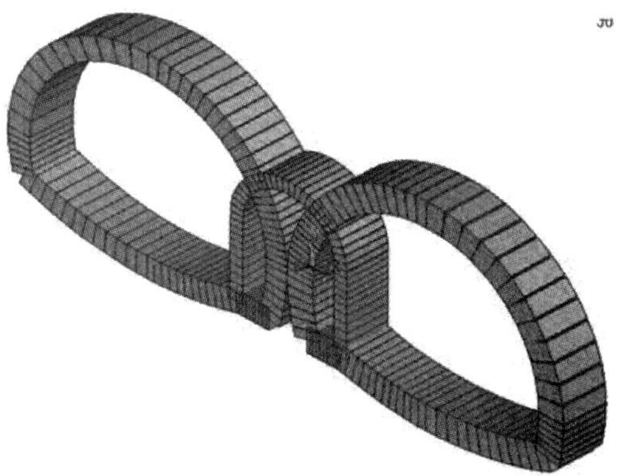

图 6-30　连拱隧道衬砌结构(平面应变实体模式显示)

6.2.3.2　施工工法选择

目前隧道工程界对于连拱隧道有多种施工工法,较为常用的是中导洞上下台阶法施工,本次数值模拟即采用中导洞上下台阶法施工,模拟先开挖埋深较浅一侧(左侧)的方案(图 6-31)。

6.2.3.3　选取设计变量及优化目标

一般而言,工程结构的极限状态包括两方面:正常使用极限状态和承载能力极限状态。正常使用极限状态对应结构或者构件达到正常使用或者耐久性能的某项规定限制;承载能力极限状态对应结构或构件达到最大承载能力或不适于继续承载的状态。

对于公路隧道而言,为满足正常使用所需的建筑限界应该对隧道拱顶沉降和拱底隆起进行控制,使变形不至于太大从而影响正常营运。为了保证结构的安全可靠,应该对衬砌结构的最大拉、压应力进行控制从而不至于出现强度破坏。

据此,选取设计变量为连拱隧道的左洞衬砌厚度 t_1,右洞衬砌厚度 t_3,以及中导洞的衬砌厚度 t_2。考虑到基本的构造要求,t_1, t_3 和 t_2 均需满足一定的范围限制,具体为:

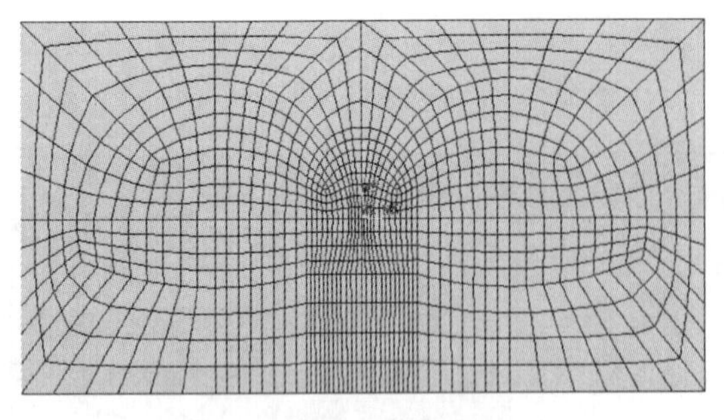

施工步 1:自重应力模拟

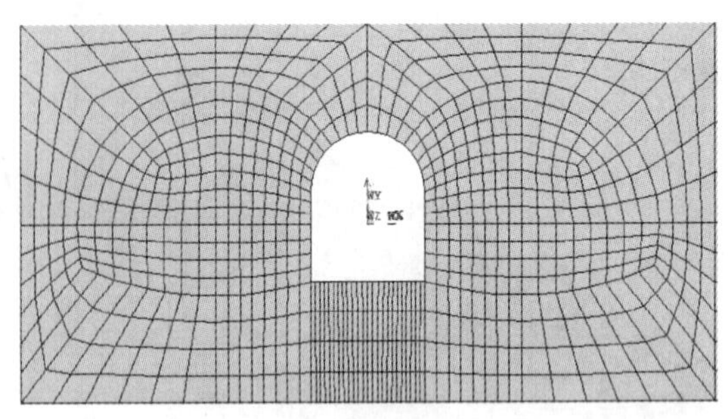

施工步 2:中导洞开挖并支护

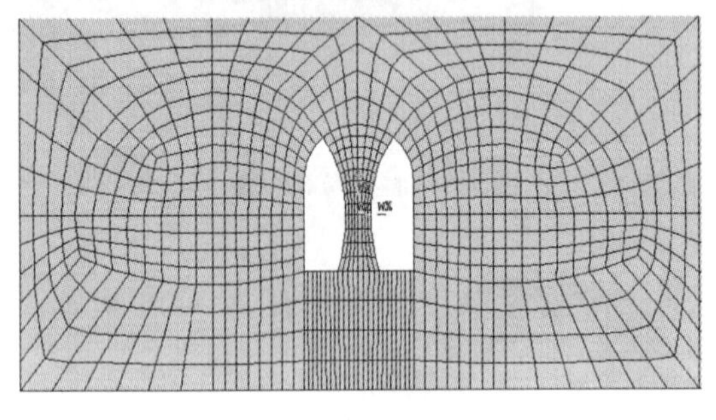

施工步 3:施做中墙

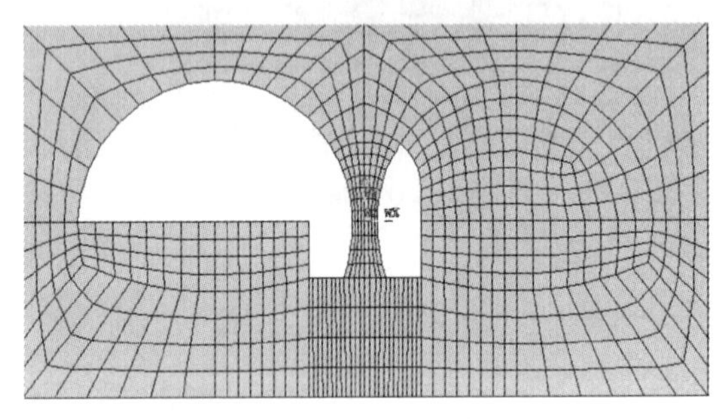

施工步 4:左洞上台阶开挖并支护

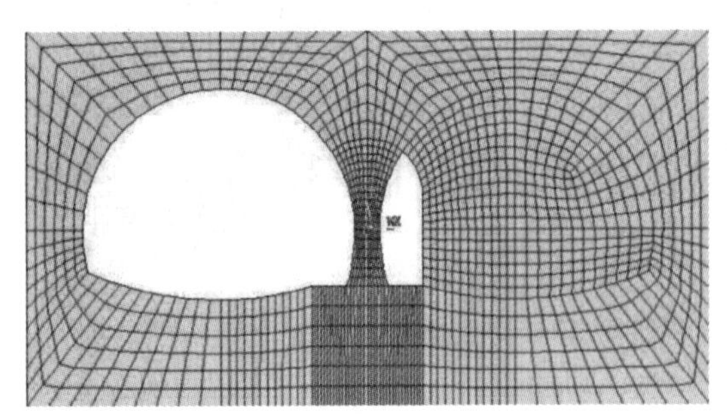

施工步 5:左洞下台阶开挖并支护

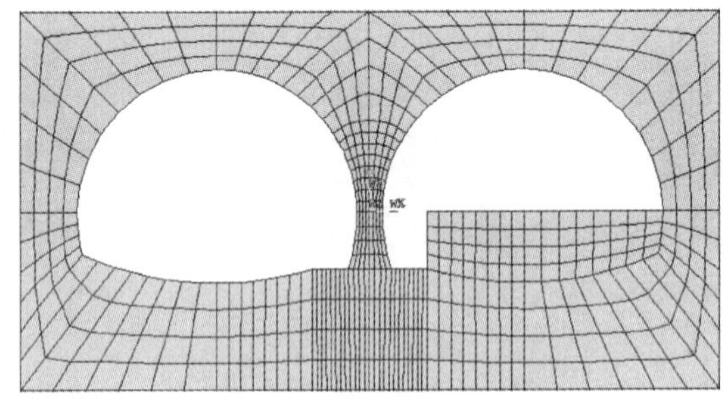

施工步 6:右洞上台阶开挖并支护

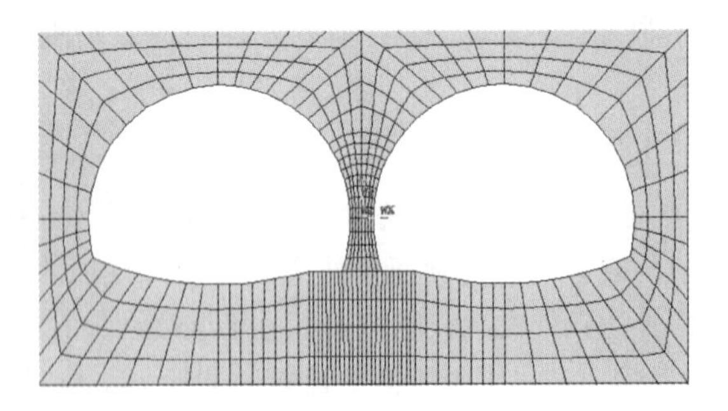

施工步 7:右洞下台阶开挖并支护

图 6-31　先开挖浅埋一侧的施工方案

$$0.3 \leqslant t_1 \leqslant 1.2,\ 0.1 \leqslant t_2 \leqslant 0.5,\ 0.4 \leqslant t_3 \leqslant 1.3 \tag{6.2.5}$$

式中单位为 m。

对该偏压连拱隧道进行优化设计的目标是在保证结构安全可靠并正常发挥功能的前提下，尽最大可能减少衬砌的钢筋混凝土用量，达到降低工程费用，节约经济的目的。优化目标的函数表达式为

$$W(t_1,\ t_2) = C_1 t_1 + C_2 t_2 + C_3 t_3 \tag{6.2.6}$$

式中，C_1 为连拱隧道左洞平均周长，C_2 为中导洞平均周长，C_3 为连拱隧道右洞平均周长，均为常数。

6.2.3.4　选取状态变量

状态变量(State Variables)：状态变量表征设计变量在变化过程中引起的工程控制参数的变化。在本工程实例中，选取不同的状态变量对应不同的极限状态。正常使用极限状态采用变形控制，对连拱隧道左右洞的洞周收敛进行控制。监测断面示意图如图 6-32 所示。

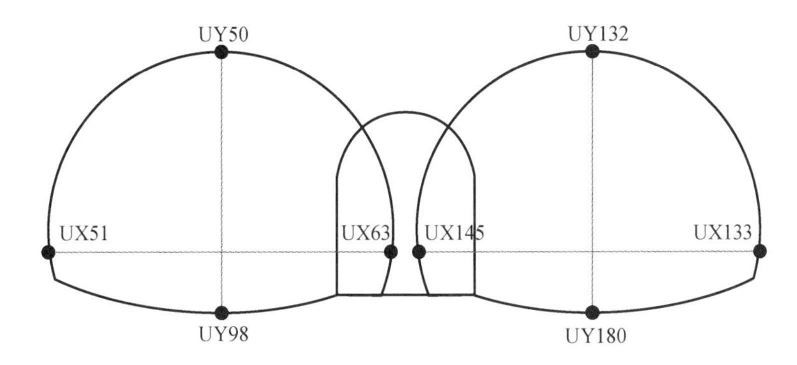

图 6-32　隧道断面监测示意图

正常使用极限状态采用变形控制，表达式为

$$\begin{cases} |\delta_{lb} - \delta_{lt}| \leqslant [\delta],\ |\delta_{rb} - \delta_{rt}| \leqslant [\delta] \\ |\delta_{ll} - \delta_{lr}| \leqslant [\delta],\ |\delta_{rl} - \delta_{rr}| \leqslant [\delta] \end{cases} \tag{6.2.7}$$

式中，δ_{lb}，δ_{lt}，δ_{rb}，δ_{rt} 分别表示左右洞的拱顶沉降和拱底隆起；δ_{ll}，δ_{lr}，δ_{rl}，δ_{rr} 表示左右隧道的水平位移。

按照公路隧道设计规范，取洞周收敛为隧道单洞跨径的 0.6%，即

$$[\delta] = 12 \times 0.6\% = 0.072\ \text{m} \tag{6.2.8}$$

承载能力极限状态采用应力控制，中墙和衬砌结构均采用 C25 钢筋混凝土。按照偏压连拱隧道的工程经验，中隔墙为受力的薄弱环节，因此先对中隔墙的应力进行控制。控制方程如下：

$$\sigma_{\text{eqv}} \leqslant [\sigma_{\text{eqv}}] = 12.583 \times 10^6\ \text{Pa} \tag{6.2.9}$$

此外，还应分别对左右隧道衬砌结构和中导洞衬砌的应力进行控制，方程为

$$-[\sigma_c]=-11.9\times10^6\ \text{Pa}\leqslant\sigma_{l\max}\leqslant[\sigma_t]=1.27\times10^6\ \text{Pa}$$
$$-[\sigma_c]=-11.9\times10^6\ \text{Pa}\leqslant\sigma_{m\max}\leqslant[\sigma_t]=1.27\times10^6\ \text{Pa}$$
$$-[\sigma_c]=-11.9\times10^6\ \text{Pa}\leqslant\sigma_{r\max}\leqslant[\sigma_t]=1.27\times10^6\ \text{Pa} \quad (6.2.10)$$

应力监测断面布置示意图如图 6-33,图 6-34 所示。

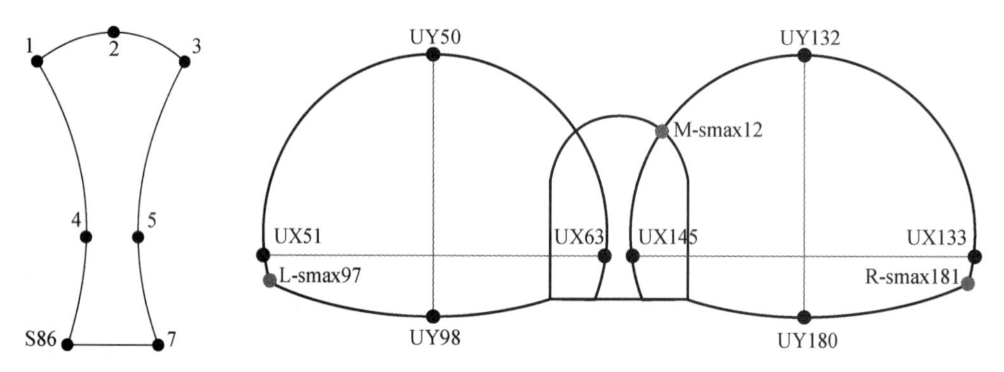

图 6-33　中墙应力监测

图 6-34　衬砌结构应力监测

6.2.3.5　利用 ANSYS 进行衬砌结构的优化

1. ANSYS 优化步骤

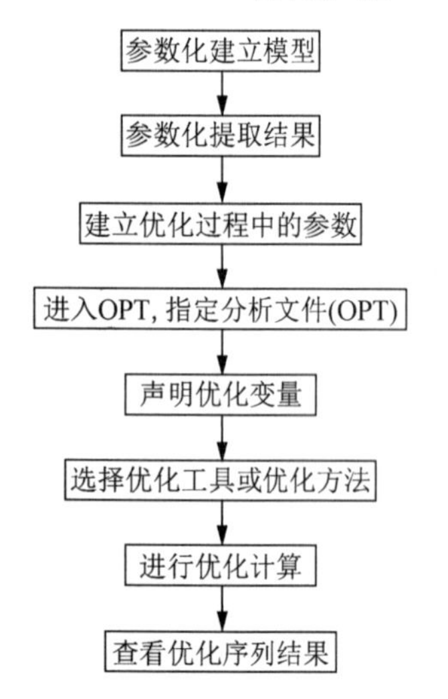

图 6-35　ANASYS 优化设计基本流程

ANSYS 提供了两种优化设计的途径:批处理方法和通过 GUI 交互式地完成,优化设计基本流程见图 6-35。这两种方法的选择取决于用户对于 ANSYS 程序的熟悉程度和是否习惯于图形交互方式。

1) 参数化建立模型

用设计变量作为参数建立模型的工作是在 PREP7 中完成的。本例中,设计变量为左边、中隔墙和右边隧道的衬砌厚度 T_1, T_2 和 T_3。

2) 参数提取并建立优化中的参数

建立模型并进行求解后,进行参数的建立和提取。这些参数一般为设计变量、状态变量和目标函数。提取数据的操作用* GET 命令(Utility Menu > Parameters > Get Scalar Data)实现。通常用 POST1 来完成本步操作,特别是涉及到数据的存储,加减或其他操作。

(1) 提取梁截面应力的命令流:

```
*GET, L-MAXI, ELEM, 97, NMISC, 2
*GET, L-MAXJ, ELEM, 97, NMISC, 4
```

(2) 提取 mises 应力的命令流:

```
*GET, MISes86, NODE, 86, S, EQV
```

（3）提取节点位移的命令流：

```
*GET, DY50, NODE, 50, U, Y
*GET, DY98, NODE, 98, U, Y
*GET, DY180, NODE, 180, U, Y
*GET, DY132, NODE, 132, U, Y
```

（4）计算收敛位移：

```
*SET, DYL, ABS(DY98 - DY50)
*SET, DYR, ABS(DY180 - DY132)
```

这些参数的提取，都是为后面优化设计的状态变量做准备。可以通过 LGWRITE 命令(Utility Menu>File>Write DB Log File)生成命令流文件。LGWRITE 将数据库内部的命令流写到文件 Jobname.LGW 中。内部命令流包含了生成当前模型所用的所有命令。

3）进入 OPT，指定分析文件（OPT）

（1）进入优化处理器：

```
Command: /OPT
GUI: Main Menu>Design Opt
```

（2）指定分析文件：

```
Command: OPANL
GUI: Main Menu>Design Opt>Assign
```

4）声明优化变量

该步中，指定哪些参数是设计变量，哪些参数是状态变量，哪个参数是目标函数。ANSYS 中，允许有不超过 60 个设计变量和不超过 100 个状态变量，但只能有一个目标函数。主要操作如下：

```
Command: OPVAR
GUI: Main Menu>Design Opt>Design Variables
Main Menu>Design Opt>State Variables
Main Menu>Design Opt>Objective
```

对于设计变量和状态变量可以定义最大和最小值，而目标函数不需要给定范围。每一个变量都有一个容差值，这个容差值可以由用户输入，也可以选择由程序计算得出。

5）选择优化工具或优化方法

ANSYS 程序提供了一些优化工具和方法。缺省方法是单次循环。指定后续优化的工具和方法用下列命令：

```
Command: OPTYPE
GUI: Main Menu>Design Opt>Method/Tool
```

优化方法是使单个函数(目标函数)在控制条件下达到最小值的传统化的方法。ANSYS 中提供了一阶方法(First Order)、零阶方法(Sub Problem)、随机方法(Random Design)、阶乘方法(Factorial Tool)、梯度法(Gradient)、等步长搜索(Sweep Tool)以及用户自定义方法(User)。选择合理的方法,对于得到合理的优化计算结果至关重要。

6) 进行优化分析及查看结果

选定优化循环控制后,即可进行分析,进行优化计算,并查看优化计算结果。

2. ANSYS 优化方法对比

1) 零阶方法

用零阶方法求得最优衬砌厚度和衬砌体积的收敛过程如图 6-36 所示。

零阶方法之所以称为零阶方法是由于它只用到因变量而不用到它的偏导数。在零阶方法中有两个重要的概念:目标函数和状态变量的逼近方法,由有约束的优化问题转换为非约束的优化问题。

程序用曲线拟合来建立目标函数和设计变量之间的关系。优化处理器开始通过随机搜索建立状态变量和目标函数的逼近。由于是随机搜索,收敛的速度可能很慢。需要合理的设计初值以加速收敛。每次优化循环生成一个新的数据点,目标函数就完成一次更新。实际上是逼近被求解最小值而并非目标函数。

状态变量也是同样处理的。每个状态变量都生成一个逼近并在每次循环后更新。

用户可以控制优化近似的逼近曲线。可以指定线性拟合,平方拟合或平方差拟合。缺省情况下,用平方差拟合目标函数,用平方拟合状态变量。

状态变量和设计变量的数值范围约束了设计,优化问题就成为约束的优化问题。ANSYS 程序将其转化为非约束问题,因为后者的最小化方法比前者更有效率。转换是通过对目标函数逼近加罚函数的方法计入所加约束的。

搜索非约束目标函数的逼近是在每次迭代中用 Sequential Unconstrained Minimization Technique(SUMT) 实现的,该方法在进行搜索时补偿与设计变量和状态变量无关,可能会导致搜索的越界。

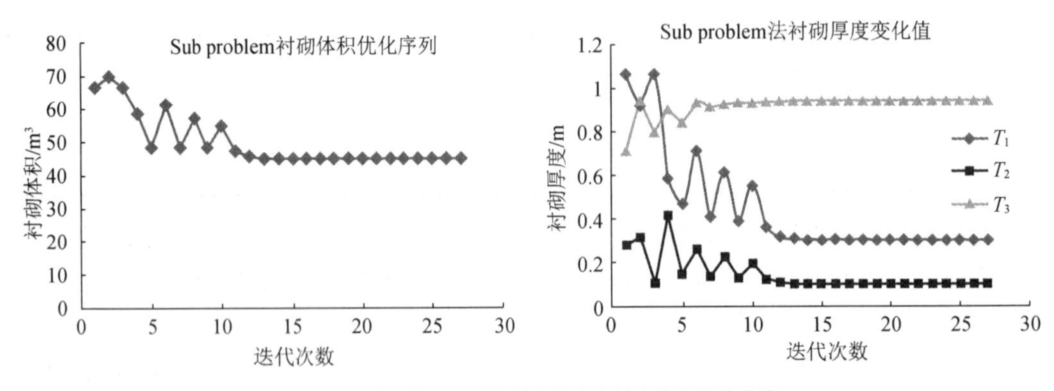

图 6-36 零阶方法得到的衬砌厚度和衬砌体积收敛曲线

一般来说,零阶方法可以解决大多数的工程问题,在基本确定设计空间的时候,一般可以先选择零阶方法进行优化。虽然零阶方法的精度相对较低,但是基本都可以得到全部最优设计序列。

2）一阶方法

用一阶方法求得最优衬砌体积的收敛过程如图 6-37 所示。

同零阶方法一样，一阶方法通过对目标函数添加罚函数将问题转换为非约束的。但是，与零阶方法不同的是，一阶方法将真实的有限元结果最小化，而不是对逼近数值进行操作。

一阶方法使用因变量对设计变量的偏导数。在每次迭代中，梯度计算（用最大斜度法或共轭方向法）确定搜索方向，并用线搜索法对非约束问题进行最小化。因此，每次迭代都有一系列的子迭代（其中包括搜索方向和梯度计算）组成。这就使得一次优化迭代有多次分析循环。

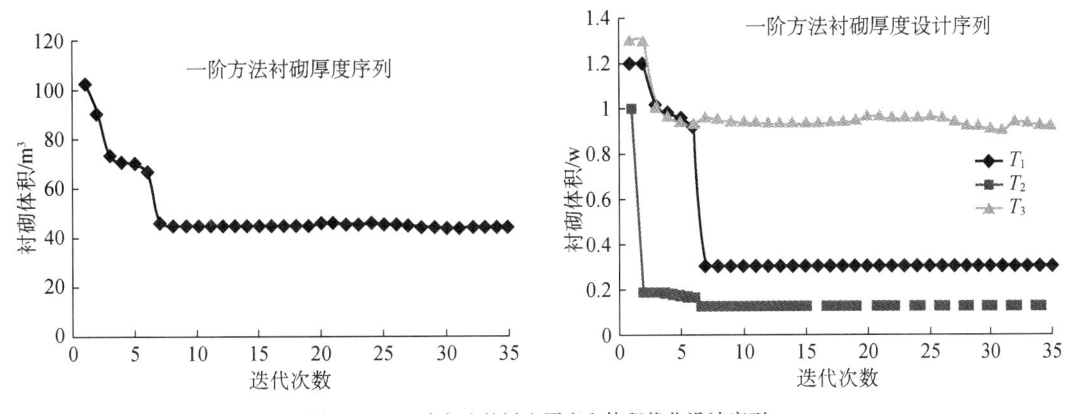

图 6-37 一阶方法的衬砌厚度和体积优化设计序列

一阶方法精度高，但是计算代价也很大。同时，一阶方法还有一些需要特别注意的：

(1) 一阶方法可能在不合理的设计序列上收敛。这时可能是找到了一个局部最小值，或是不存在合理设计空间。如果出现这种情况，可以使用零阶方法，因其可以更好的研究整个设计空间。也可以先运行随机搜索确定合理设计空间（如果存在的话），然后以合理设计序列为起点重新运行一阶方法。

(2) 一阶方法更容易获得局部最小值。这是因为一阶方法从设计空间的一个序列开始计算求解，如果起点很接近局部最小值的话，就会选择该最小值而找不到全局最小值。一般可以用零阶方法或随机搜索验证得到的是否为局部最小值。

3）随机搜索法

用随机方法求得最优衬砌体积的收敛过程如图 6-38 所示。

程序完成指定次数的分析循环，并在每次循环中使用随机搜索变量值。可以用 OPRAND 命令指定最大迭代次数和最大合理设计数。随机搜索法往往作为零阶方法的先期处理，它也可以用来完成一些小的设计任务。随机方法也能给出一定的优化设计序列（图 7）。

4）等步长搜索法

等步长搜索法用于在设计空间内完成扫描分析。将生成 $n \times NSPS$ 个设计序列，n 是设计变量的个数，$NSPS$ 是每个扫描中评估点的数目。对于每个设计变量，变量范围将划分为 $(NSPS-1)$ 个相等的步长，进行 $NSPS$ 次循环。问题的设计变量在每次循环中以步长递增，其他的设计变量保持其参考值不变。

5）乘子计算法

本工具[OPTYPE，FACT]用二阶技术生成设计空间上极值点上的设计序列数值。（这个二阶技术在每个设计变量的两个极值点上取值。）可以用 OPFACT 命令（Main Menu > Design Opt > Method/Tool）指定是完成整体的还是部分子的评估。对于整体评估，程序进行 $2n$ 次循环，n 是设计变量的个数。1/2 部分的评估进行 $2n/2$ 次循环，依此类推。

6）最优梯度法

最优梯度法计算设计空间中某一点的梯度。梯度结果用于研究目标函数或状态变量的敏感性。梯度法在开始迭代时收敛较快，但越接近最优点，步长越小，逼近函数极小的过程是"之"形的，可能在可行域内无法得到最优的值。

在本例中，无论选取初始值为多少，发现都难以得到较好的优化设计值，优化搜索只是在初始值附近循环，这可能与模型本身有关，也说明用该方法可能有很大的模型依赖性。

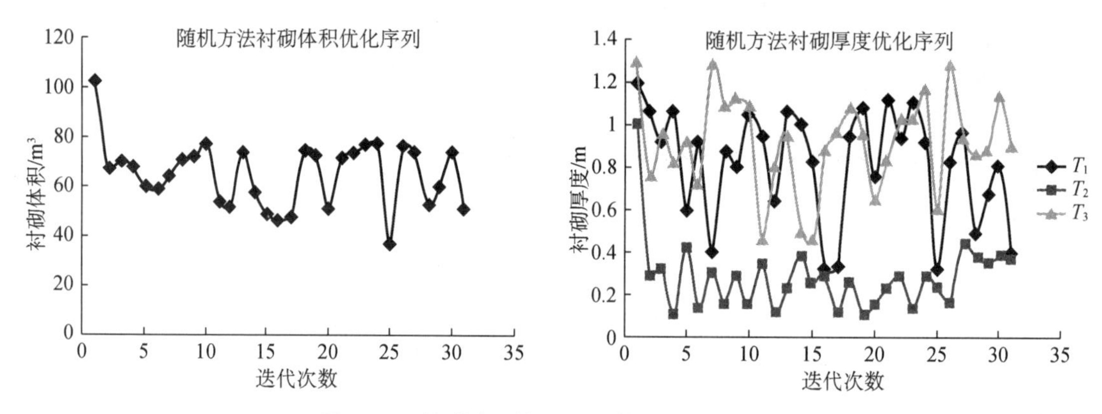

图 6-38 随机搜索法衬砌厚度和体积优化设计序列

表 6-11 三种优化设计方法对比分析

设计量	随机优化法	零阶优化法	一阶优化法
T_1/m	0.332 2	0.301 8	0.300 00
T_2/m	0.119 6	0.100 8	0.105 11
T_3/m	0.969 2	0.944 8	0.943 75
W/m^3	47.23 9	45.040	45.004

从表 6-11 可以看出，随机搜索方法一般也能给出合理的优化设计值，但是，该值的合理性与计算次数有关。零阶方法能得出较好的优化序列，运用一阶方法进行计算时，二者值比较接近，说明在本例的，零阶方法得到比较合理的值，一阶方法得到的是全局最优的较高精度的设计序列。

3. ANSYS 优化方法总结

ANSYS 提供的几种优化方法，对于解决优化问题比较有效。

1）当设计空间不确定时，一般可以先运用随机方法确定设计空间。

2）有确定的设计空间时，先选取零阶优化方法进行优化。随机方法得到的优化序列可以作为零阶方法的初始值，以加快迭代收敛。零阶方法可以解决大多数的工程问题，且得到的都是全局最优解。零阶方法计算效率高，应该为多数工程的首选，尤其是精度要求不高时。

3）当精度要求较高时，可以在零阶方法的基础上，进行一阶优化。一阶优化计算代价较大，得到的可能还不是全局最优解，所以在运用一阶方法之前，需要对该工程的优化取值范围有大致的了解。

6.2.4　MATLAB 联合 ANSYS 优化衬砌结构

在 6.2.3 节中已经实现了本工程问题在 ANSYS 软件中的优化。鉴于数值计算软件 MATLAB 在优化计算方面的强大功能，本节尝试将 MATLAB 和 ANSYS 联合起来进行偏压连拱隧道衬砌结构的优化。

6.2.4.1　工程问题数学模型抽象化

MATLAB 是一个数学软件，其强大的优化功能只能在已有明确的数学模型的基础上实现。而本问题是一个实际的工程问题，因而首先需要将其抽象为一个数学模型。

由于本模型采用地层——结构法计算，并且进行的是岩土体的弹塑性分析，因而是一个高度的非线性问题。从数学上来讲，其非线性主要表现在约束条件的高度非线性，即状态变量是设计变量的非线性函数，而这种非线性关系是无法给出显式表达式的。

利用有限元软件 ANSYS 进行数值计算，由优化工具箱的随机法（Random Designs）使设计变量在限制范围内随机变化 20 次，研究整个设计空间，并得到 20 组各状态变量和设计变量的对应数据。利用 MATLAB 内置拟合函数将各状态变量拟合为设计变量的 3 次齐次多项式，该多项式的项数表达式如下：

$$
\begin{aligned}
A=[&1,\ t_1,\ t_2,\ t_3,\ t_1^2,\ t_2^2,\ t_3^2,\ t_1\times t_2,\ t_2\times t_3,\ t_3\times t_1,\ t_1^3,\ t_2^3,\ t_3^3,\ t_1^2\times t_2,\ t_1^2\times t_3,\\
&t_2^2\times t_1,\ t_2^2\times t_3, t_3^2\times t_1,\ t_3^2\times t^2,\ t_1\times t_2\times t_3]
\end{aligned}
\tag{6.2.11}
$$

这样，该工程问题最终转化为的数学模型为：

$$
\begin{cases}
\min f(t)=34.885\,2\times(t_1+t_3)+15.372\times t_2\\
\text{s.t. } 0.3\leqslant t_1\leqslant 1.2,\ 0.1\leqslant t_2\leqslant 0.5,\ 0.4\leqslant t_3\leqslant 1.3\\
\quad 0< S86=AZ1\leqslant 1.258\,3\text{E}7\\
\quad -1.19E7\leqslant L\_SMAX=AZ2\leqslant 1.27\text{E}6\\
\quad -1.19E7\leqslant M\_SMAX=AZ3\leqslant 1.27\text{E}6\\
\quad -1.19E7\leqslant R\_SMAX=AZ4\leqslant 1.27\text{E}6\\
\quad 0< L\_UX=AZ5\leqslant 0.024\\
\quad 0< L\_UY=AZ6\leqslant 0.024\\
\quad 0< R\_UX=AZ7\leqslant 0.024\\
\quad 0< R\_UY=AZ8\leqslant 0.024
\end{cases}
\tag{6.2.12}
$$

式中　$f(t)$——目标函数，单位米延长的衬砌总体积；

S86——中隔墙最大 MISES 等效应力；

L_SMAX——隧道左洞衬砌最大应力；
M_SMAX——隧道中导洞衬砌最大应力；
R_SMAX——隧道右洞衬砌最大应力；
L_UX——隧道左洞水平收敛；
L_UY——隧道左洞竖向收敛；
R_UX——隧道右洞水平收敛；
R_UY——隧道右洞竖向收敛。

拟合得到的状态变量关于设计变量的系数矩阵见表6-12。

表6-12 由设计变量拟合状态变量的多项式系数矩阵

Z1	Z2	Z3	Z4	Z5	Z6	Z7	Z8
1.0e+007*	1.0e+007*	1.0e+008*	1.0e+007*	1.0*	1.0*	1.0*	1.0*
2.506 8	−1.930 4	−1.136 4	−2.339 5	0.014 1	0.007 0	0.003 8	0.014 5
−3.315 7	3.115 6	3.684 6	−2.410 9	−0.036 3	−0.005 4	−0.009 3	−0.012 4
−1.322 6	−0.018 2	−2.617 4	−2.562 6	−0.012 7	0.001 1	−0.004 9	−0.008 8
−0.378 3	0.096 5	0.881 7	3.782 0	−0.012 1	−0.000 1	−0.000 4	−0.009 8
1.687 9	−2.422 0	−2.073 9	1.681 9	0.031 5	0.004 5	0.006 2	0.008 5
1.958 1	0.667 0	−0.798 5	0.140 8	0.004 1	−0.001 7	0.000 0	0.002 6
−1.339 8	−0.055 0	0.592 2	−3.487 7	0.002 6	−0.000 9	−0.001 2	0.005 2
3.550 4	−0.033 2	−0.126 7	2.826 2	0.025 0	0.001 5	0.007 7	0.012 2
−1.832 5	−0.423 7	5.746 3	2.679 5	0.004 2	−0.002 4	0.003 3	0.003 6
3.289 7	0.004 6	−4.290 8	1.883 4	0.020 6	0.001 6	0.006 3	0.008 7
−0.498 6	0.697 9	0.441 9	−0.396 2	−0.010 6	−0.001 7	−0.001 5	−0.002 2
−1.065 8	−0.153 5	1.507 8	0.740 4	0.013 9	−0.000 1	0.001 6	0.001 1
0.719 3	0.035 3	−0.486 9	1.016 1	0.000 6	0.000 5	0.000 1	−0.002 0
−0.326 9	0.103 9	0.059 8	−0.341 4	−0.004 8	−0.000 7	−0.000 5	−0.000 0
−0.802 0	0.040 5	1.104 1	−0.761 3	−0.005 0	−0.000 4	−0.002 3	−0.003 2
−3.588 1	−0.582 3	1.786 3	−0.918 6	−0.019 1	−0.000 3	−0.004 1	−0.008 3
3.103 8	0.116 3	−2.075 2	0.257 8	0.002 7	0.002 1	0.002 9	0.005 3
−0.707 8	−0.061 6	1.309 8	−0.084 0	−0.005 3	−0.000 4	−0.000 7	−0.000 7
0.924 1	0.110 3	−2.226 0	−0.430 7	0.002 4	0.000 8	0.000 5	0.002 0

6.2.4.2 构造优化函数

本次优化计算调用MATLAB优化工具箱的有约束非线性优化函数fmincon().其表达格式为：

```
[x, fval, exitflag, output, lamda] = fmincon(fun, x0, A, b, Aeq, beq, lb, ub, nonlcon, options)
```

上式输出列表中，x 为设计变量的优化值，fval 为对应于设计变量的函数值，exitflag 为算法终止原因输出，output 是其他的相关输出选项。

在输入参数列表中，fun 表示优化函数；x0 为设计变量初始值；A，b 为满足线性关系式 $Ax=b$ 的系数矩阵；Aeq 和 beq 是满足线性等式 $Aeq\times x=beq$ 的系数矩阵；lb 和 ub 是变量 x 的下限和上限；参数 nonlcon 表示满足非线性约束关系 c(x)≤0 和 ceq(x)=0 的优化情况，是本问题的主要控制指标；参数 options 是优化的属性设置，默认为采用大规模算法(large scale)。所谓大规模问题指的是出现在工程，化学等领域中有大量优化变量的问题。由于自变量的维数很高，这样的问题是被分解成多个低维子问题来求解的。Medium-Scale 优化问题实际上是 MATLAB 软件包提出和大规模问题对应的一个概念，就是通常一般的优化算法，如牛顿法，最速下降法之类的处理优化变量不是很多的问题。针对本数学模型只有 3 个优化变量，且状态变量只是设计变量的 3 次表达式，选用 medium scale 设置。

6.2.4.3　构造非线性约束函数

对于已经抽象的数学模型而言，要调用 MATLAB 优化函数 fmincon()的关键是构造相关非线性优化函数。在 MATLAB 工作空间建立如下的非线性约束函数：

```
function [c,ceq] = Nonlinearcon(t)
% definition of the nonlinear constrain
% input data:
% t------design variables
% output data
% c------unequal constrains
% ceq----equal constrains
% %
ceq = [];
    z1 = [25068198.5522036; - 33157241.0197501; - 13225861.5092695; - 3782584.85480284;
16878583.6518718;19581310.2502938; - 13398071.8895233;35503572.2279070; - 18324963.4952565;
32896685.9060049; - 4986376.62629713; - 10657651.9262507;7192560.36734058; -
3268720.84862883; - 8020379.32688981; - 35880758.1983084;31037557.9673907; - 7078187.72089911;
9241345.35168539; - 14963295.8982707];
    z2 = [ - 19304298.4213873;31155858.6630687; - 182213.508859899;965305.825956092; -
24219995.9229515;6670248.46601984; - 549922.888422540; - 332073.802312716; - 4237303.35901532;
45710.3505387453;6979347.20915484; - 1534950.42689339;352828.109022318;1038512.95385005;
405357.384892755; - 5822886.09504116;1163416.29846471; - 616098.260911258;1103368.86764218;
1891754.81838941];
    z3 = [ - 113639320.278302;368462248.496086; - 261742544.739717;88172015.2745322; -
207392362.359503; - 79848218.0059170;59215153.6201087; - 12674155.1240482;574627789.538378; -
429083942.743615;44187523.6859195;150782432.009598; - 48689670.6792006;5982613.73162765;
110409120.155812;178628549.558367; - 207519774.745124;130978652.610826; - 222602757.142924; -
89830599.8756627];
    z4 = [ - 23394728.2475152; - 24108639.3749427; - 25625608.4291397;37820261.9093245;
16818892.8765273;1408420.20475871; - 34877349.3996488;28261977.8106761;26795055.9662523;
18833515.6121533; - 3962490.96573128;7403928.24270700;10161108.8018327; - 3413756.16531494;
```

```
- 7612782. 05892942; - 9185874. 01073007;2578252. 37660602; - 840276. 750977368; -
4306718. 40347551; - 20749217. 5795012];
    z5 = [0. 0140888040893211; - 0. 0363056672015123; - 0. 0127178014129256; -
0. 0120906919608090;0. 0315234553979052;0. 00405454333169367;0. 00264941378820012;
0. 0250160694605745;0. 00415741543839361;0. 0205845912193575; - 0. 0106288165906862;
0. 0139235639461333;0. 000 604331529922619; - 0. 00477131795485968; - 0. 00502060631160816; -
0. 0191447547712434;0. 00270742018818064; - 0. 00527257602960294;0. 00238713319567861; -
0. 0114665643764148];
    z6 = [0. 00703900265897420; - 0. 00543910349934329;0. 00106722423757224; -
9. 98436876641933e - 05;0. 00449019076455422; - 0. 00172086671634881; - 0. 000 852939941678536;
0. 00152986813481359; - 0. 00235242232595397;0. 00159560883222286; - 0. 00170419894334539; -
9. 90759257065962e - 05;0. 000 456901238888225; - 0. 000 692277326867540; - 0. 000
362953156219477; - 0. 000 319699276580616;0. 00205257463163276; - 0. 000 406266380997463;
0. 000 785030166438997; - 0. 000 474962317685993];
    z7 = [0. 00384230792952753; - 0. 00931907073017069; - 0. 00494161027598015; - 0. 000
35347060 0005636;0. 00620348126739545;4. 22870816039851e - 05; - 0. 00120645275119208;
0. 00769791925795105;0. 00328257921234268;0. 00626863300233470; - 0. 00147515105327291;
0. 00155823565310274;0. 000 137167916622574; - 0. 000 511384873574178; - 0. 00228218201310948; -
0. 00405279565982355;0. 00291059877889372; - 0. 000 680676343108011;0. 000 522860846292584; -
0. 00570138458350455];
    z8 = [0. 0145242634879468; - 0. 0124370613530301; - 0. 00881096158395476; -
0. 00983535755508104;0. 00845843956045419;0. 00261416861918003;0. 00519917106512632;
0. 0122101402659376;0. 00364108335031374;0. 00867915185554432; - 0. 00221000191822330;
0. 00107069184250504; - 0. 00197857401986942; - 4. 99666208165418e - 06; - 0. 00317800805183385; -
0. 00832744469827067;0. 00532512404920093; - 0. 000 707877859244538;0. 00197493866971212; -
0. 00928146829055365];
z = [z1 z2 z3 z4 z5 z6 z7 z8  - z1  - z2  - z3  - z4  - z5  - z6  - z7  - z8];
a = [1 t(1) t(2) t(3) t(1)^2 t(2)^2 t(3)^2 t(1) * t(2) t(2) * t(3) t(3) * t(1) t(1)^3 t(2)^3 t(3)^
3 t(1)^2 * t(2) t(1)^2 * t(3) t(2)^2 * t(1) t(2)^2 * t(3) t(3)^2 * t(1) t(3)^2 * t(2) t(1) * t(2) * t
(3)];
p = [1. 2583e7 1. 27e6 1. 27e6 1. 27e6 0. 072 0. 072 0. 072 0. 072 0 1. 19e7 1. 19e7 1. 19e7 0 0 0 0];
c = a * z - p;
 % %
```

6.2.4.4 构造目标函数

取连拱隧道单位米延长衬砌总体积为优化目标函数 TotalVolu(t)，在 MATLAB 工作空间编写目标函数如下：

```
function vtot = TotalVolu(t)
% object function of optimization
% input data:
% thickness of the lining
% output data:
% total volume of the lining
```

```
%%
vtot = 34.8852 * (t(1) + t(3)) + 15.372 * t(2);
%%
```

6.2.4.5　优化结果输出

在 MATLAB 命令窗口输入如下命令：

```
t0 = [0.6 0.3 0.7];
lb = [0.3 0.1 0.4];
ub = [1.2 0.5 1.3];
options = optimset('largescale','off','display','iter');
[t,fval,exitflag,output,lamda,grad,hessian] = fmincon(@TotalVolu,t0,[],[],[],[],lb,ub,@
Nonlinearcon,options)
```

运行程序后输出如下：

```
                                   max                    Directional    First-order
 Iter     F-count      f(x)     constraint   Step-size    derivative     optimality      Procedure
  0          4       49.9624    2.744e+006                                             Infeasible start
point
  1          8       42.5427    3.223e+005       1           -7.42          20.5
  2         12       44.1584    1.127e+004       1            1.62          11.9
  3         16       44.2243      19.19          1            0.0659        0.0474
  4         20       44.2244    8.398e-005       1            0.000123      4.56e-005     Hessian modified
  5         24       44.2244    1.863e-009       1            5e-010        1.13e-006     Hessian modified
Optimization terminated: first-order optimality measure less than options.TolFun
 and maximum constraint violation is less than options.TolCon.
Active inequalities (to within options.TolCon = 1e-006):
  lower      upper     ineqlin     ineqnonlin
    1                                  1
                                      12
t =
          0.3000    0.1099    0.9193
fval =
          44.2244
exitflag =
          1
output =
          iterations: 5
          funcCount: 24
          stepsize: 1
          algorithm: 'medium-scale: SQP, Quasi-Newton, line-search'
          firstorderopt: 1.4521e-014
```

```
          cgiterations: []
          message: [1x143 char]
lamda =
          lower: [3x1 double]
          upper: [3x1 double]
          eqlin: [0x1 double]
          eqnonlin: [0x1 double]
          ineqlin: [0x1 double]
          ineqnonlin: [16x1 double]
grad =
          34.8852
          15.3720
          34.8852
hessian =
            0.6317      1.8141    -4.5441
            1.8141     22.3890   -43.5973
           -4.5441    -43.5973    87.1275
```

最终得到的优化结果和利用 ANSYS 优化的结果列于表 6-13。

表 6-13　利用 MATLAB 和 ANSYS 的优化结果比较

项目	ANSYS 零阶方法	ANSYS 一阶方法	MATLAB 优化
S86	1.26E+07	1.24E+07	1.25+E07
L_SMAX	−8.78E+06	−8.71E+06	−1.15+E07
M_SMAX	−5.89E+06	−1.36E+06	−1.83+E05
R_SMAX	−1.20E+07	−1.19E+07	−1.19+E07
L_UX	3.60E−04	2.78E−04	9.68E−04
L_UY	5.24E−03	5.26E−03	5.60E−03
R_UX	1.47E−03	1.38E−03	1.63E−03
R_UY	6.73E−03	6.77E−03	7.03E−03
T1	0.301 8	0.300 00	0.300 0
T2	0.100 8	0.105 11	0.109 9
T3	0.944 8	0.943 75	0.919 3
VTOT	45.040	45.004	44.224 4

6.2.4.6　小结与思考

本节通过联合数值计算软件 MATLAB 和有限元计算软件 ANSYS 对该偏压连拱隧道衬砌结构进行优化，可以得出以下结论：

1）利用通用有限元软件 ANSYS 进行地下工程结构优化设计是一个可行的方法。ANSYS 优化工具模块内置有零阶优化算法和一阶优化算法。零阶算法具有强大的全局寻优能力但精度较低，一阶算法计算精度较高但容易陷入局部最优解。建议在实际工程优化计算时采用零阶算法和一阶算法配合进行，可以取得较为合理的优化结果。

2）数值计算软件 MATLAB 具有很强的数值计算功能，其优化工具箱内置多种功能强大的优化算法。但对于实际工程问题往往难以写出约束条件的显式表达式，可以利用 ANSYS 先得到有限元数值计算解，然后调用 MATLAB 的优化函数进行优化。

3）总体上来讲，ANSYS 的一阶算法精度高于零阶算法，而 MATLAB 的优化结果又优于 ANSYS 的一阶算法。如有实际 监测数据，可以考虑使用神经网络等更为高级的优化算法。

4）从优化结果来看，主洞衬砌结构的应力约束起了控制性作用。这主要是因为该连拱隧道采用的是整体式直中墙结构，衬砌在与中墙交汇处存在“尖角”，导致过大的应力集中。建议在实际工程中采用弧度更为缓和的整体式曲中墙或三层曲中墙。

6.2.5 功能函数求解

通过对工程问题进行分析，发现偏压连拱隧道优化设计中的 8 个输出功能约束条件主要受到以下 9 个参数决定：左洞衬砌厚度 t_1；右洞衬砌厚度 t_2；中洞衬砌厚度 t_3；岩体弹性模量 E_{rock}；岩体泊松比 u_{rock}；岩体黏聚力 c；岩体内摩擦角 φ；衬砌弹性模量 E_{linear}；衬砌泊松比 u_{linear}。

以上 9 个工程输入参数中，岩体泊松比与衬砌泊松比的变异性性较小，可以进一步简化处理为 2 个常数。则 8 个功能输出约束条件可以简化为其他 7 个参数的表达式，本文假设其功能函数服从 3 次非齐次性函数：

$$
\begin{aligned}
f_i &= f_i(t_1,\ t_2,\ t_3,\ E_{\text{rock}},\ c,\ \varphi,\ E_{\text{linear}}) \\
&= a_{1i} + a_{2i}t_1 + a_{3i}t_1^2 + a_{4i}t_1^3 + a_{5i}t_2 + a_{6i}t_2^2 + a_{7i}t_2^3 + a_{8i}t_3 + a_{9i}t_3^2 + a_{10i}t_3^3 + \\
&\quad a_{11i}E_{rock} + a_{12i}E_{rock}^2 + a_{13i}E_{rock}^3 + a_{14i}c + a_{15i}c^2 + a_{16i}c^3 + a_{17i}\varphi + a_{18i}\varphi^2 + \\
&\quad a_{19i}\varphi^3 + a_{20i}E_{\text{linear}} + a_{21i}E_{\text{linear}}^2 + a_{22i}E_{\text{linear}}^3 \quad (i=1,\ 2\cdots,\ 8)
\end{aligned}
\tag{6.2.13}
$$

为了求解每个功能函数中的 22 个基本未知参数，本文设计了 29 种工况，通过 ANSYS 进行分析求解，可得到各种工况下 8 个功能函数的具体数值，如图 6-1 所示。

在图 6-39 中 29 种工况有限元输出的基础上，对每一个功能函数可以列出 29 个平衡方程，针对以上的 8 个超静定方程，采用最小二乘法使得各方程残差最小化进行基本未知参数求解，可以得到每个功能函数中的 22 个未知常数，如图 6-40 所示。

为了检验以上 8 个功能函数中基本未知常数求解的合理性，对每个基本功能函数进行了有限元计算结果与功能函数计算结果的相关性检验，检验结果如图 6-41 所示。通过图 6-41 检验结果发现：每个功能函数的相关性系数均大于 99.00%，则以上 8 个功能函数以及基本未知常数的求解具有较高的合理性，对该偏压连拱隧道的优化设计将依据此 8 个功能函数进行观察优化设计，从而可以使得工程优化设计具有较高的工作效率与合理性。

	A	B	C	D	E	F	G	H	I	J	K	L	M	N	O	P
1	工况编号	参数			[illegible]				控制指标							
2		设计参数			[illegible]				强度				收敛变形			
3		t1(m)	t2(m)	t3(m)	[illegible]	[illegible]	[illegible]	[illegible]	左应力(Mpa)	右应力(Mpa)	中洞应力(Mpa)	中墙应力(Mpa)	左水平(mm)	左竖向(mm)	右水平(mm)	右竖向(mm)
4	0	0.30	0.20	1.00	1.7	1.5	27	30	-11.6141	-11.4093	-9.9738	11.9082	0.7859	0.2584	1.6053	1.5743
5	1	0.30	0.20	1.00	[illegible]	1.5	27	30	-12.2978	-11.8777	-11.0622	12.4212	0.8380	0.3415	1.7684	1.7445
6	2	0.30	0.20	1.00	[illegible]	1.5	27	30	-13.0617	-12.4159	-12.4003	13.0279	0.8977	0.4472	1.9603	1.9202
7	3	0.30	0.20	1.00	[illegible]	1.5	27	30	-11.0274	-10.9990	-9.0710	11.5816	0.7407	0.1915	1.4661	1.4425
8	4	0.30	0.20	1.00	[illegible]	1.5	27	30	-10.5024	-10.5889	-8.2937	11.1733	0.6968	0.1389	1.3451	1.3354
9	5	0.30	0.20	1.00	1.7	[illegible]	27	30	-11.6534	-11.4183	-9.9310	11.8826	0.7933	0.2711	1.6279	1.5797
10	6	0.30	0.20	1.00	1.7	[illegible]	27	30	-11.6775	-11.3992	-9.9008	11.8802	0.7967	0.2829	1.6512	1.5964
11	7	0.30	0.20	1.00	1.7	[illegible]	27	30	-11.5905	-11.3935	-10.0285	12.0031	0.7792	0.2473	1.5825	1.5632
12	8	0.30	0.20	1.00	1.7	[illegible]	27	30	-11.5743	-11.3893	-10.0583	12.0709	0.7770	0.2423	1.5719	1.5579
13	9	0.30	0.20	1.00	1.7	1.5	[illegible]	30	-11.6902	-11.4175	-9.8808	11.8340	0.7990	0.2864	1.6477	1.5978
14	10	0.30	0.20	1.00	1.7	1.5	[illegible]	30	-11.8094	-11.4696	-9.7205	11.6150	0.8237	0.3318	1.7184	1.6362
15	11	0.30	0.20	1.00	1.7	1.5	[illegible]	30	-11.5672	-11.3895	-10.0695	12.0727	0.7742	0.2373	1.5695	1.5556
16	12	0.30	0.20	1.00	1.7	1.5	[illegible]	30	-11.5505	-11.3863	-10.0937	12.1297	0.7718	0.2314	1.5590	1.5496
17	13	0.30	0.20	1.00	1.7	1.5	27	[illegible]	-10.9639	-10.9551	-8.9745	11.5306	0.8176	0.2050	1.6127	1.5874
18	14	0.30	0.20	1.00	1.7	1.5	27	[illegible]	-10.2622	-10.4649	-7.9290	10.9918	0.8542	0.1434	1.6209	1.6066
19	15	0.30	0.20	1.00	1.7	1.5	27	[illegible]	-12.2207	-11.8289	-10.9676	12.3702	0.7559	0.3026	1.5912	1.5559
20	16	0.30	0.20	1.00	1.7	1.5	27	[illegible]	-12.7915	-12.2309	-11.9353	12.8134	0.7303	0.3408	1.5769	1.5456
21	17	0.20	0.20	1.00	1.7	1.5	27	30	-13.7721	-11.4780	-9.5584	10.9863	0.8365	0.1726	1.7781	1.6124
22	18	0.10	0.20	1.00	1.7	1.5	27	30	-14.1651	-11.5825	-8.6809	9.2043	0.9127	0.0195	2.0754	1.6442
23	19	0.40	0.20	1.00	1.7	1.5	27	30	-9.8338	-11.3470	-10.2697	12.2650	0.7451	0.3146	1.4878	1.5287
24	20	0.50	0.20	1.00	1.7	1.5	27	30	-8.4718	-11.3033	-10.5048	12.2974	0.7095	0.3476	1.4002	1.4867
25	21	0.30	0.15	1.00	1.7	1.5	27	30	-11.6119	-11.4084	-11.1125	12.0021	0.7907	0.2489	1.5872	1.5760
26	22	0.30	0.10	1.00	1.7	1.5	27	30	-11.6073	-11.4124	-11.1690	11.9555	0.7984	0.2414	1.5731	1.5765
27	23	0.30	0.25	1.00	1.7	1.5	27	30	-11.6226	-11.4091	-8.8551	11.9944	0.7807	0.2654	1.6173	1.5724
28	24	0.30	0.30	1.00	1.7	1.5	27	30	-11.6264	-11.4041	-7.9058	12.0026	0.7750	0.2731	1.6309	1.5688
29	25	0.30	0.20	0.90	1.7	1.5	27	30	-11.6346	-12.2240	-9.9737	11.9215	0.7972	0.2476	1.5856	1.5877
30	26	0.30	0.20	0.80	1.7	1.5	27	30	-11.6530	-13.2904	-9.9736	11.9816	0.8231	0.2321	1.5389	1.6029
31	27	0.30	0.20	1.10	1.7	1.5	27	30	-11.6005	-10.6921	-9.9739	11.8643	0.7634	0.2670	1.6045	1.5624
32	28	0.30	0.20	1.20	1.7	1.5	27	30	-11.5870	-10.0763	-9.9740	11.8156	0.7387	0.2712	1.5848	1.5503

图 6-39　29 种有限元工况设计及输出

	A	B	C	D	E	F	G	H	I	J
1			左洞应力	右洞应力	中洞应力	中墙应力	左洞收敛		右洞收敛	
2			f_{c1}(Mpa)	f_{c2}(Mpa)	f_{c3}(Mpa)	f_{c4}(Mpa)	Δl_{1h}(mm)	Δl_{1v}(mm)	Δl_{2h}(mm)	Δl_{2v}(mm)
3	常数项	α_{1i}	-1.0098E+01	-4.3697E+01	-1.6671E+01	1.3160E+01	4.4690E+00	1.3315E+00	5.4739E+00	4.8671E+00
4	左洞衬砌项	α_{2i}	-3.1940E+01	1.6067E+00	-1.8386E+01	3.6008E+01	-1.2970E+00	2.7740E+00	-5.5151E+00	-7.8078E-02
5		α_{3i}	1.7096E+02	-2.2550E+00	4.0322E+01	-7.0191E+01	2.1934E+00	-5.1550E+00	1.0452E+01	-9.5237E-01
6		α_{4i}	-1.8194E+02	1.4333E+00	-3.3442E+01	4.4642E+01	-1.7000E+00	3.6750E+00	-7.8833E+00	8.2500E-01
7	中洞衬砌项	α_{5i}	-1.9795E+00	9.5711E-01	-9.3259E+01	3.0957E+00	-4.6111E-01	1.1704E-01	1.4392E-01	-4.4786E-02
8		α_{6i}	4.2117E+00	-4.3907E+00	5.4512E+02	-2.0692E+01	1.5969E+00	3.8531E-01	8.8371E-01	1.2405E-01
9		α_{7i}	1.5333E+00	6.4667E+00	-8.3440E+02	4.1667E+01	-3.2667E+00	-8.6667E-01	-1.6000E+00	-3.3333E-01
10	右洞衬砌项	α_{8i}	-2.7918E+00	5.8890E+01	-1.8204E+00	-1.0272E+01	-4.1370E+00	5.0086E-01	4.1255E+00	-7.8274E-01
11		α_{9i}	1.7570E+00	-4.4466E+01	9.0969E-01	1.1464E+01	4.0910E+00	-2.3955E-01	-3.0314E+00	5.7895E-01
12		α_{10i}	-1.8333E-01	1.2525E+01	2.4986E-11	-4.3000E+00	-1.4000E+00	2.5000E-02	6.7500E-01	-1.6667E-01
13	岩体弹模项	α_{11i}	9.8255E+00	1.5747E+01	3.3965E+01	-3.2831E+01	-1.5965E+00	-2.6738E+00	-3.9273E+00	2.8801E+01
14		α_{12i}	-2.5937E+00	-6.8917E+00	-1.3637E-01	1.6542E+01	6.5880E-01	1.0168E+00	1.3536E+00	1.1793E+00
15		α_{13i}	3.1379E-01	1.1805E+00	2.1067E+00	-2.9751E+00	-1.0686E-01	-1.3078E-01	-1.7980E-01	3.2567E-01
16	岩体黏聚力项	α_{14i}	-4.9342E+00	-6.8033E+00	4.9183E+00	-8.8454E+00	1.2769E+00	9.4442E-01	1.4620E+00	-1.0629E+00
17		α_{15i}	2.9744E+00	4.5082E+00	-3.8380E+00	5.8861E+00	-9.1511E-01	-7.3144E-01	-1.1788E+00	6.4254E-01
18		α_{16i}	-5.5802E-01	-9.8025E-01	9.2593E-01	-1.2420E+00	2.0988E-01	1.7284E-01	2.8395E-01	-1.3580E-01
19	岩体摩擦项	α_{17i}	1.6176E-01	3.9863E-01	-1.7921E-01	[illegible]	[illegible]	[illegible]	-1.0747E-01	6.3094E-02
20		α_{18i}	-4.7930E-03	-1.0131E-02	1.9495E-03	-1.5120E-02	1.2330E-03	1.5321E-03	[illegible]	1.4022E-03
21		α_{19i}	5.4616E-05	1.4558E-04	1.7782E-05	1.3792E-04	[illegible]	9.3143E-06	-1.3701E-05	-9.3143E-06
22	衬砌弹模项	α_{20i}	-5.7635E-01	-3.9118E-01	-6.2618E-01	1.3895E+00	-2.7503E-02	6.1862E-02	-5.6203E-03	8.2152E-03
23		α_{21i}	8.3026E-03	6.6565E-03	7.7010E-03	-4.0670E-02	3.5667E-04	-1.0665E-03	1.7330E-04	-5.0312E-04
24		α_{22i}	-4.8457E-05	-5.6790E-05	-6.2037E-05	4.3951E-04	-1.5432E-06	6.7901E-06	-3.0864E-06	6.1728E-06

图 6-40　功能函数基本未知常数求解结果

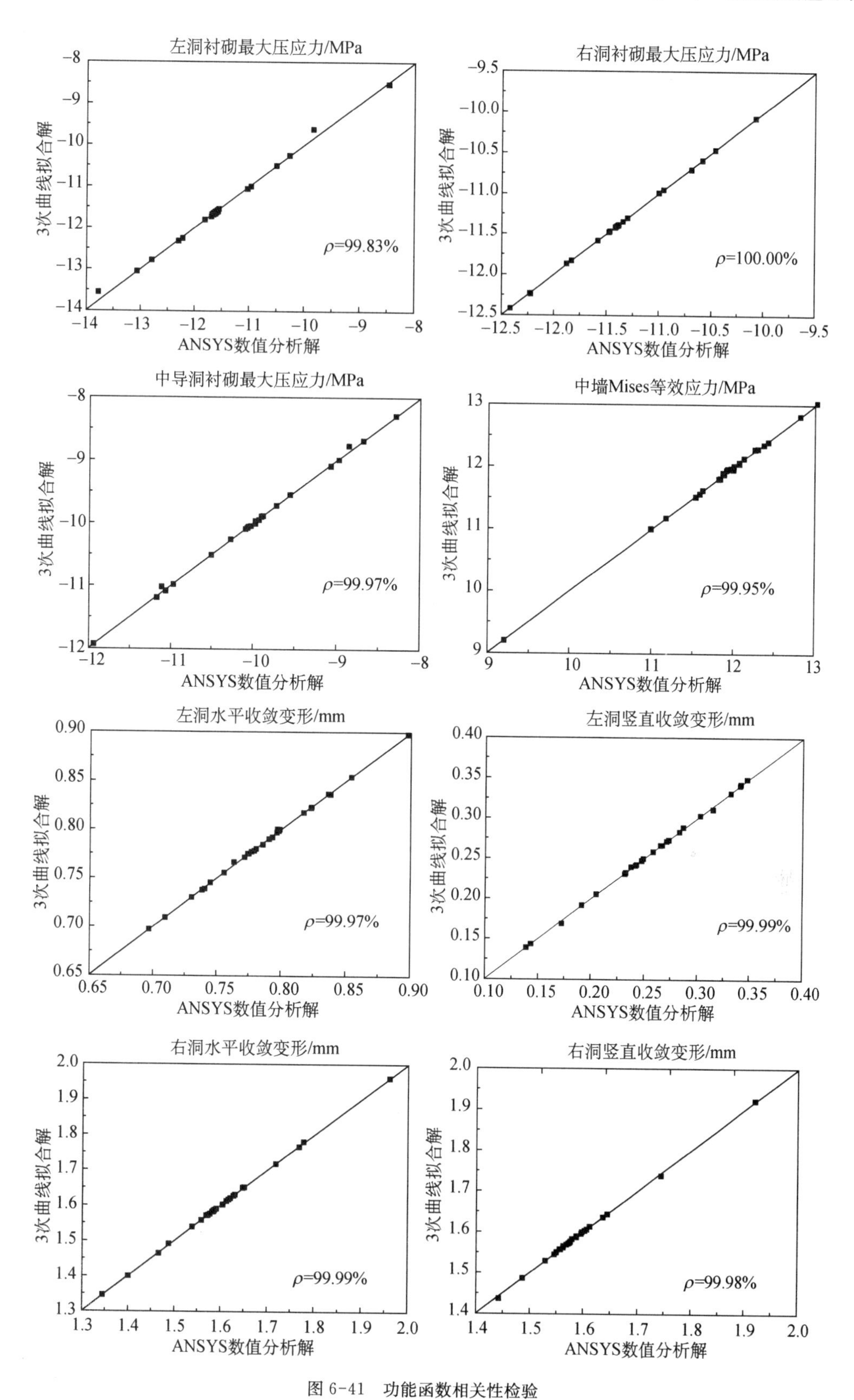

图 6-41　功能函数相关性检验

6.2.6 基于安全系数的结构优化设计

6.2.6.1 安全系数建立

基于安全系数约束条件进行结构优化设计必须首先建立结构的相关安全系数，安全系数可以用结构抗力与荷载效应之间比值进行表示：

左侧衬砌压应力：$F_{s1}=[f_c]/f_1=11.9/f_1$

右侧衬砌压应力：$F_{s2}=[f_c]/f_2=11.9/f_2$

中洞衬砌压应力：$F_{s3}=[f_c]/f_3=11.9/f_3$

中洞 MISES 应力：$F_{s4}=[\sigma_m]/f_4=12.58/f_4$

左洞水平收敛变形：$F_{s5}=[\delta]/f_5=0.072/f_5$

左洞竖直收敛变形：$F_{s6}=[\delta]/f_6=0.072/f_6$

右洞水平收敛变形：$F_{s7}=[\delta]/f_7=0.072/f_7$

右洞竖直收敛变形：$F_{s8}=[\delta]/f_8=0.072/f_8$

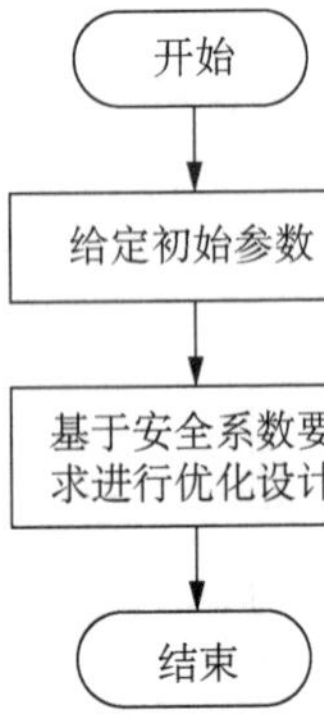

开始

给定初始参数

基于安全系数要求进行优化设计

结束

图 6-42 安全系数约束结构优化设计流程图

6.2.6.2 基于安全系数约束的结构优化设计

基于以上 8 个安全系数约束条件可建立相应的安全系数约束条件优化设计流程，如图 6-42 所示。

根据图 6-42 结构优化设计流程图，以及前面建立的相关安全系数计算公式，进行 MATLAB 编程求解，具体 MATLAB 编程如图 6-43 所示。

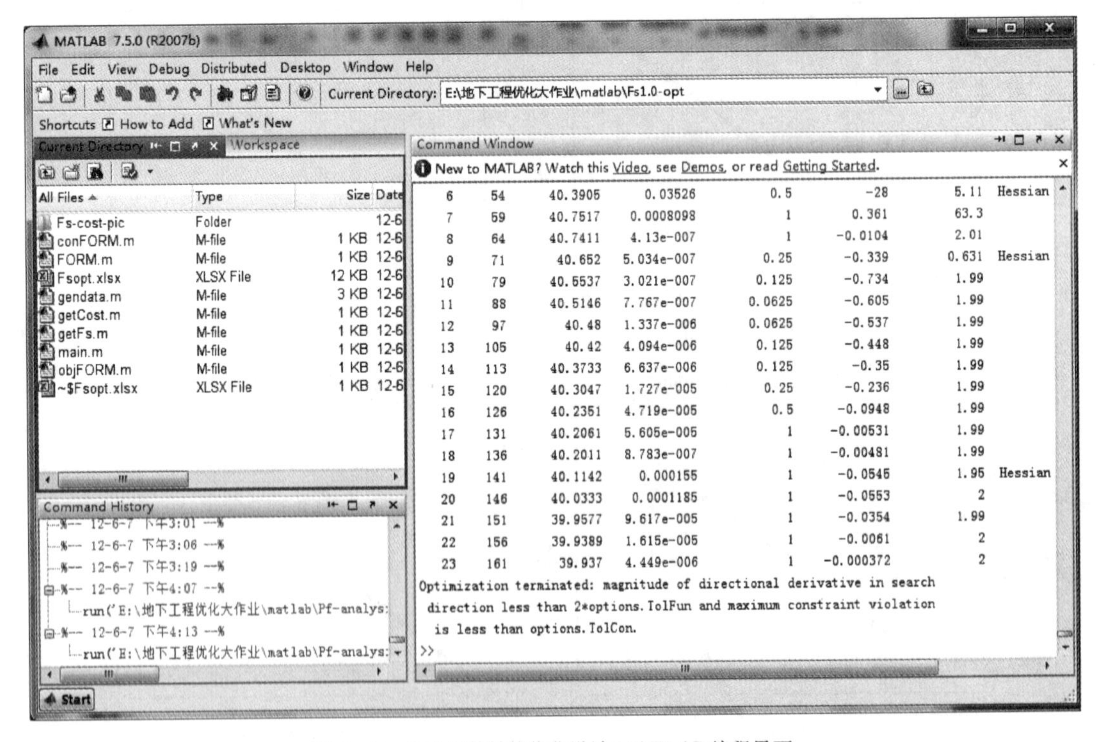

图 6-43 安全系数结构优化设计 MATLAB 编程界面

6.2.6.3 安全系数结构优化设计结果

根据不同的安全系数约束条件,进行结构优化求解,可以得到不同的偏压连拱隧道设计结果,如图 6-44 所示。

Fs=1.0

组数	初始值 t1	初始值 t2	初始值 t2	优化值 t1	优化值 t2	优化值 t2	[illegible]
1	0.3	0.1	0.4	0.300	0.100	0.939	[illegible]
2	1.2	0.3	1.3	0.300	0.100	0.939	[illegible]
3	0.75	0.2	0.85	0.300	0.100	0.939	[illegible]
4	0.3	0.3	0.4	0.300	0.100	0.939	[illegible]
拟合函数优化结果与初始值无关，优化过程是稳定的							

Fs=1.1

组数	初始值 t1	初始值 t2	初始值 t2	优化值 t1	优化值 t2	优化值 t2	[illegible]
1	0.3	0.1	0.4	0.303	0.075	1.325	[illegible]
2	1.2	0.3	1.3	0.303	0.075	1.325	[illegible]
3	0.75	0.2	0.85	0.303	0.075	1.325	[illegible]
4	0.3	0.3	0.4	0.303	0.075	1.325	[illegible]
拟合函数优化结果与初始值无关，优化过程是稳定的							

Fs=1.05

组数	初始值 t1	初始值 t2	初始值 t2	优化值 t1	优化值 t2	优化值 t2	[illegible]
1	0.3	0.1	0.4	0.310	0.100	1.100	[illegible]
2	1.2	0.3	1.3	0.310	0.100	1.100	[illegible]
3	0.75	0.2	0.85	0.310	0.100	1.100	[illegible]
4	0.3	0.3	0.4	0.310	0.100	1.100	[illegible]
拟合函数优化结果与初始值无关，优化过程是稳定的							

Fs=1.2

组数	初始值 t1	初始值 t2	初始值 t2	优化值 t1	优化值 t2	优化值 t2	[illegible]
1	0.3	0.1	0.4	0.284	0.100	1.390	[illegible]
2	1.2	0.3	1.3	0.284	0.100	1.390	[illegible]
3	0.75	0.2	0.85	0.284	0.100	1.390	[illegible]
4	0.3	0.3	0.4	0.284	0.100	1.390	[illegible]
拟合函数优化结果与初始值无关，优化过程是稳定的							

图 6-44 不同安全系数结构优化设计结果图

根据图 6-44 中对同一安全系数约束不同初始值优化设计结果对比发现:针对不同的优化设计初始值,安全系数优化设计结果一致,即此优化设计方法具有较好的收敛性,优化设计结果与初始值无关。

根据图 6-44 不同安全系数约束结构优化设计结果,可以作出隧道优化设计成本与安全系数约束条件关系图,如图 6-45 所示。根据图 6-45 发现:随着安全系数要求的提高,结构优化设计成本逐渐增加。

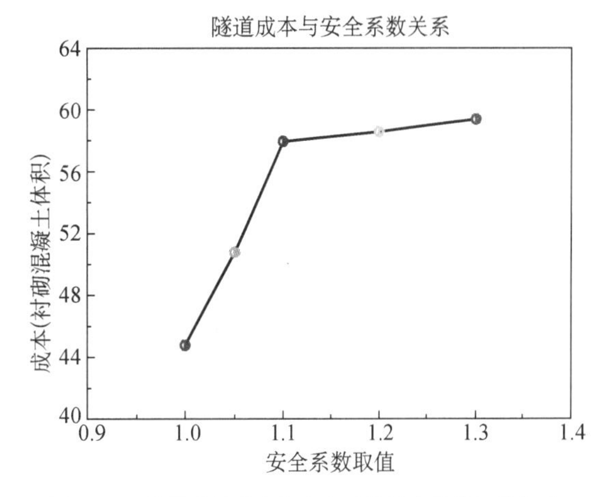

图 6-45 优化设计成本与安全系数约束条件相关关系

6.2.6.4 安全系数结构优化设计与其他优化方法的对比

根据不同方法优化设计结果,可以作出表 6-14 所示不同设计方法优化设计结果对比。

表 6-14 不同优化方法设计结果对比

优化者	方法	t_1	t_2	t_3	成本(cost)	成本对比
GWP	拟合 F_s=1.0	0.3	0.1	0.939	44.77	0
TLG	ANSYS零阶	0.343	0.196	0.956	48.329	−7.95%
	ANSYS一阶	0.323	0.163	0.955	47.089	−5.18%
	MATLAB	0.3	0.11	0.919	44.224	1.22%
RLZHOU	ANSYS零阶	0.302	0.101	0.945	45.04	−0.60%
	ANSYS随机	0.332	0.12	0.969	47.239	−5.51%

根据表 6-14 不同优化方法设计结果对比发现:本节安全系数优化设计结果相对其他方法优化设计具有较高的一致性,即本节建立的相关功能函数与安全系数优化方法具有较高的合理性。

6.2.7 基于可靠度分析的结构优化设计

6.2.7.1 隧道工程可靠度分析

隧道工程如其他岩土工程一样，工程设计存在较多主观不确定性以及客观不确定性因素，如：岩体材料、混凝土衬砌材料力学性能参数以及衬砌几何参数等均存在一定变异性性。对工程结构而言，如图 6-46 所示，不确定性的工程参数输入必然引起结构功能函数变异性，传统结构安全系数难以真实反映结构的功能性能的变异性。

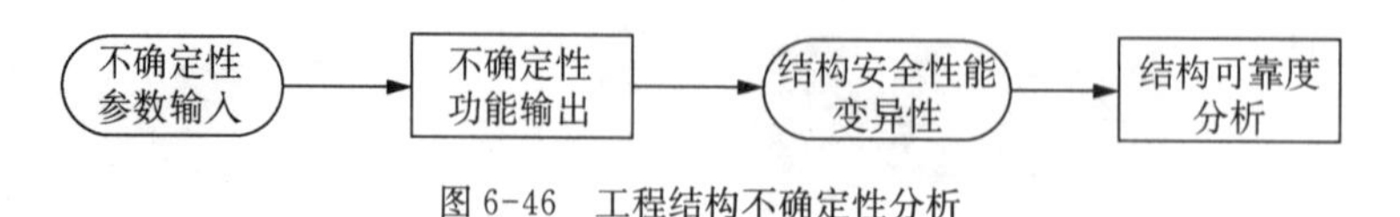

图 6-46 工程结构不确定性分析

因此，需要对此偏压连拱隧道进行基于可靠度的结构优化设计。结构可靠度分析中：E_{rock}，c，φ，E_{linear}均服从变异系数为 0.1 的正态分布。u_{rock}，u_{linear}变异性较小，此工程不予考虑，同时不考虑各设计参数之间的相关性。可靠度分析中基本参数统计规律如图 6-47 所示。

	A	B	C	D	E	F	G	H	I
1	基本参数	分布类型	均值u	变异系数cov		相关性矩阵R			
2	E_{rock}	正态分布	1.7Gpa	0.1		1	0	0	0
3	c	正态分布	150kpa	0.1		0	1	0	0
4	φ	正态分布	27°	0.1		0	0	1	0
5	E_{linear}	正态分布	30Gpa	0.1		0	0	0	1

图 6-47 可靠度分析基本参数统计规律

可靠度分析中需要首先定义结构相关功能函数，基于前面安全系数定义可确定本工程的相关功能函数：

$$\text{结构功能函数：} G_i = F_{si} - 1.0$$

$$\text{结构极限函数：}\begin{cases} G_i < 0, & \text{结构失效} \\ G_i = 0, & \text{极限状态} \\ G_i > 0, & \text{结构安全} \end{cases}$$

其中，$i=1, 2, 3, 4$。结构收敛变形存在较大安全系数，不需进行可靠度分析。

6.2.7.2 可靠度方法分析

常用结构可靠度分析方法有：Taylor's Method，Duncan's Method，MCS's Method，JC's Method。其中，Taylor's Method 与 Duncan's Method 主要适用于结构功能函数线性情况较好的情况，具有较高的计算精度；MCS's Method 需要进行多次蒙特卡罗抽样，抽样次数一般大于 100 /Pf；JC's Method 通过迭代求解寻找最有可能失效的验算点，然后计算结构的失效概率，具有较高的计算效率与计算精度，两参数的 JC's Method 的计算图解如图 6-48 所示．根据 JC's Method 相关计算法则，编制了相应的 MATLAB 算程序，如图 6-49 所示。

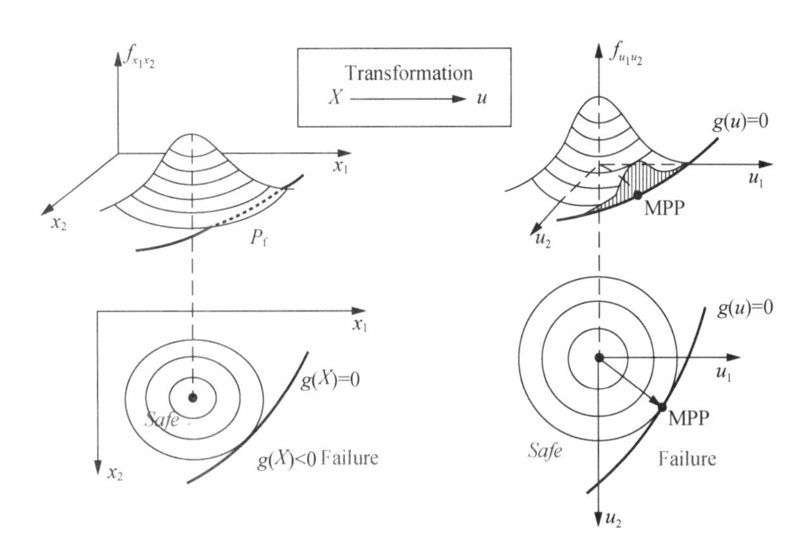

图 6-48　两参数的 JC's Method 图解

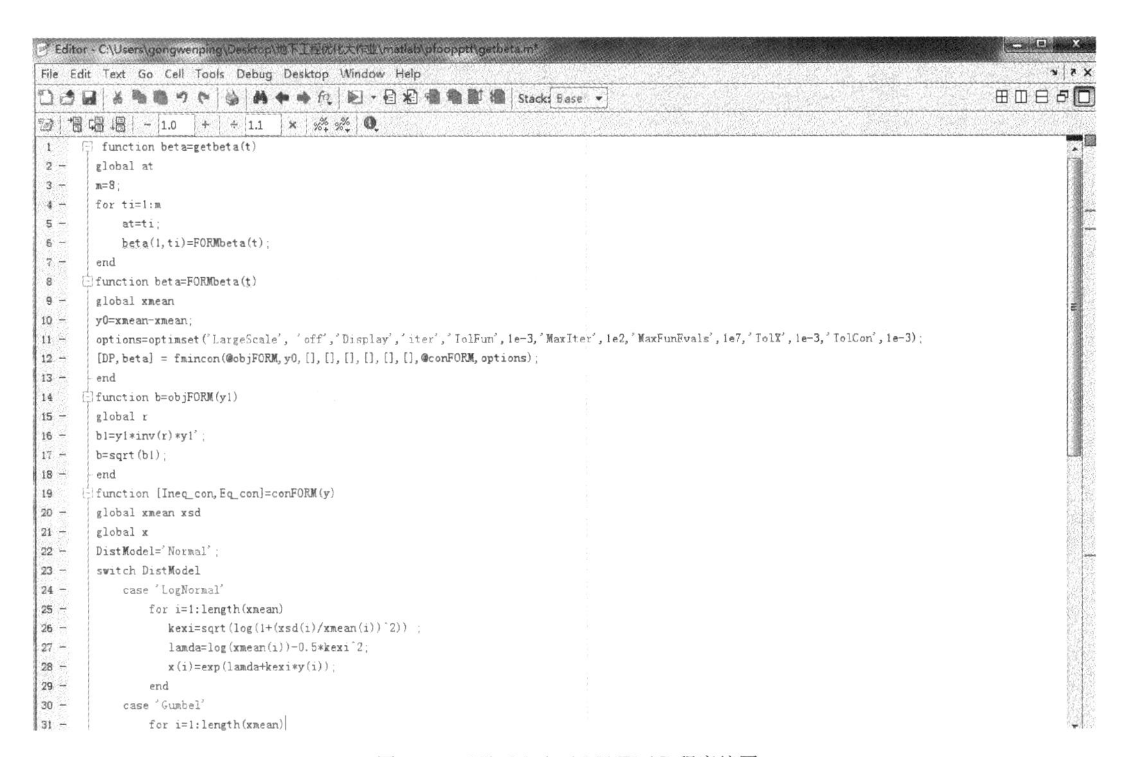

图 6-49　JC's Method MATLAB 程序编写

6.2.7.3　可靠度优化设计一

根据前面编制的结构可靠度计算程序结合工程经济成本最低原则进行结构优化设计，编制可靠度优化设计流程，如图 6-50 所示。

根据图 6-50 可靠度优化设计流程图 1，编制 MATLAB 程序进行优化求解，得到基于可靠度的结构优化设计结果如图 6-51 所示。

根据图 6-51 所示可靠度优化设计结果，发现：由于可靠度优化设计中一个优化函数内

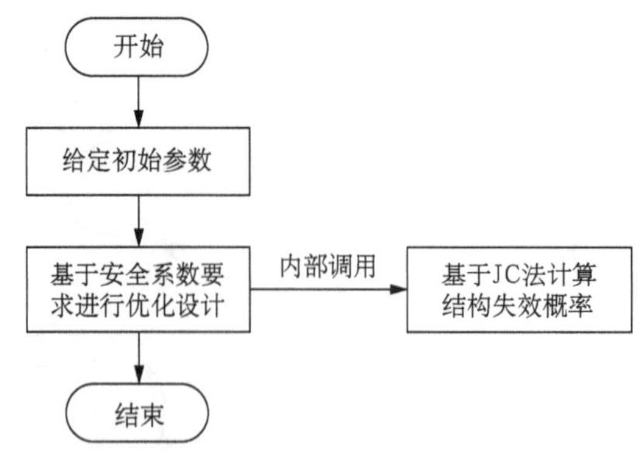

图 6-50　可靠度优化设计流程图 1

	A	B	C	D	E	F	G	H
1	cov1=cov2=cov3=cov4=0.1							
2	Beta=1.0 (Pf=0.1586)							
3		初始值			优化值			[illegible]
4	组数	t1	t2	t2	t1	t2	t2	[illegible]
5	1	0.3	0.1	0.939	0.749	0.101	0.400	41.619
6	2	0.3	0.1	0.4	0.301	0.080	1.329	[illegible]
7	4	1.2	0.3	1.3	1.998	0.300	1.299	[illegible]
8	拟合函数优化结果与初始值有关，优化过程是不稳定的							
9								
10	Beta=1.5 (Pf=0.0668)							
11		初始值			优化值			[illegible]
12	组数	t1	t2	t2	t1	t2	t2	[illegible]
13	1	0.3	0.1	0.939	1.178	0.166	1.300	[illegible]
14	2	0.3	0.1	0.4	0.313	0.072	1.302	57.488
15	4	1.2	0.3	1.3	1.201	0.299	1.299	[illegible]
16	拟合函数优化结果与初始值有关，优化过程是不稳定的							
17								
18	Beta=2.0 (Pf=0.023)							
19		初始值			优化值			[illegible]
20	组数	t1	t2	t2	t1	t2	t2	[illegible]
21	1	0.3	0.1	0.939	1.485	0.585	1.439	111.006
22	2	0.3	0.1	0.4	0.355	0.736	0.522	[illegible]
23	4	1.2	0.3	1.3	61.910	203.467	0.400	[illegible]
24	拟合函数优化结果与初始值有关，优化过程是不稳定的							

图 6-51　可靠度优化设计结果 1

部调用另外一个优化函数，嵌套在一起，计算时发现程序执行效率低下，且优化设计结果不收敛，优化结果随初始参数不同结果不同，稳定性不高。因此补充进行了另外一种途径的可靠度优化设计。

6.2.7.4　可靠度优化设计二

可靠度优化设计 2 中，首先将可行域内的 3 个设计参数进行离散化，考虑规程施工方便，本规程离散化步长为 0.05 m，得到 3 249 组基本设计参数组合，分别计算每组设计参数的失效概率，然后筛选出满足可靠度要求且经济成本最低的设计参数组合，具体流程如图 6-52 所示。

根据图 6-52 所示可靠度优化设计流程图 2，编制 MATLAB 程序进行优化求解，得到基于可靠度的结构优化设计结果如图 6-53 所示。

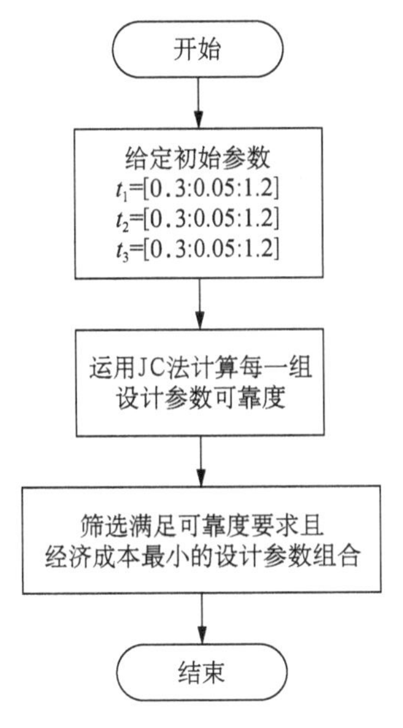

图 6-52　可靠度优化设计流程图 2

离散值优化求解结果				
	指标约束	优化值		
组数		t1	t2	t2
1	0.00	0.350	0.250	0.400
2	0.50	0.400	0.300	0.400
3	1.00	0.800	0.100	0.400
4	1.50	0.800	0.100	0.400
5	2.00	0.850	0.100	0.400
6	2.50	0.850	0.100	0.400
7	3.00	0.900	0.100	0.400
8	3.50	0.950	0.100	0.400
9	4.00	0.950	0.100	0.400
10	4.50	1.000	0.100	0.400
11	5.00	1.000	0.100	0.400
12	5.50	1.050	0.100	0.400
13	6.00	1.050	0.100	0.400

图 6-53　可靠度优化设计结果 2

根据图 6-53 可靠度优化结果发现：隧道右洞衬砌厚度始终是 0.4 m，从一定程度上反映了基于前面功能函数的可靠度设计尚需进行进一步优化，使得功能函数进一步优化。

同时，根据上图不同可靠度约束结构优化设计结果，可以作出隧道优化设计成本与可靠度约束条件关系图，如图 6-54 所示。根据图 6-54 发现：随着可靠度要求的提高，结构优化设计成本逐渐增加。

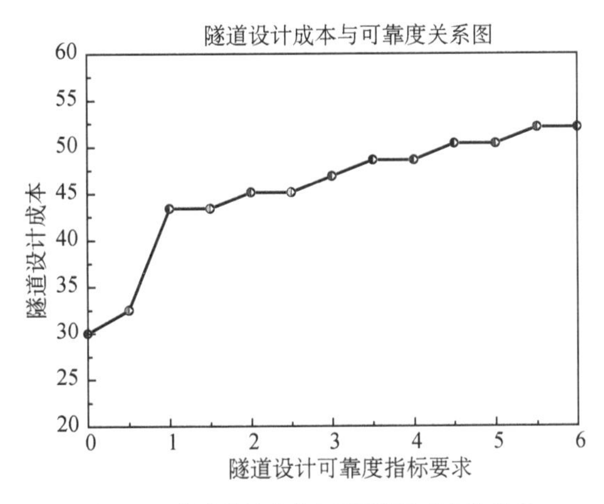

图 6-54　优化设计成本与可靠度约束条件相关

6.2.7.5　结果可靠度与基本参数之间的关系

根据前面 3 249 组设计参数可靠度计算结果，可以作出结构可靠度与基本设计参数之间的相关关系，如图 6-55 所示。

根据图 6-55 发现：隧道结构可靠度指标随隧道衬砌几何参数增加而增加，其中对设计参数左洞厚度更为敏感。因此本隧道优化设计中需注意加强对左洞隧道尺寸的调整。

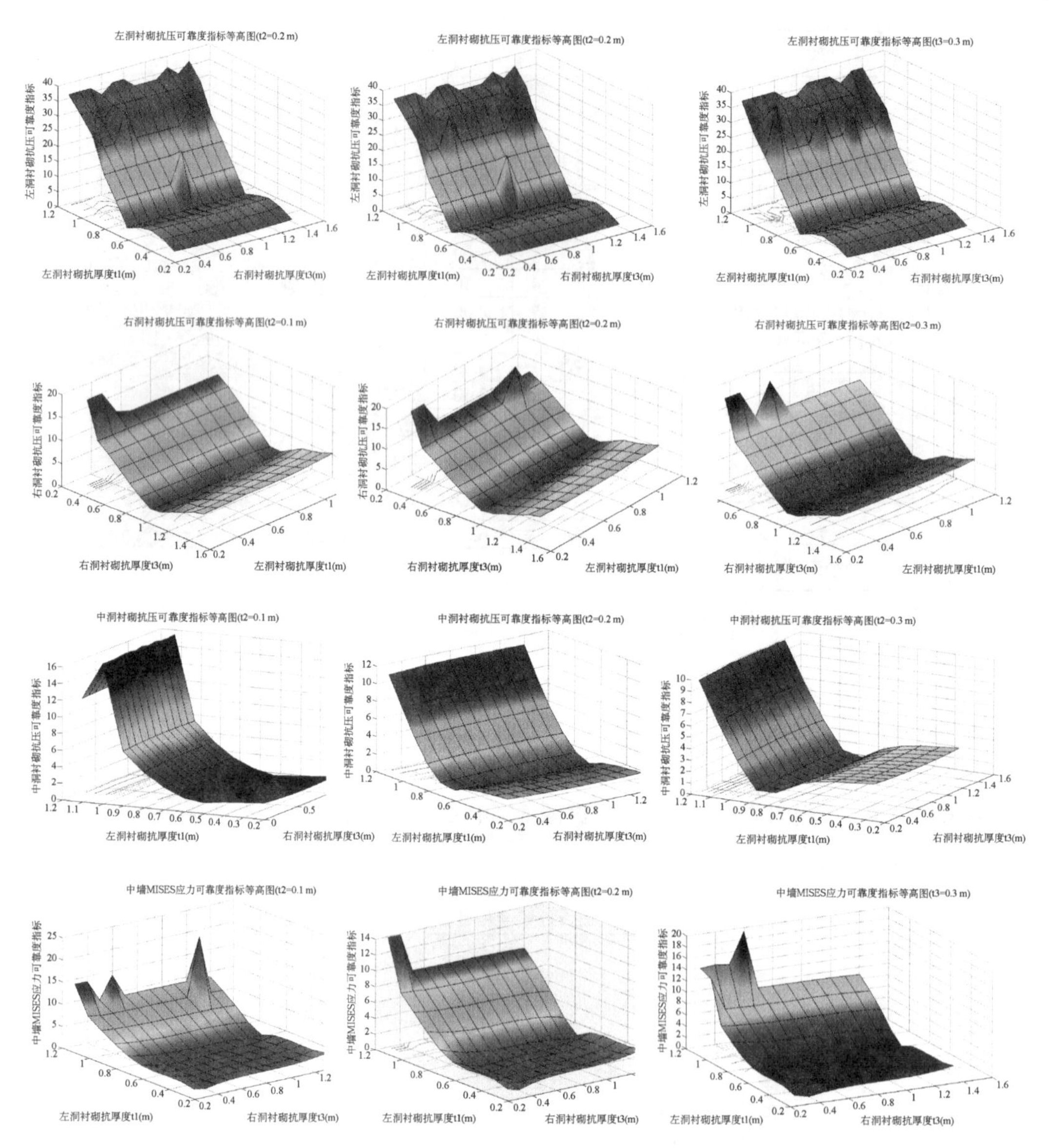

图 6-55　结构衬砌强度可靠度指标与衬砌几何参数之间相关关系

6.2.7.6　结构失效概率与参数变异系数关系分析

根据前面编制的 JC's Method MATLAB 程序，可以计算前面基于安全系数为 1.0 的约束条件优化结果的衬砌强度项失效概率与参数变异系数之间的相关关系，如图 6-56 所示。

根据图 6-56 发现：结构失效概率一般随设计参数变异系数增加而不断增加。实际工程设计若需考虑设计参数变异系数的不确定性，尚需进行结构进一步优化设计。

6.2.7.7　可靠度优化设计与安全系数优化设计结果对比

根据不同可靠度要求以及不同安全系数约束条件进行结构优化成本图 6-45 与图 6-54 对比，发现：结构设计成本均随安全系数以及可靠度指标要求的提高而增加；考虑参数变异性后，可靠度优化设计结果成本一般高于安全系数优化设计结果。

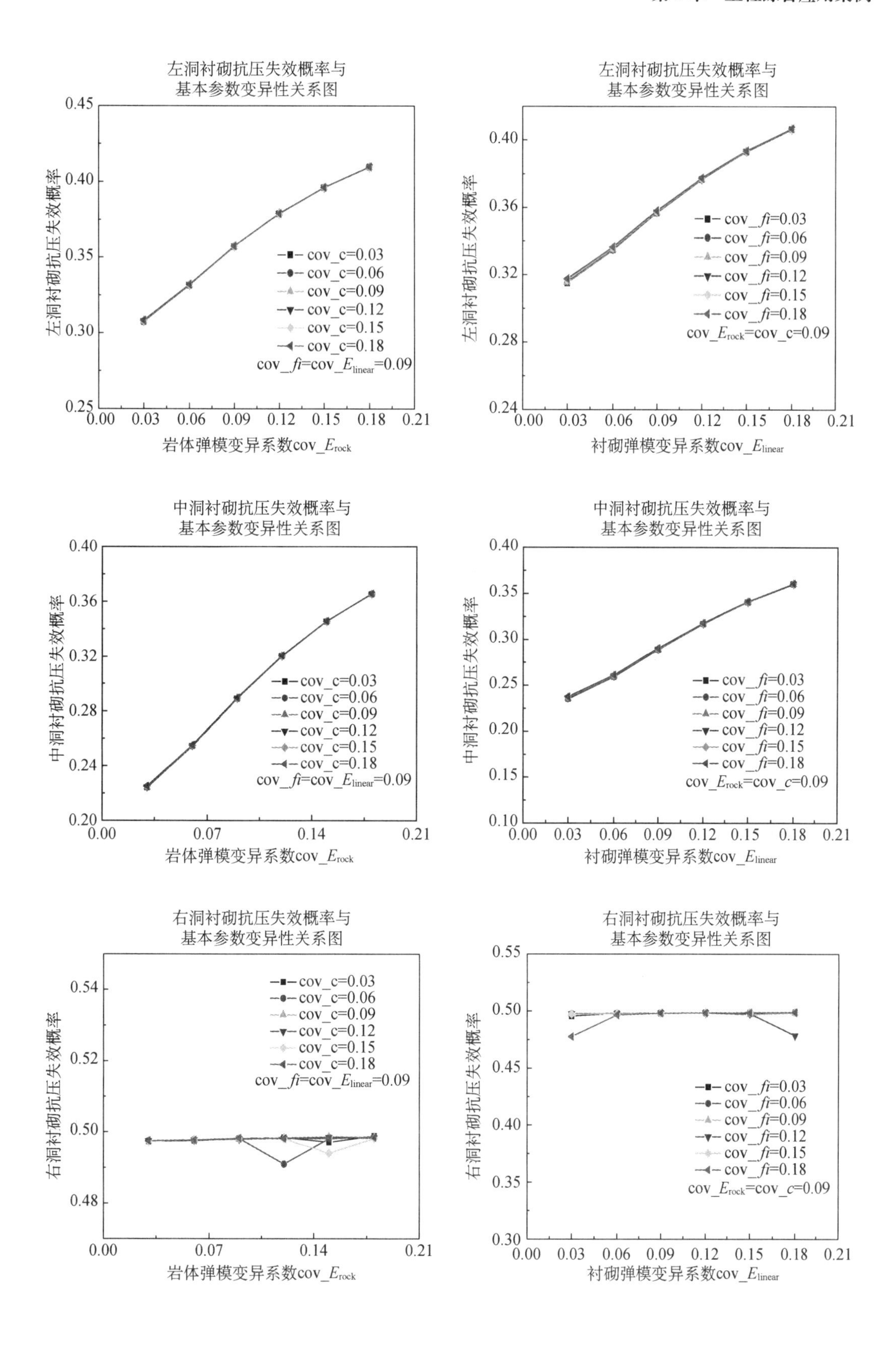

左洞衬砌抗压失效概率与
基本参数变异性关系图
左洞衬砌抗压失效概率
0.45
0.40
0.35
0.30
0.25
0.00 0.03 0.06 0.09 0.12 0.15 0.18 0.21
cov_c=0.03
cov_c=0.06
cov_c=0.09
cov_c=0.12
cov_c=0.15
cov_c=0.18
cov_fi=cov_Elinear=0.09
岩体弹模变异系数cov_Erock
左洞衬砌抗压失效概率与
基本参数变异性关系图
左洞衬砌抗压失效概率
0.40
0.36
0.32
0.28
0.24
0.00 0.03 0.06 0.09 0.12 0.15 0.18 0.21
cov_fi=0.03
cov_fi=0.06
cov_fi=0.09
cov_fi=0.12
cov_fi=0.15
cov_fi=0.18
cov_Erock=cov_c=0.09
衬砌弹模变异系数cov_Elinear
中洞衬砌抗压失效概率与
基本参数变异性关系图
中洞衬砌抗压失效概率
0.40
0.36
0.32
0.28
0.24
0.20
0.00 0.07 0.14 0.21
cov_c=0.03
cov_c=0.06
cov_c=0.09
cov_c=0.12
cov_c=0.15
cov_c=0.18
cov_fi=cov_Elinear=0.09
岩体弹模变异系数cov_Erock
中洞衬砌抗压失效概率与
基本参数变异性关系图
中洞衬砌抗压失效概率
0.40
0.35
0.30
0.25
0.20
0.15
0.10
0.00 0.03 0.06 0.09 0.12 0.15 0.18 0.21
cov_fi=0.03
cov_fi=0.06
cov_fi=0.09
cov_fi=0.12
cov_fi=0.15
cov_fi=0.18
cov_Erock=cov_c=0.09
衬砌弹模变异系数cov_Elinear
右洞衬砌抗压失效概率与
基本参数变异性关系图
右洞衬砌抗压失效概率
0.54
0.52
0.50
0.48
0.00 0.07 0.14 0.21
cov_c=0.03
cov_c=0.06
cov_c=0.09
cov_c=0.12
cov_c=0.15
cov_c=0.18
cov_fi=cov_Elinear=0.09
岩体弹模变异系数cov_Erock
右洞衬砌抗压失效概率与
基本参数变异性关系图
右洞衬砌抗压失效概率
0.55
0.50
0.45
0.40
0.35
0.30
0.00 0.03 0.06 0.09 0.12 0.15 0.18 0.21
cov_fi=0.03
cov_fi=0.06
cov_fi=0.09
cov_fi=0.12
cov_fi=0.15
cov_fi=0.18
cov_Erock=cov_c=0.09
衬砌弹模变异系数cov_Elinear

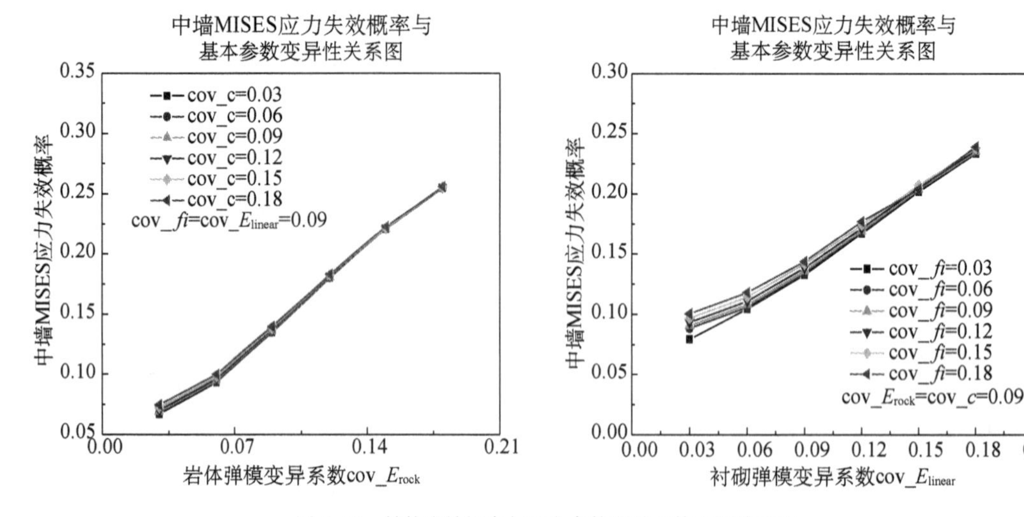

图 6-56　结构失效概率与基本参数变异系数之间关系图

6.2.7.8　小结与讨论

1）在本节中基于结构可靠度原理主要进行了以下主要工作：

（1）拟合了复杂工程问题的数学表达式。

（2）基于拟合功能函数进行了安全系数结构优化设计。

（3）考虑设计参数变异性，基于拟合功能函数进行了可靠度结构优化设计方法。

（4）探讨了结构可靠度与参数变异系数以及结构几何参数等的相关关系。

2）在此基础上需要进行的进一步工作有：

（1）拟合函数覆盖范围较窄，缺乏足够理论依据。

（2）可靠度优化设计参数涉及到二重优化迭代求解，效率较低，不稳定。

6.2.8　结论

根据工程结构优化设计的基本原理，将其应用于地下工程的优化中，对一山区偏压连拱隧道的衬砌结构进行了优化。选取连拱隧道的衬砌厚度作为优化变量，利用通用有限元软件 ANSYS 进行了衬砌结构的初步优化，在此基础上借助数值计算软件 MATLAB 联合 ANSYS 进行了进一步的优化。基于工程结构可靠度设计的基本原理，对该连拱隧道衬砌结构的优化结果进行了可靠度分析，验证了优化成果的可靠性，源程序见附录 B。

通过本次优化设计，得到以下基本结论：

1）ANSYS 提供的几种优化方法，对于解决优化问题比较有效。当设计空间不确定时，一般可以先用随机方法确定设计空间；有确定的设计空间时，先选取零阶方法进行优化。随机方法得到的优化序列可以作为零阶方法的初始值，以加快迭代收敛。零阶方法可以解决大多数的工程问题，且得到的都是全局最优解。零阶方法计算效率高，应该为多数工程的首选，尤其是精度要求不高时。

2）当精度要求较高时，可以在零阶方法的基础上，进行一阶优化。一阶优化计算代价较大，得到的可能还不是全局最优解，所以在运用一阶方法之前，需要对该工程的优化值范围有大致的了解。

3）数值计算软件MATLAB具有很强的数值计算功能，其优化工具箱内置多种功能强大的优化算法。但对于实际工程问题往往难以写出约束条件的显式表达式，可以先利用ANSYS先得到有限元数值计算解，然后调用MATLAB的优化函数进行优化。

4）总体上来讲，ANSYS的一阶算法精度高于零阶算法，而MATLAB的优化结果又优于ANSYS的一阶算法。如有实际监测数据，可以考虑使用神经网络等更为高级的优化算法。

5）基于安全系数优化设计结果和其他方法优化设计具有较高的一致性，随着可靠度要求的提高，结构优化设计成本逐渐增加。隧道结构可靠度指标随隧道衬砌几何参数增加而增加，而且对设计参数左洞厚度更为敏感。因此本隧道优化设计中需注意加强对左洞隧道衬砌厚度的调整。

6）结构设计成本均随安全系数以及可靠度指标要求的提高而增加；考虑参数变异性后，可靠度优化设计的成本一般高于安全系数优化设计的成本。

7）从优化结果来看，主洞衬砌结构的应力约束起了控制性作用。这主要是因为该连拱隧道采用的是整体式直中墙结构，衬砌在与中墙交汇处存在“尖角”，导致过大的应力集中。建议在实际工程中采用弧度更为缓和的三层曲中墙结构。

6.3　案例3——基于地铁车站材料费用的优化设计

6.3.1　工程概况

1. 工程形式

该工程为一地下二层岛式地铁车站围护结构，采用地下连续墙形式明挖顺作，其标准段顶板覆土厚度为1.5 m，净宽21 m，开挖深度为16.9 m，坑底位于第四层淤泥质黏土。结构形式与土层情况如图6-57所示。

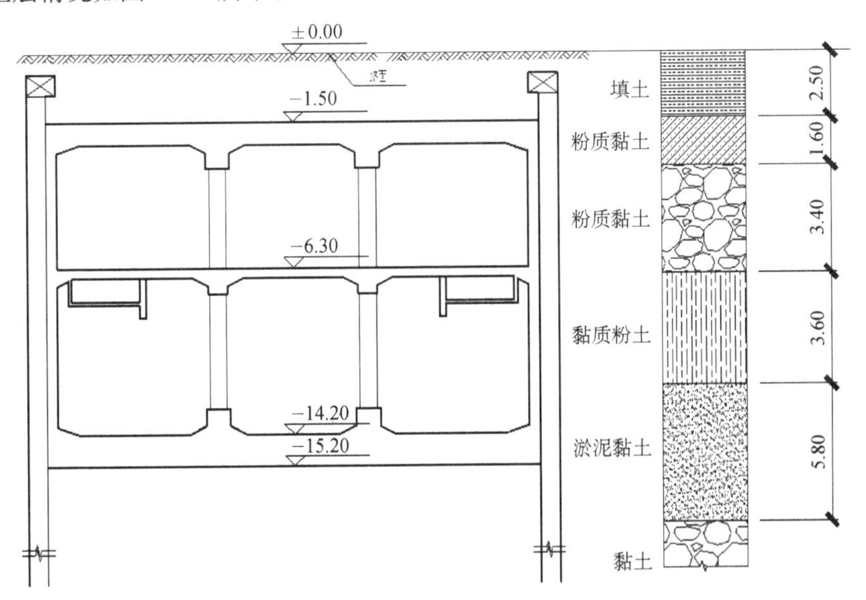

图6-57　结构形式与土层情况

地质勘查报告中土层物理力学特性指标给出了土体参数，如表 6-15 所示。

表 6-15　各分层土体参数

序号	土层名称	层厚/m	湿重度 γ/(kN・m^{-3})	饱和重度/(kN・m^{-3})	干重度/(kN・m^{-3})	内摩擦角/°	静止土压力系数
1	填土	2.5	18.5	18.5	14.0	25.5	0.57
2	褐黄～灰黄色粉质黏土	1.6	18.4	18.7	13.9	18.5	0.63
3	灰色淤泥质粉质黏土	3.4	17.5	17.8	12.4	14.5	0.70
4	灰色粘质粉土夹粉质黏土	3.6	17.5	18.2	12.9	17.0	0.66
5	灰色淤泥黏土	5.8	16.8	17.1	11.2	10.5	0.77
6	灰色黏土	4.3	17.6	17.9	12.6	13.5	0.72
7	暗绿～草黄色粉质黏土	3.4	19.7	20.0	15.9	18.0	0.64

2. 荷载计算

1）顶板垂直荷载：顶板垂直荷载由顶板路面荷载和垂直水土压力组成。

路面荷载：

$$q_1 = 20\ \text{kPa}$$

上覆土压力：

$$q_2 = \sum \gamma_i h_i,\ q_2 = 18.5 \times 1.5 = 27.75\ \text{kN/m}^3$$

2）中板垂直荷载：

人群荷载：

$$q_3 = 4\ \text{kN/m}^2$$

设备荷载：

$$q_4 = 8\ \text{kN/m}^2$$

3）底板垂直荷载：

底板处水浮力：

$$q_5 = (15.2 + 1.5) \times 9.8 = 163.66\ \text{kN/m}^2$$

列车荷载：

$$q_6 = 30\ \text{kN/m}^2$$

4）侧向荷载：

侧向土压力按静止土压力计算，按水土分算计算。

$$q_z = \sum \gamma'_i h_i + \gamma_w h_i + q_0 \tag{6.3.1}$$

$$P_{0i}=K_{0i}\sum(\gamma'_i z_i+q_0)+\gamma_w h_i \tag{6.3.2}$$

已知，$h_{上}=1.5$ m，$h_1=2.5$ m，$h_2=1.6$ m，$h_3=3.4$ m，$h_4=3.6$ m，$h_{下}=5.6$ m，地面超载 $q_0=20$ kPa。

$p_{上}=K_{01}(q_0+\gamma'_1 h_{上})+\gamma_w h_{上}=33.54\ \text{kN/m}^2$

$p_{1上}=K_{01}(q_0+\gamma'_1 h_1)+\gamma_w h_1=48.3\ \text{kN/m}^2$

$p_{1下}=K_{02}(q_0+\gamma'_1 h_1)+\gamma_w h_1=51.0\ \text{kN/m}^2$

$p_{2上}=K_{02}(q_0+\gamma'_1 h_1+\gamma'_2 h_2)+\gamma_w(h_1+h_2)=75.7\ \text{kN/m}^2$

$p_{2下}=K_{03}(q_0+\gamma'_1 h_1+\gamma'_2 h_2)+\gamma_w(h_1+h_2)=79.4\ \text{kN/m}^2$

$p_{3上}=K_{03}(q_0+\gamma_1 h'_1+\gamma_2 h'_2+\gamma_3{}'_3)+\gamma_w(h_1+h_2+h_3)=131.8\ \text{kN/m}^2$

$p_{3下}=K_{04}(q_0+\gamma_1 h'_1+\gamma_2 h'_2+\gamma_3 h'_3)+\gamma_w(h_1+h_2+h_3)=128.3\ \text{kN/m}^2$

$p_{4上}=K_{04}(q_0+\gamma_1 h'_1+\gamma_2 h'_2+\gamma_3 h'_3+\gamma_4 h'_4)+\gamma_w(h_1+h_2+h_3+h_4)$
$=183.5\ \text{kN/m}^2$

$p_{4下}=K_{05}(q_0+\gamma_1 h'_1+\gamma_2 h'_2+\gamma_3 h'_3+\gamma_4 h'_4)+\gamma_w(h_1+h_2+h_3+h_4)$
$=195.9\ \text{kN/m}^2$

$p_{下}=K_{05}(q_0+\gamma_1 h'_1+\gamma_2 h'_2+\gamma_3 h'_3+\gamma_4 h'_4+\gamma_5 h'_{下})+\gamma_w(h_1+h_2+h_3+h_4+h_5)$
$=282.2\ \text{kN/m}^2$

3. 计算简图

该地铁车站围护结构的荷载计算简图如图 6-58 所示。

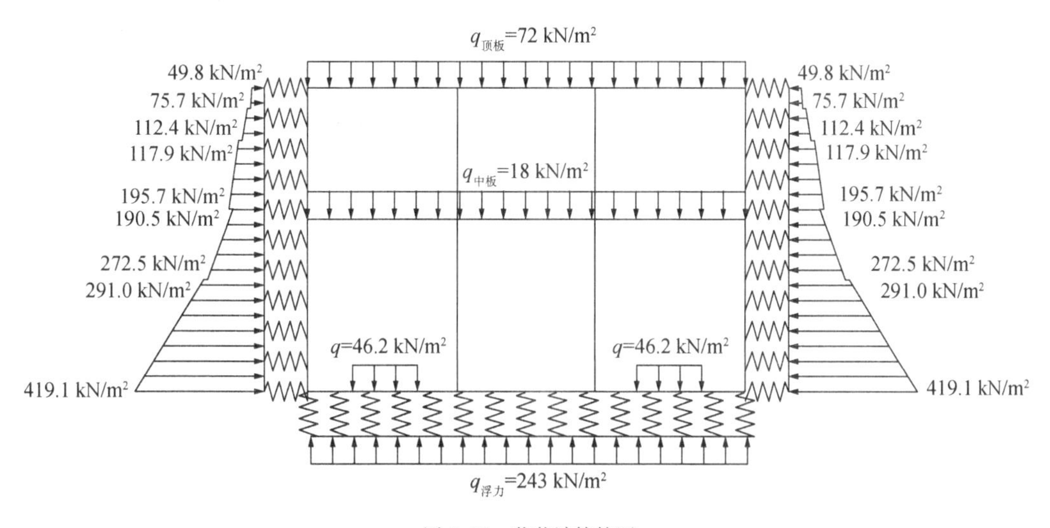

图 6-58 荷载计算简图

6.3.2 优化目标

优化的目标为车站的材料费用最低(仅考虑钢筋和混凝土)，根据实际的经验可知，在底板左右两跨外部支座和侧墙下部的跨中弯矩为最大，为材料优化的重点对象。根据现市场价格：

C35 混凝土 300 元/m^3，密度为 2 390 kg/m^3。

三级钢 HRB400 价格为 4 000 元/吨。

钢的密度为 7 850 kg/m^3，螺纹钢钢筋的重量(kg)=0.006 17d^2(mm)。

根据经验可知，主体结构其余部分(底板左右两跨和侧墙下部)的弯矩较小，大部分按最小配筋率配筋，优化空间较小，同时为了考虑结构的简化，认为这些区域钢筋含量不变，所以目标函数为：

$$\begin{aligned} f &= (21x_1+21x_2+21x_3+27.4x_4)\times 360+3\times 7\times x_5\times 10^{-6}\times 7\ 850\times 4+ \\ &\quad 2\times 7.9\times x_6\times 10^{-6}\times 7\ 850\times 4 \\ &= (21x_1+21x_2+21x_3+27.4x_4)\times 360+0.424\ 2x_5+0.478\ 8x_6 \end{aligned}$$

其中，x_1，x_2，x_3，x_4 分别为顶板、中板、底板的厚度(m)，x_5 为底板两侧配筋(mm^2)，x_6 为侧墙下部配筋(mm^2)

6.3.3 结构计算

在建立约束条件前，需要对结构进行求解，底板与侧墙的配筋量与底板和侧墙的受力情况有关，而侧墙和底板的受力与 x_1，x_2，x_3，x_4，即顶板、中板、底板的厚度有关，由于计算复杂侧墙和底板的受力无法直接用 x_1，x_2，x_3，x_4 表示，需要给出足够的数据点进行拟合，得出表达式。计底板弯矩为 M_1，轴力为 N_1，侧墙弯矩为 M_2，轴力为 N_2。

因车站主体是一个狭长的建筑物，纵向很长，横向相对尺寸较小。车站纵向取每米范围内的结构作为计算单元，作为平面应变问题来近似处理，ANSYS 模型如图 6-59 所示，考虑地层和结构的共同作用，采用荷载-结构模型进行分析。计算模型为支护在弹性地基上对称的平面框架结构，框架结构底板下用弹簧模拟土体抗力，车站结构考虑水平及竖向荷载。立柱按有效面积相等的原则换算为沿线路方向设置的矩形截面墙予以考虑。利用 ANSYS 软件进行计算。

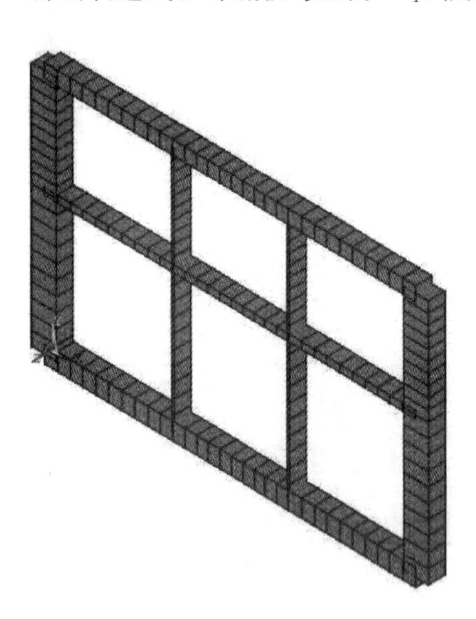

图 6-59 地铁车站的 ANSYS 有限元模型

为了拟合受力条件，分别取 $x_1=0.6$，0.9，1.2 m；$x_2=0.4$，0.7 m；$x_3=0.5$，1，1.5 m；$x_4=0.5$，1，1.5 m 进行组合，得到用 ANSYS 计算 M_1，N_1，M_2，N_2 的 54 组命令流，其中一种命令流如附录 D 所示。

当 $x_1=0.6$ m，$x_2=0.4$ m，$x_3=0.5$ m，$x_4=0.5$ m 利用 ANSYS 计算得到弯矩和轴力图分别为图 6-60、图 6-61。

54 组数据计算得到的 M_1，N_1，M_2，N_2 与对应的 x_1，x_2，x_3，x_4 关系如表 6-16 所示。

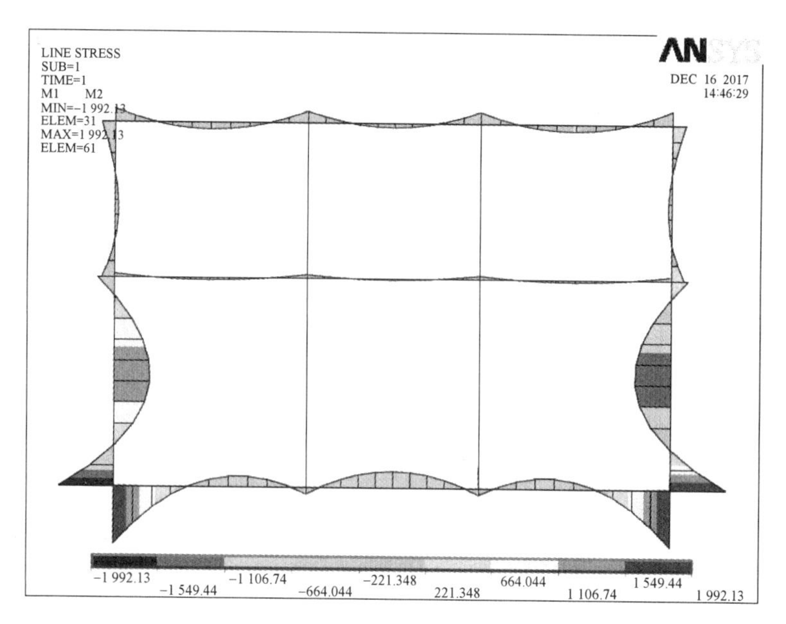

图 6-60　有限元分析弯矩图

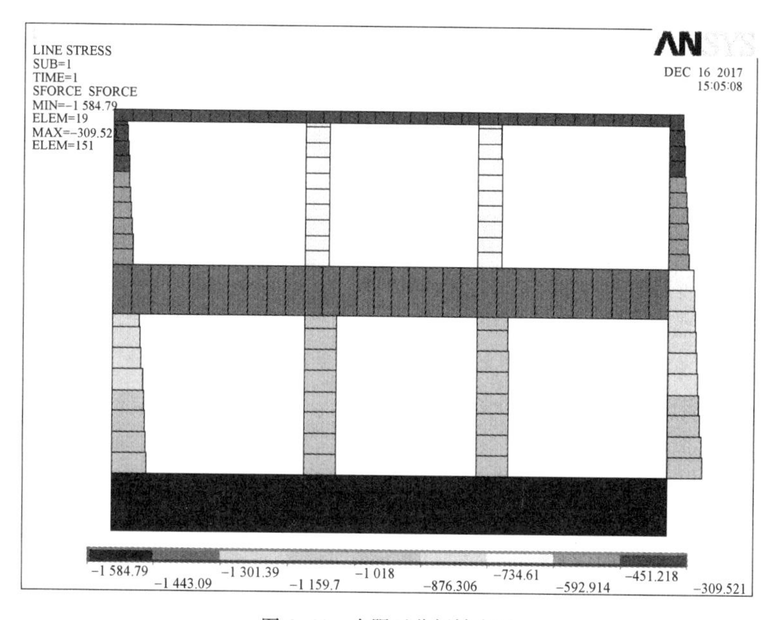

图 6-61　有限元分析轴力图

表 6-16　x_1，x_2，x_3，x_4 与 M_1，N_1，M_2，N_2 的 54 组对应关系

top	middle	bottom	wall	M_1	M_2	N_1	N_2
0.6	0.4	0.5	0.5	1 013.7	−664.64	−964.58	−492
0.6	0.4	0.5	1	898.91	−791.61	−967.07	−605.72
0.6	0.4	0.5	1.5	1 019	−888.52	−1 011.2	−730.1
0.6	0.4	1	0.5	1 299.6	−609.99	−1 011.6	−494.4
0.6	0.4	1	1	1 356.4	−695.25	−1 040.5	−628.02

（续表）

top	middle	bottom	wall	M_1	M_2	N_1	N_2
0.6	0.4	1	1.5	1 622.5	−753.22	−1 106.3	−763.35
0.6	0.4	1.5	0.5	1 361.3	−598.53	−1 021.8	−494.33
0.6	0.4	1.5	1	1 539.7	−656.24	−1 069.8	−638.12
0.6	0.4	1.5	1.5	1 939	−676.16	−1 155	−781.12
0.6	0.7	0.5	0.5	1 012.7	−589.85	−949.19	−555.14
0.6	0.7	0.5	1	899.73	−749.19	−958.61	−623.36
0.6	0.7	0.5	1.5	993.31	−823.67	−992.77	−724.83
0.6	0.7	1	0.5	1 265.5	−548.45	−992.16	−556.99
0.6	0.7	1	1	1 338	−646.35	−1 026.8	−655.51
0.6	0.7	1	1.5	1 570.1	−681.59	−1 081.1	−773.93
0.6	0.7	1.5	0.5	1 311.4	−540.18	−999.81	−559.94
0.6	0.7	1.5	1	1 505.2	−604.46	−1 052.3	−671.99
0.6	0.7	1.5	1.5	1 882.2	−595.69	−1 127.1	−803.11
0.9	0.4	0.5	1.5	996.07	−887.19	−1 006.2	−720.74
0.9	0.4	1	1	1 370.4	−695.38	−1 043.3	−654.28
0.9	0.4	1	1.5	1 617	−759.61	−1 106.5	−780.57
0.9	0.4	1.5	1.5	1 981	−676.51	−1 163.6	−817.42
0.9	0.7	0.5	0.5	1 019.9	−585.39	−949.74	−575.88
0.9	0.7	0.5	1	903.1	−733.94	−956.2	−635.81
0.9	0.7	0.5	1.5	983.86	−803.43	−986.73	−726.4
0.9	0.7	1	0.5	1 266.9	−546.41	−992.02	−581.12
0.9	0.7	1	1	1 347.7	−643.43	−1 028.2	−680.14
0.9	0.7	1	1.5	1 568.2	−681.05	−1 080.6	−792.8
0.9	0.7	1.5	0.5	1 311.6	−538.76	−999.56	−585.71
0.9	0.7	1.5	1.5	1 918.3	−596.97	−1 134.7	−837.04
1.2	0.4	0.5	0.5	1 038.4	−654.18	−967.49	−548
1.2	0.4	0.5	1	908.38	−780.54	−966.74	−631.25
1.2	0.4	0.5	1.5	986.99	−884.97	−1 003.9	−722.21
1.2	0.4	1	0.5	1 310.2	−604.02	−1 012.5	−555.95
1.2	0.4	1	1	1 388.3	−694.21	−1 046.7	−682.55
1.2	0.4	1	1.5	1 620.1	−762.42	−1 107.7	−801.3
1.2	0.4	1.5	0.5	1 365.9	−594.05	−1 021.8	−557.82
1.2	0.4	1.5	1	1 597.7	−657.29	−1 081.8	−710.83
1.2	0.4	1.5	1.5	2 031.2	−672.56	−1 173	−856.72

（续表）

top	middle	bottom	wall	M_1	M_2	N_1	N_2
1.2	0.7	0.5	0.5	1 031.8	−582.29	−951.53	−601.9
1.2	0.7	0.5	1	913.74	−723.01	−956.14	−653.88
1.2	0.7	0.5	1.5	982.7	−786.42	−983.04	−734.33
1.2	0.7	1	0.5	1 272.6	−545.07	−992.92	−610.44
1.2	0.7	1	1	1 362.5	−640.09	−1 030.5	−707.18
1.2	0.7	1	1.5	1 573.5	−678.6	−1 081.2	−814.48
1.2	0.7	1.5	0.5	1 315.3	−537.88	−1 000.1	−617.39
1.2	0.7	1.5	1	1 551.8	−604.05	−1 061.7	−739.04
1.2	0.7	1.5	1.5	1 963.4	−594.97	−1 143.5	−874.09

将底板弯矩 M_1、轴力 N_1、侧墙弯矩 M_2、轴力 N_2，用54个由ANSYS计算出的数据点拟合，形式为：

$$Y=a_0+a_1x_1+a_2x_2+a_3x_3+a_4x_4+a_5x_1^2+a_6x_2^2+a_7x_3^2+a_8x_4^2+a_9x_1x_2$$
$$+a_{10}x_1x_3+a_{11}x_1x_4+a_{12}x_2x_3+a_{13}x_2x_4+a_{14}x_3x_4$$

拟合采用Python下的多元线性规划方法，代码如下：

```
import numpy as np
import matplotlib as mpl
import matplotlib.pyplot as plt
import pandas as pd
from sklearn.model_selection import train_test_split
from sklearn.linear_model import LinearRegression
plt.rcParams['font.sans-serif']=['SimHei']
plt.rcParams['axes.unicode_minus']=False

path = r'C:\Users\TJtulong\Desktop\地下结构最优化\拟合数据plus.csv'
data = pd.read_csv(path,engine='python')
x = data[['top','middle','bottom','wall','top2','middle2','bottom2','wall2','tm','tb','tw',
'mb','mw','bw']]
y = data['M1']
#print('x=',x)
#print('y=',y)

linreg = LinearRegression()
model = linreg.fit(x,y)
print('[a1,a2,a3,a4,a5,a6,a7,a8,a9,a10,a11,a12,a13,a14]=',linreg.coef_)
print('a0=',linreg.intercept_)

y_hat = linreg.predict(np.array(x))
t = np.arange(len(x))
```

```
plt.plot(t,y,'r-',linewidth=2,label='真实数据')
plt.plot(t,y_hat,'g-',linewidth=2,label='拟合数据')
plt.legend(loc='best')
plt.show()
```

拟合结果得到,其中对于 M_1,系数矩阵 $\boldsymbol{A}$ 为

[−103.29　44.32　980.47　−1 077.57　28.79　48.75　−483.367
370.36　−4.85　72.73　17.16　−153.84　−43.84　644.07]

其中对于 M_2,系数矩阵 $\boldsymbol{A}$ 为

[24.24　64.56　183.17　−543.76　−5.75　71.02　−88.52
104.21　35.27　−23.78　1.32　−16.14　59.08　156.32]

其中对于 N_1,系数矩阵 $\boldsymbol{A}$ 为

[26.20　4.17　−161.92　108.41　−7.11　4.58　80.21
−54.03　8.02　−19.63　−3.24　27.93　20.92　−99.16]

其中对于 N_2,系数矩阵 $\boldsymbol{A}$ 为

[−3.60　−106.06　59.83　−202.61　−23.99　−116.66　29.69
−22.54　7.12　−68.57　31.11　−36.93　156.69　−94.05]

将拟合结果代回进行检验,发现结果正确,M_1, M_2, N_1, N_2 的拟合效果如图 6-62 所示,可见拟合结果满足要求。

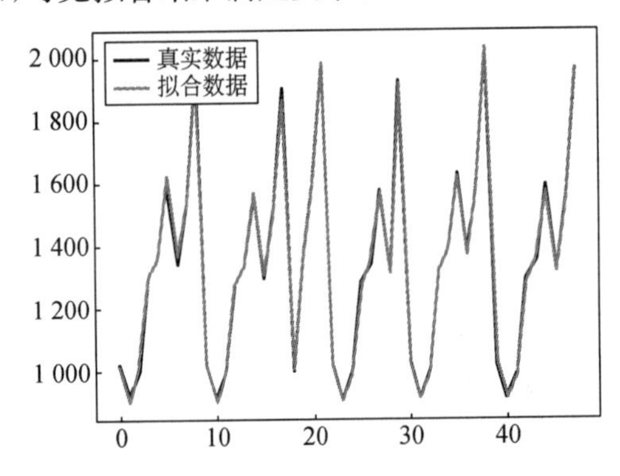

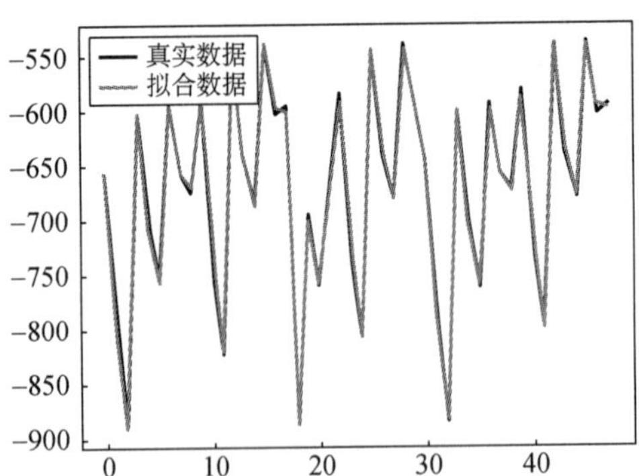

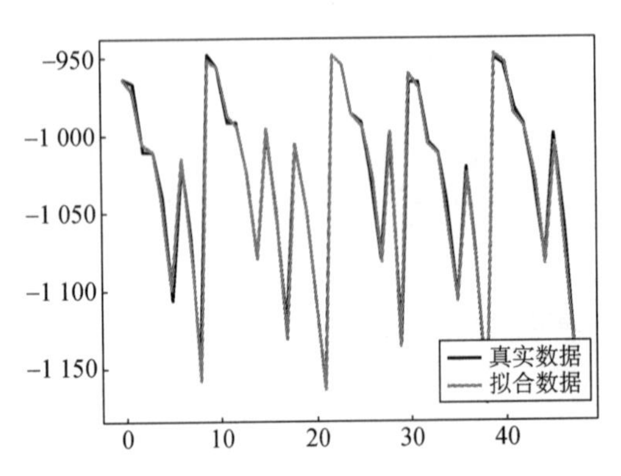

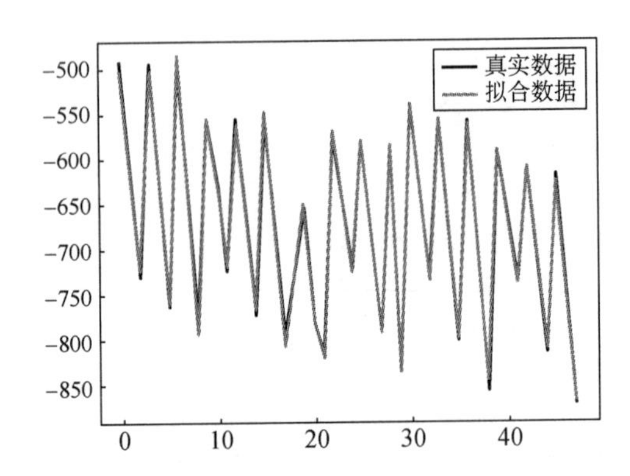

图 6-62　M_1, M_2, N_1, N_2 的拟合效果

6.3.4　约束条件

1. 尺寸约束

根据经验，顶板、中板、底板、侧墙的厚度都有一定的限制，若尺寸过大，则浪费材料，若尺寸过小，则安全性难以满足，因此取 x_1，x_2，x_3，x_4 得尺寸约束条件如下：

$$\begin{cases}0.6 < x_1 < 1.2\\0.4 < x_2 < 0.7\\0.5 < x_3 < 1.5\\0.5 < x_4 < 1.5\end{cases}$$

2. 配筋量约束

当计算拟合结果得到 M_1，N_1，M_2，N_2 后，可以通过计算得到 x_5，x_6（即配筋量）两个变量：

底板和侧墙都为轴压构件，都按照对称配筋，即 $A_s = A'_s$。根据试算结果，均为大偏心构件，令底板单侧钢筋 A_s 为 x_5，侧墙单侧钢筋 A_s 为 x_6，根据 M_1，N_1，M_2，N_2 可得到结果。

对于底板，取：偏心距 $e=\dfrac{M_1}{N_1}+30+\dfrac{x_3\times 1\,000}{2}-40$，受压区尺寸 $\xi=\dfrac{N_1}{f_c b h_0}$，$f_c$ 为混凝土强度，$b=1\,000$ mm，$h_0=x_3\times 1\,000-40$，计算 $A_s=A'_s=\dfrac{1\,000\times N_1 e-f_c b h_0^2(\xi-0.5\xi^2)}{f_y(h_0-a'_s)}$。

其中，f_y 为钢筋强度，$a'_s=40$。

约束为 $A_s=A'_s$，不超过按照 ϕ32@100 每延米配筋（$A_s=A'_s=8\,042\ \text{mm}^2$），对于侧墙同理。

6.3.5　Excel 优化求解

利用 Excel 自带的最优化求解工具箱即可方便的求解，如图 6-63(a)—图 6-63(d)所示。

	弯矩M1	轴立N1	弯矩M2	轴立N2			
a0	976.4	-939.9	-579.87	-351.98		1	常数
a1	-103.29	26.2	24.24	-3.6		0.6	x1
a2	44.32	4.17	64.56	-106.06		0.4	x2
a3	980.47	-161.92	183.17	59.83		0.548651	x3
a4	-1077.57	108.41	-543.76	-202.61		0.68744	x4
a5	28.79	-7.11	-5.75	-23.99		0.36	x1^2
a6	48.75	4.58	71.02	-116.66		0.16	x2^2
a7	-483.367	80.21	-88.52	29.69		0.301018	x3^2
a8	370.36	-54.03	104.21	-22.54		0.472573	x4^2
a9	-4.85	8.02	35.27	7.12		0.24	x1x2
a10	72.73	-19.63	-23.78	-68.57		0.32919	x1x3
a11	17.16	-3.24	1.32	31.11		0.412464	x1x4
a12	-153.84	27.93	-16.14	-36.93		0.21946	x2x3
a13	-43.84	20.92	59.08	156.69		0.274976	x2x4
a14	644.07	-99.16	156.32	-94.05		0.377164	x3x4
值	1355.359	-1311.43	-955.896	-729.756			

(a)

底板	偏心距e	1272.820947					
	受压区尺寸	0.16236679					
		fc	b	$h0$	fy	ft	as'
		16.7	1000	483.6508	360	1.57	65
侧墙(M_2 N_2)	偏心距$e1$	1618.603964					
	受压区尺寸	0.070204326					
		fc	b	$h0$	fy	ft	as'
		16.7	1000	622.4398	360	1.57	65
侧墙(M_1 N_2)	偏心距$e2$	2165.996111					
	受压区尺寸	0.070204326					

(b)

变量	x1(顶板)	x2（中板）	x3（底板）	x4（侧墙）	
变量初值	0.6	0.4	0.54865081	0.68743981	
目标函数	22984.76				
约束条件	0.6		1.2	0.6	顶板厚度限制
	0.4		0.7	0.4	中板厚度限制
	0.548651		1.5	0.5	底板厚度限制
	0.68744		1.5	0.5	侧墙厚度限制
AS底板	7208.574		8042		底板配筋限制
	3701.95		8042		侧墙配筋限制
AS侧墙	5692.513				
	5692.513	两者的最大值			

(c)

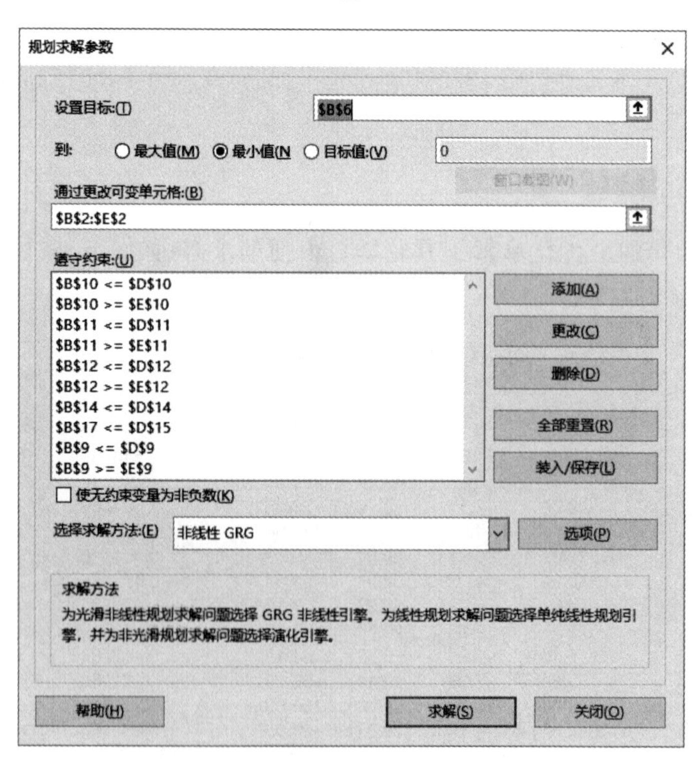

(d)

图 6-63　利用 Excel 自带的最优化求解工具箱求解

求解得到最优化结果为

$$\left.\begin{cases}x_1=0.6\\x_2=0.4\\x_3=0.548\,650\,81\\x_4=0.687\,439\,81\end{cases}\right\}\quad y=22\,984.76$$

6.3.6 MATLAB 非线性优化求解

MATLAB 自带的非线性优化模块也可以方便的求解有约束的最优化问题。

首先定义目标函数文件 objfun.m,代码如下:

```
function y = objfun(x)
% % % M1 N1 为底板的弯矩和轴力
% % % M2 N2 为侧墙的弯矩和轴力
    FM1 = [976.4 - 103.29 44.32 980.47 - 1077.57 28.79 48.75 - 483.367 370.36 - 4.85 72.73
17.16 - 153.84 - 43.84 644.07];
    FN1 = [ - 939.9 26.2 4.17 - 161.92 108.41 - 7.11 4.58 80.21 - 54.03 8.02 - 19.63 - 3.24
27.93 20.92 - 99.16];
    FM2 = [ - 579.87 24.24 64.56 183.17 - 543.76 - 5.75 71.02 - 88.52 104.21 35.27 - 23.78
1.32 - 16.14 59.08 156.32];
    FN2 = [ - 351.98 - 3.6 - 106.06 59.83 - 202.61 - 23.99 - 116.66 29.69 - 22.54 7.12 -
68.57 31.11 - 36.93 156.69 - 94.05];
    M_1 = FM1(1) + FM1(2) * x(1) + FM1(3) * x(2) + FM1(4) * x(3) + FM1(5) * x(4) + FM1(6) * x(1)^2 +
FM1(7) * x(2)^2 + FM1(8) * x(3)^2 + FM1(9) * x(4)^2 + FM1(10) * x(1) * x(2) + FM1(11) * x(1) * x(3) +
FM1(12) * x(1) * x(4) + FM1(13) * x(2) * x(3) + FM1(14) * x(2) * x(4) + FM1(15) * x(3) * x(4);
    N_1 = FN1(1) + FN1(2) * x(1) + FN1(3) * x(2) + FN1(4) * x(3) + FN1(5) * x(4) + FN1(6) * x(1)^2 +
FN1(7) * x(2)^2 + FN1(8) * x(3)^2 + FN1(9) * x(4)^2 + FN1(10) * x(1) * x(2) + FN1(11) * x(1) * x(3) +
FN1(12) * x(1) * x(4) + FN1(13) * x(2) * x(3) + FN1(14) * x(2) * x(4) + FN1(15) * x(3) * x(4);
    M_2 = FM2(1) + FM2(2) * x(1) + FM2(3) * x(2) + FM2(4) * x(3) + FM2(5) * x(4) + FM2(6) * x(1)^2 +
FM2(7) * x(2)^2 + FM2(8) * x(3)^2 + FM2(9) * x(4)^2 + FM2(10) * x(1) * x(2) + FM2(11) * x(1) * x(3) +
FM2(12) * x(1) * x(4) + FM2(13) * x(2) * x(3) + FM2(14) * x(2) * x(4) + FM2(15) * x(3) * x(4);
    N_2 = FN2(1) + FN2(2) * x(1) + FN2(3) * x(2) + FN2(4) * x(3) + FN2(5) * x(4) + FN2(6) * x(1)^2 +
FN2(7) * x(2)^2 + FN2(8) * x(3)^2 + FN2(9) * x(4)^2 + FN2(10) * x(1) * x(2) + FN2(11) * x(1) * x(3) +
FN2(12) * x(1) * x(4) + FN2(13) * x(2) * x(3) + FN2(14) * x(2) * x(4) + FN2(15) * x(3) * x(4);
    M1 = 1.35 * abs(M_1);
    M2 = 1.35 * abs(M_2);
    N1 = 1.35 * abs(N_1);
    N2 = 1.35 * abs(N_2);
    % % % fc b fy as 为计算配筋时的常数
    fc = 16.7;
    b = 1000;
    fy = 360;
    as = 65;
    h0_1 = 1000 * x(3) - as;
```

```
h0_2 = 1000 * x(4) - as;
%%e1 e2 为偏性距
e1 = 1000 * M1/N1 + 30 + x(3) * 1000/2 - as;
e2 = 1000 * M2/N2 + 30 + x(4) * 1000/2 - as;
e3 = 1000 * M1/N2 + 30 + x(4) * 1000/2 - as;
%%%%v1 v2 受压区尺寸
v1 = 1000 * N1/(fc * b * h0_1);
v2 = 1000 * N2/(fc * b * h0_2);
As1 = (1000 * N1 * e1 - fc * b * h0_1^2 * (v1 - 0.5 * v1^2))/(fy * (h0_1 - as));
As2_1 = (1000 * N2 * e2 - fc * b * h0_2^2 * (v2 - 0.5 * v2^2))/(fy * (h0_2 - as));
As2_2 = (1000 * N2 * e3 - fc * b * h0_2^2 * (v2 - 0.5 * v2^2))/(fy * (h0_2 - as));
As2 = max(As2_1,As2_2);
%混凝土单价 300 元/m3 计算后底板和侧墙的钢筋的价格为 0.6594 0.49612 元/mm2
con = 300;
l_bar = 7850 * 4 * 21/10^6;
c_bar = 7850 * 4 * 15.8/10^6;
y = (21 * x(1) + 21 * x(2) + 21 * x(3) + 27.4 * x(4)) * con + l_bar * As1 + c_bar * As2;
end
```

定义非线性约束方程函数 mycon.m，代码如下：

```
function [c,ceq] = mycon(x)
    FM1 = [976.4 -103.29 44.32 980.47 -1077.57 28.79 48.75 -483.367 370.36 -4.85 72.73 17.16 -153.84 -43.84 644.07];
    FN1 = [-939.9 26.2 4.17 -161.92 108.41 -7.11 4.58 80.21 -54.03 8.02 -19.63 -3.24 27.93 20.92 -99.16];
    FM2 = [-579.87 24.24 64.56 183.17 -543.76 -5.75 71.02 -88.52 104.21 35.27 -23.78 1.32 -16.14 59.08 156.32];
    FN2 = [-351.98 -3.6 -106.06 59.83 -202.61 -23.99 -116.66 29.69 -22.54 7.12 -68.57 31.11 -36.93 156.69 -94.05];
    M_1 = FM1(1) + FM1(2) * x(1) + FM1(3) * x(2) + FM1(4) * x(3) + FM1(5) * x(4) + FM1(6) * x(1)^2 + FM1(7) * x(2)^2 + FM1(8) * x(3)^2 + FM1(9) * x(4)^2 + FM1(10) * x(1) * x(2) + FM1(11) * x(1) * x(3) + FM1(12) * x(1) * x(4) + FM1(13) * x(2) * x(3) + FM1(14) * x(2) * x(4) + FM1(15) * x(3) * x(4);
    N_1 = FN1(1) + FN1(2) * x(1) + FN1(3) * x(2) + FN1(4) * x(3) + FN1(5) * x(4) + FN1(6) * x(1)^2 + FN1(7) * x(2)^2 + FN1(8) * x(3)^2 + FN1(9) * x(4)^2 + FN1(10) * x(1) * x(2) + FN1(11) * x(1) * x(3) + FN1(12) * x(1) * x(4) + FN1(13) * x(2) * x(3) + FN1(14) * x(2) * x(4) + FN1(15) * x(3) * x(4);
    M_2 = FM2(1) + FM2(2) * x(1) + FM2(3) * x(2) + FM2(4) * x(3) + FM2(5) * x(4) + FM2(6) * x(1)^2 + FM2(7) * x(2)^2 + FM2(8) * x(3)^2 + FM2(9) * x(4)^2 + FM2(10) * x(1) * x(2) + FM2(11) * x(1) * x(3) + FM2(12) * x(1) * x(4) + FM2(13) * x(2) * x(3) + FM2(14) * x(2) * x(4) + FM2(15) * x(3) * x(4);
    N_2 = FN2(1) + FN2(2) * x(1) + FN2(3) * x(2) + FN2(4) * x(3) + FN2(5) * x(4) + FN2(6) * x(1)^2 + FN2(7) * x(2)^2 + FN2(8) * x(3)^2 + FN2(9) * x(4)^2 + FN2(10) * x(1) * x(2) + FN2(11) * x(1) * x(3) + FN2(12) * x(1) * x(4) + FN2(13) * x(2) * x(3) + FN2(14) * x(2) * x(4) + FN2(15) * x(3) * x(4);
    M1 = 1.35 * abs(M_1);
    M2 = 1.35 * abs(M_2);
    N1 = 1.35 * abs(N_1);
```

```
N2 = 1.35 * abs(N_2);
fc = 16.7;
b = 1000;
fy = 360;
as = 65;
h0_1 = 1000 * x(3) - as;
h0_2 = 1000 * x(4) - as;
e1 = 1000 * M1/N1 + 30 + x(3) * 1000/2 - as;
e2 = 1000 * M2/N2 + 30 + x(4) * 1000/2 - as;
e3 = 1000 * M1/N2 + 30 + x(4) * 1000/2 - as;
%%%%v1 v2 受压区尺寸
v1 = 1000 * N1/(fc * b * h0_1);
v2 = 1000 * N2/(fc * b * h0_2);
As1 = (1000 * N1 * e1 - fc * b * h0_1^2 * (v1 - 0.5 * v1^2))/(fy * (h0_1 - as));
As2_1 = (1000 * N2 * e2 - fc * b * h0_2^2 * (v2 - 0.5 * v2^2))/(fy * (h0_2 - as));
As2_2 = (1000 * N2 * e3 - fc * b * h0_2^2 * (v2 - 0.5 * v2^2))/(fy * (h0_2 - as));
As2 = max(As2_1,As2_2);
As_limit = 8042;
C1 = As1 - As_limit;
C2 = As2 - As_limit;
c = [C1 C2]';
ceq = [];
end
```

调用最优化求解函数 fobjsolve_fmincon.m，代码如下：

```
%%%利用 matlab 内置函数 fmincon 求解非线性约束问题
lb = [0.6 0.4 0.5 0.5]';
ub = [1.2 0.7 1.5 1.5]';
x0 = [0.8 0.4 1 0.7]';
x = fmincon(@objfun,x0,[],[],[],[],lb,ub,@mycon);
```

得到最优解：$y=22\ 983$。

6.3.7 遗传算法求解

遗传算法(Genetic Algorithm)是模拟达尔文生物进化论的自然选择和遗传学机理的生物进化过程的计算模型，是一种通过模拟自然进化过程搜索最优解的方法。利用 Matlab 中的遗传算法模块 GA 可以方便地求解。

调用最优化求解函数 fobjsolve_ga.m，代码如下：

```
%%%利用 matlab 内置函数 ga 求解非线性约束问题
LB = [0.6 0.4 0.5 0.5]';
UB = [1.2 0.7 1.5 1.5]';
x = ga(@objfun,4,[],[],[],[],LB,UB,@mycon);
```

得到最优解，如下所示：

$$y = 22\ 983$$

对比三种最优化求解方法，可见其结果基本相同，说明优化结果的可靠性较大，对于顶板和中板，主要受到尺寸的约束，而对于底板和侧墙，对目标优化函数起主导型作用，与实际相符。

6.4 案例4——基于隧道断面几何参数及二次衬砌的优化设计

6.4.1 工程背景

1. 工程概况

本课题研究的是厦蓉高速公路郴州武阳右线隧道的相关设计，公路等级为高速公路，设计时速为100 km/h，隧道全长1 355 m，按双向四车道设计（分离式）。该隧道穿越斜穿北东走向的石背岭山脉，地貌属于剥蚀侵蚀作用形式的低山丘陵地貌，隧道内地段地形起伏较大，山高坡陡，冲沟发育，冲沟走向以北东向为主，呈U形沟谷。隧道轴线通过路段地面标高271.73～454.22 m，相对高差约为170.00 m，隧道顶板上岩体最大厚度160 m，地形坡度35～45°，山坡植被发育，主要为灌木丛和乔木，基岩零星裸露头于地表。

2. 地层岩性

隧道区上覆第四系残坡积层（Qel＋dl）含碎石粉质黏土，下伏基岩为二叠系上统龙潭一长兴组（P2l＋c）碳质泥岩、粉砂质泥岩夹煤层及砂岩及硅质灰岩，三叠系下统飞仙关组（T1f）泥质粉砂岩。

3. 地质构造与地震

隧道区位于扬子准地台的黔北台隆六盘水断陷之普安旋扭构造变形区，轴向穿过武阳背斜，北翼地层产状为25°∠12°，南翼地层产状为200°∠15～35°；拟建隧道区岩体节理较发育，岩体主要发育的节理产状有258°∠69°，270°∠76°，176°∠79°。据《中国地震动参数区划图》（GB 18306—2001），隧道区地震动反映谱特征周期为0.35 s，地震动峰值加速度为0.05g，地震基本烈度为VI度。

4. 岩土构成

1）覆盖层

含碎石粉质黏土（Qel＋dl）：褐色～黄褐色，可塑状，含少量碎石，碎石成分为灰岩，沿轴线地表零星分布于隧道进出口及洞身段位置。

碎石土（Qel＋dl）：杂色：碎石成分为砂岩，主要分布于出口段，粒径为20～40 mm，最大可达60 mm，其余为黏土组成。

2）基岩

隧道穿过地层为基岩为基岩为二叠系上统龙潭一长兴组（P2l＋c）碳质泥岩、粉砂质泥岩夹煤层及砂岩，三叠系下统飞仙关组（T1f）泥质粉砂岩，基岩自上而下为。

5. 水文地质

场区地下水类型主要为基岩裂隙水，赋存于泥质粉砂岩、粉砂岩、泥岩风化裂隙、构造裂隙中，属上层滞水，初勘隧道进口钻孔中见稳定地下水位，地下水埋藏在底板标高以下。场区地下水主要靠大气降水补给，雨水渗入砂泥岩风化裂隙中，径流距离较短，多就近出露。场区部分地下水颜色较浑浊，略带褐黄色，根据区域水文地质资料及取样测试分析，地下水对弱透水层有酸型强腐蚀性，对Ⅰ类环境具有硫酸盐弱腐蚀性。

6.4.2　隧道内轮廓断面参数优化

6.4.2.1　确定隧道建筑限界

1. 隧道建筑限界的定义

隧道建筑限界是为了保证隧道内各种交通的正常运行于安全，而规定在一定宽度和高度范围内不得有任何障碍物的空间限界；在设计的时候，应充分研究各种车道与公路之间所处的空间关系，任何部件(包括隧道本身的通风、照明、安全、监控及内部装修等附属设施)均不得侵入隧道限界之内；隧道建筑限界是决定隧道净空尺寸的依据，对设计、施工、运营来说都很重要，而且隧道是永久性的建筑，一旦建成，就很难改动。因此，隧道建筑限界的确定，对隧道的设计来说至关重要。

2. 武阳隧道建筑限界的确定

一般而言，隧道建筑限界由行车道宽度 (W)，路缘带(S)，侧向宽度(L)，人行道(R) 或检修道(J) 等组成，当设置人行道时，含余宽(C)。

本设计中隧道设计要求为双幅式山岭隧道，双侧设计检修道或人行道，不再设余宽。本隧道为分离式单向双车道，因此本设计只确定单向双车道建筑限界。

根据原始资料武阳隧道为公路山岭隧道，高速公路标准，单向双车道，设计行车速度为 100 km/h，根据《公路隧道设计规范》(JTG D70—2)，确定武阳隧道建筑限界取值为：

车道宽度：$W=2\times375=750$ cm；

侧向宽度：$LL=50$，$LL=100$ cm；

检修通道宽度：$J=75$ cm；

步道高度：$h=40$ cm；

顶角宽度：$EL=LL=50$ cm；$ER=100$ cm；

余宽：$C=0$；

隧道内横向采用单向坡，坡度为 1.5%；

根据上述参数可得，隧道的建筑限界图如图 6-64 所示。

6.4.2.2　隧道横断面设计

1. 概述

公路隧道横断面设计，除满足隧道建筑限界的要求外，还应考虑洞内路面、排水、检修道、通风、照明，消防、内装、监控等设施所需要的空间，还要考虑仰拱曲率的影响，并根据施工方法确定出安全、经济、合理的断面形式和尺寸。所考虑的因素有：

1) 须符合前述的隧道建筑限界要求，结构的任何部位都不应侵入限界以内，应考虑通风、照明、安全、监控等内部装修设施所必需的富余量；

2) 施工方法，确定断面形式及尺寸有利于隧道的稳定；

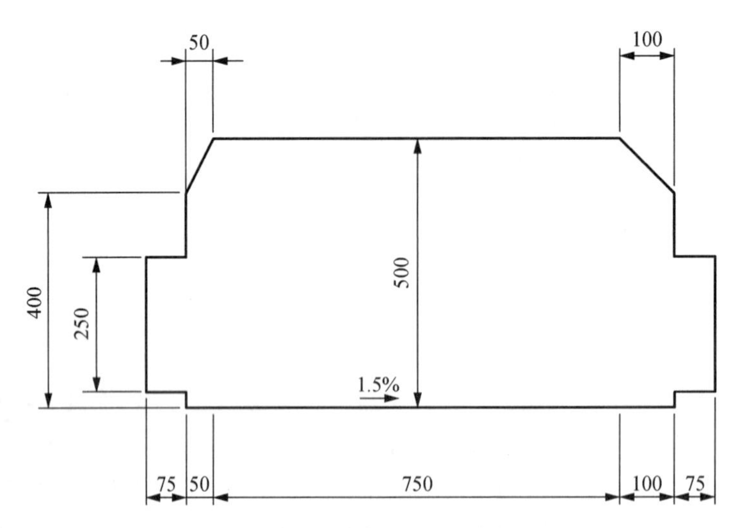

图 6-64　武阳隧道建筑限界图(单位:cm)

3) 从经济观点出发,内轮廓线应尽量减小洞室的体积,即使土石开挖量和圬工量最省;

4) 尽量平顺圆滑,以使结构受力及围岩稳定均处于有利条件;

5) 结构的轴线应尽可能地符合荷载作用下所决定的压力线。

具体样式如图 6-65 所示。

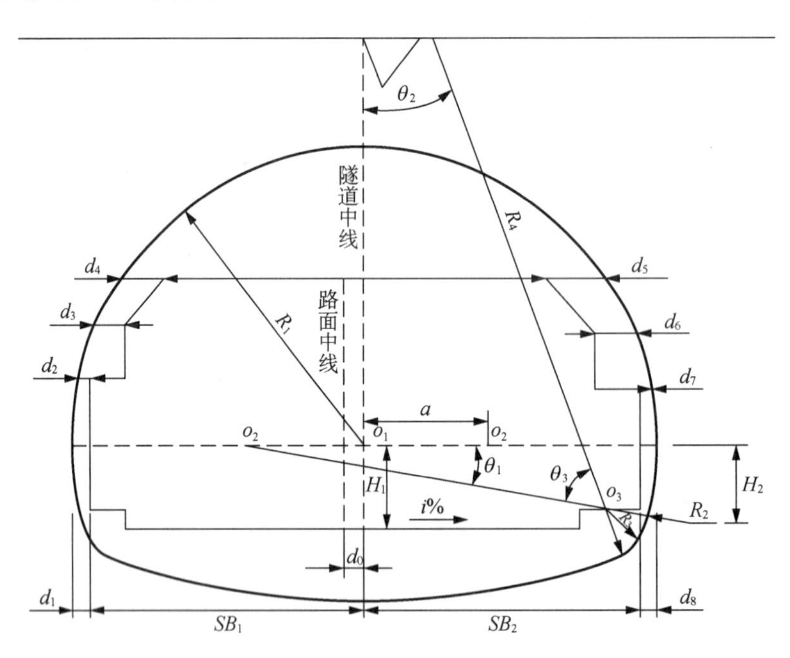

图 6-65　隧道内轮廓示意图

描述一个四心圆隧道需要 21 个参数,参数说明如下:R_1 为拱部圆弧半径;R_2 为边墙圆弧半径;R_3 为边墙与仰拱过度圆弧半径;R_4 为仰拱圆弧半径;θ_1 为起拱线至左下边墙底部角度;θ_2 为仰拱圆弧圆弧半角度;θ_3 为仰拱与边墙过渡段圆弧角度;a 为边墙圆弧圆心 o_2 偏离隧道中线距离;H_1 为路面到起拱线的高度;H_2 为边墙高度;d_0 为路面中线与隧道中线偏移的距离；SB_1 为隧道中线到建筑限界右端的距离；SB_2 为隧道中线到建筑限界左端的距离；$d_1 \sim d_8$ 为内轮廓线至建筑限界变化点的水平间距。

2. 武阳隧道内轮廓线设计

关于武阳隧道内轮廓线的设计，本文主要思想是通过选取四圆隧道的独立变量，然后利用不同智能算法结合罚函数进行优化计算，对比两种智能算法得到的优化值选取最优解。

1）四圆隧道相关参数

对于上述描述四圆隧道的21个参数，我们选择在其中7个作为独立变量（R_1，R_2，R_3，R_4，H_1，H_2，D_0），根据几何关系，可以利用这7个变量即表达其余的变量。其中，7个变量的取值范围可以作为部分约束条件。

2）问题分析

在实际工程生产中，隧道断面积的大小对工程量以及工程材料用量的影响很大，如果在设计阶段能够减少隧道断面积，将减少很大一部分工程量从而缩短工期还能节约很多材料，从经济角度而言，在满足正常功能要求的基础上，找到隧道断面尺寸的最优值意义重大。因此本例目标就是以隧道内轮廓面积为相关目标函数求其最优值，从而使隧道内轮廓断面积最小。

由以上分析可知，我们的断面优化设计最终可归结为一个7变量的最优化问题，如果对于目标函数最优解的搜索精度为0.01 m的话，解空间规模可达1 014，因此考虑采用智能算法，为了和课程紧密结合，本文采用遗传算法和模拟退火法，以7个独立几何参数为设计变量，以 $d_i(i=1 \sim 8)$ 为状态变量，通过类似罚函数的方法引入约束条件，以累加罚函数之后的断面面积的作为目标函数值。

3）智能算法优化

本文选取的遗传算法和模拟退火法在课堂已有讲解，这里就不进行赘述。本文利用智能优化算法实现优化时，算法参数设定如下：

遗传算法算法参数：种群规模为500；进化代数为10 000；交叉概率为0.8；变异概率为0.15。

模拟退火法算法参数：初始温度为100；降温系数为0.99；终止温度为1e−3；

6.4.2.3　隧道内轮廓线优化结果

遗传算法和模拟退火法的具体结果，案例1中已有具体应用，这里不进行赘述。最终通过上述具体参数得出，遗传算法和模拟退火法最终所得结果相差无几，基本上一样。但由于计算过程中模拟退火法的效率较高，因此本文选取模拟退火法所得结果，即最终四圆隧道参数值为：

$R_1=5.00$ m；$R_2=7.01$ m；$R_3=17.30$ m；$R_4=1.50$ m；$H_1=1.50$ m；$H_2=1.50$ m；$D_0=0.00$ m；$a=2.01$ m；$c_1=12°$；$c_2=15°$；$c_3=63°$。

6.4.3　二次衬砌优化

6.4.3.1　优化的目的与意义

目前对于隧道二次衬砌的设计普遍采用均一厚度，这显然没有考虑到衬砌结构的受力特点没有充分发挥材料的性能。我们的第二方面研究内容也是核心部分研究内容即是考虑二次衬砌厚度的非均一化优化设计。具体思路将衬砌结构离散化为多个单元，以结构内力和位移为约束条件，以总的衬砌混凝土用量为目标函数，通过优化算法计算出各个离散单元的衬砌厚度最优组合，然后拟合成为连续曲线，用于指导现实施工设计。

6.4.3.2　优化方法

针对目前隧道结构优化研究发展现状，本文利用遗传算法对隧道衬砌结构进行优化设计研究。新兴的遗传算法属于一种具有多点全局概率并行技术的优化方法，在优化领域具有传统优化方法无法比拟的优点，目前在各行各业得到了推广应用。

本文做了初步具体的针对实现隧道衬砌结构的遗传算法优化设计分析的探索和研究，主要做以下几方面工作：

1）在广泛阅读文献和调研的基础上，采用荷载结构法和相应荷载计算方法，选取一定的衬砌厚度，应用有限元软件 ANSYS 对本工程算例进行受力分析，得出一个初始解答。

2）利用 ANSYS 自带的优化程序，采用零阶搜索方法得出优化解。

3）根据遗传算法原理，编写结合了遗传算法与有限元计算的衬砌优化计算程序，并将该程序计算结果与利用有限元软件 ANSYS 中的零阶优化方法计算所得结果进行对比。

6.4.3.3　衬砌厚度的有限元初始解

1. 荷载-结构法计算模型

荷载结构模型认为地层对结构的作用只是产生作用在地下建筑结构上的荷载(包括主动地层压力和被动地层抗力)，衬砌在荷载的作用下产生内力和变形，与其相应的计算方法称为荷载结构法。这一方法与设计地面结构时习惯采用的方法基本一致，区别是计算衬砌内力时需考虑周围地层介质对结构变形的约束作用。

计算时先按地层分类法或由实用公式确定地层压力，保证衬砌结构能安全可靠的承受地层压力等荷载的作用下，按弹性地基上结构物的计算方法计算衬砌的内力，并进行结构截面设计。本次计算即采用以局部弹簧单元来模拟地层反力的荷载-结构模型，如图 6-66 所示。其中通过迭代试算可以确定受拉区，并删去相应的弹簧单元。

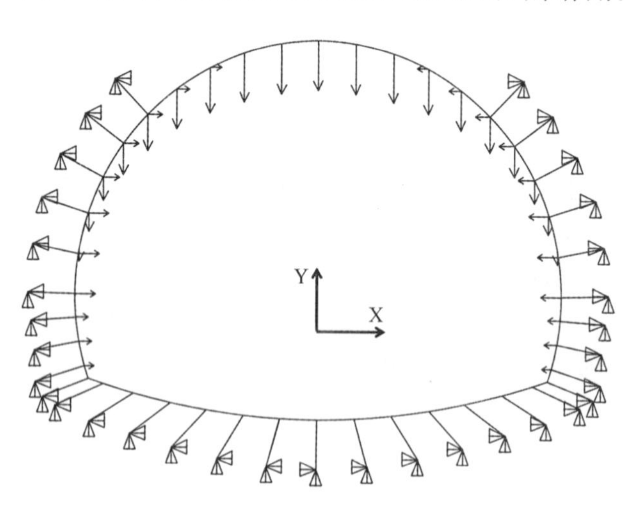

图 6-66　基于局部地层弹簧的荷载-结构法计算模型

2. 参数设置及荷载计算

本次计算共划分 42 个衬砌单元如图 6-67 所示，取初始衬砌单元厚度全部为 0.50 m。

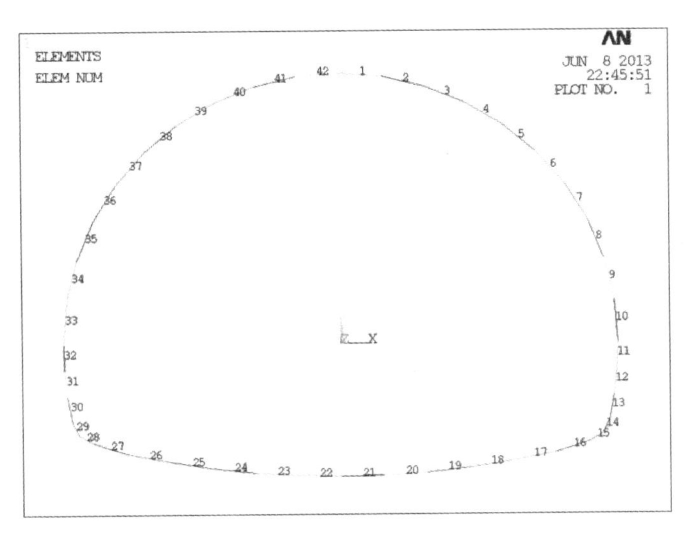

图 6-67 计算模型衬砌单元划分示意图

隧道深埋断面荷载计算方法如下：

h_q——荷载等效高度(m)按下式计算：

$$h_q = 0.45 \times 2^{s-1}\omega \tag{6.4.1}$$

其中 S——围岩级别；

ω—— 宽度影响系数，$\omega = 1 + i(B-1)$；

B——隧道宽度；

i——以 $B=5$ m 的围岩垂直均布压力为准，B 每增减 1 m 时的围岩压力增减率，当 $B<5$ m 时，取 $i=0.2$；$B>5$ m 时，取 $i=0.1$。

围岩垂直均布压力为

$$q_v = rh_q \tag{6.4.2}$$

式中，r 为围岩容重，kN/m^3。

围岩水平向压力为

$$h_q = \lambda q_v \tag{6.4.3}$$

式中，λ 为围岩侧压力系数，依据规范对于Ⅴ级围岩取 0.3～0.5，本次计算取 0.4。

根据以上基于局部地层弹簧的荷载结构法有限元模型及前处理程序计算所得荷载结果，由 ANSYS 求解其初始解的受力及变形可得如图 6-68—图 6-71 结果。

6.4.3.4 衬砌厚度的 ANSYS 零阶优化

1. ANSYS 的零阶优化方法

零阶方法属于直接法，它是通过调整设计变量的值，采用曲线拟合的方法去逼近状态变量和目标函数，可以很有效地处理大多数的工程问题。零阶方法之所以称为零阶方法是由于它只用到因变量而不用到它的偏导数。在零阶方法中有两个重要的概念：目标函数和状

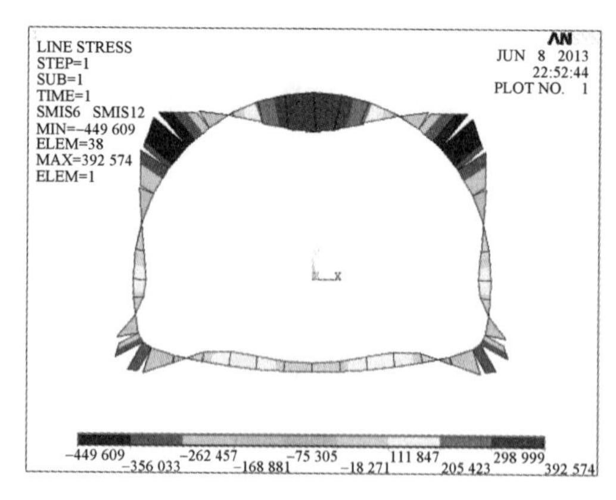

图 6-68　隧道断面初步计算结果弯矩图

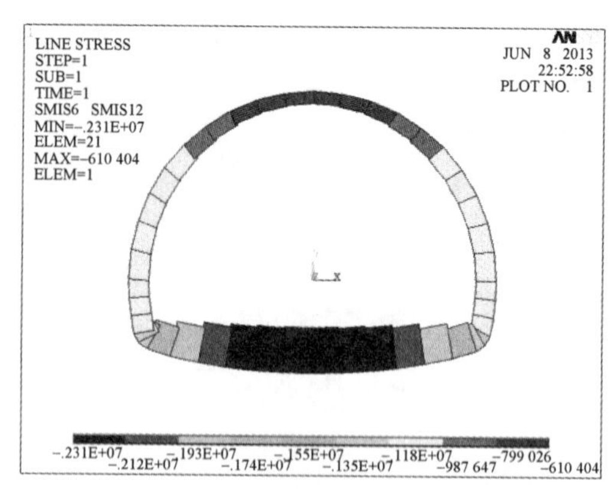

图 6-69　隧道断面初步计算结果轴力图

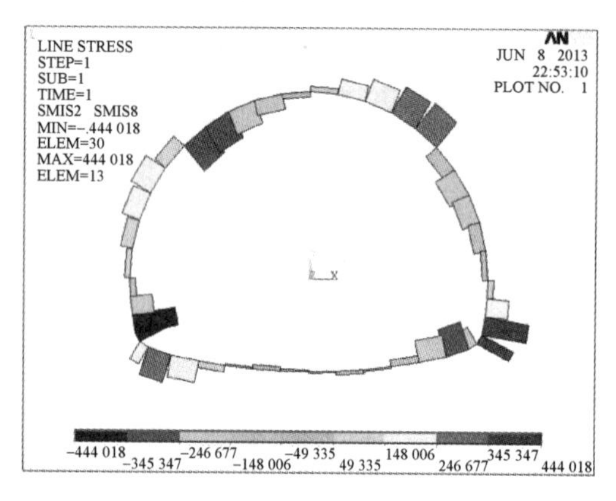

图 6-70　隧道断面初步计算结果剪力图

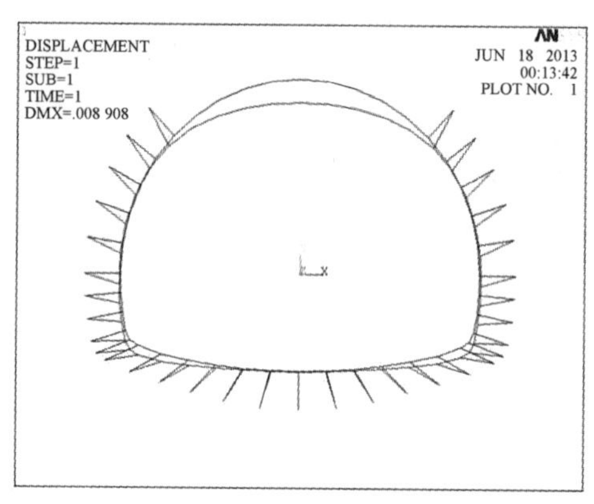

图 6-71　隧道断面初步计算结果变形图

态变量的逼近方法，由约束的优化问题转换为非约束的优化问题。

由于基于 ANSYS 的零阶优化方法在前述章节中已具体介绍，本例着重介绍衬砌厚度优化的 GAFEM 方法，因此本例中对于零阶优化方法仅做简单的介绍。

2. ANSYS 零阶优化结果

基于 ANSYS 的零阶优化计算，50 次迭代最优解 Vtot = 12.893 m^3，相比于初始解 14.407 9 m^3，可见优化后可在一定程度上，减少了混凝土的用量，虽然各单元厚度为离散数据，在实际工程中较难以实现，但其对工程仍有实际的指导意义，如拱顶处，角部衬砌厚度可适当增厚，其余部分衬砌厚度可相应减小，以此适应衬砌的实际受力状态。

6.4.3.5　衬砌厚度的 GAFEM 优化

1. GAFEM 优化方法概述

本工程中，由于需要在衬砌环向取得多个离散单元的厚度，因此本项内容中会出现较多的设计变量，例如我们初步计算模型划分的单元数量达到 42 个，考虑到对称性，设计变量也达到了 21 个，因此 ANSYS 的零阶优化方法并不能很有效的进行最优解搜索；而智能算法适用于高维最优化问题，为此需要自行设计基于荷载结构法的有限元程序，并使其实现与智能算法到的对接。本次研究即编写了基于遗传算法的有限元优化程序 GAFEM 来实现上述目标。

2. GAFEM 优化方法流程

在 GAFEM 算法中，利用荷载结构法进行结构的有限元计算，而在每一次结构计算后的参数调整及优化过程中采用遗传算法，并编制荷载计算与遗传优化的对接程序来实现优化的需要。

3. GAFEM 优化结果

取算法参数为：种群个体 50；进化代数 200；交叉概率 0.8；变异概率 0.15。优化结果如图 6-72 和图 6-73 所示。

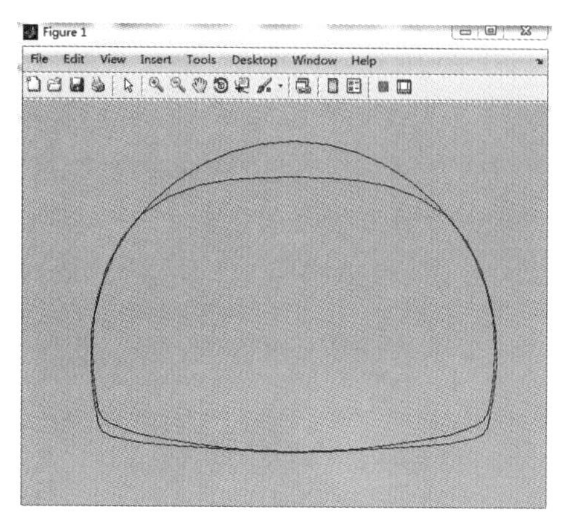

图 6-72 衬砌优化后断面变形图

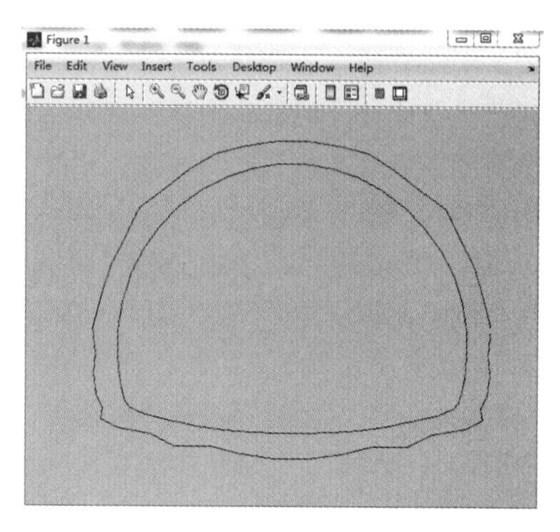

图 6-73 优化后衬砌厚度分布图

由优化结果可知，最优解对应衬砌混凝土总体积为 9.952 7 m^3，对应于初始解对应衬砌混凝土总体积为 14.407 9 m^3，以及 ANSYS 零阶优化的最优解 12.893 m^3，可以发现优化结果不仅比初始解小许多，优化后体积仅为优化前的 68.8%，也比 ANSYS 零阶优化解节约了大量混凝土体积，说明 GAFEM 在衬砌优化计算中是一个优秀的工具。

由以上计算结果可知，优化后衬砌厚度在隧道拱顶、仰拱中央及衔接处需取得较大值，符合隧道受力规律。而本文所拟合出的曲线还不够光滑，尚需进一步细分单元和细化计算模型来得到更进一步的结果依次来指导施工实践。

6.4.4 研究成果汇总

针对山岭隧道中断面尺寸以及支护结构设计中存在的优化问题，结合实际工程背景，我们提出了相应的优化模型，并且使用了一系列优化方法，最后得出了优化结论以及各方法的对比结果。

本次研究主要包含了山岭隧道多心圆断面几何参数优化设计以及隧道二次衬砌厚度优化设计，主要研究成果如下：

1）对两个优化问题进行独立建模

考虑到两阶段在设计过程中的独立性以及先后顺序，将两个优化问题进行独立建模、分析。由于两个问题的状态变量及约束条件关联性不强，尺寸的细节变化对隧道二次衬砌物理力学性态的影响有限，故可以分开建立优化模型，这可以简化整体的优化问题。

2）基于C/C++的横断面几何参数优化设计

本问题的优化设计基于C/C++实现，为了对比不同算法的优化结果以及优化效率，采用了遗传算法和模拟退火法两种算法进行优化。在遗传算法实现过程中，仅在传统的算法流程中加入了对于个体适应度评估的自定义函数。通过计算，得到最优解所对应的开挖面积，相比于初始解对应的开挖面积，减少了23.3%，优化效果十分明显。使用遗传算法和模拟退火法得到的优化结果十分接近，两种算法都是可行的，在本问题中，使用模拟退火法迭代次数更少，优化效率更高。

3）基于ANSYS的隧道二次衬砌厚度优化设计

对本次研究的第二阶段问题，我们首先基于ANSYS的零阶优化方法对隧道二次衬砌厚度进行优化设计。根据荷载结构法基本原理，使用ANSYS建立计算模型，进行前处理，并计算得到初始解。然后进入ANSYS优化模块，使用零阶方法进行优化。最后得到最优解所对应的各个衬砌单元的厚度并绘制了优化衬砌分布图。

4）基于遗传算法的二次衬砌厚度优化程序的开发

考虑到本问题中包含的离散衬砌单元较多(42个)，设计变量因而也较多，而基于ANSYS的优化方法对于高维的最优化问题并不能够有效地进行求解，因此我们设计了一个结合荷载结构法有限元计算及遗传优化算法的自编程序。程序在MATLAB中实现。首先与ANSYS对比验证了荷载结构法有限元计算程序的正确性，得到相同的初始解。然后将有限元程序与遗传优化算法进行衔接，使程序能够根据设定的算法参数自行优化。此外，得到相应最优解的各衬砌单元厚度之后，也加入了简单的后处理功能，将结果通过图形显示出来。

5）ANSYS优化与自编程序优化对比

对ANSYS优化结果和自编程序优化结果进行对比发现，自编程序能得到更优于ANSYS的结果，ANSYS所得出最优解相对于初始解所对应的衬砌混凝土总体积减少了10.5%，而自编程序的优化结果则减少了30.9%。通过改变算法参数，可以自行控制优化过程，迭代代数。

此外，本自编程序经过修改以后可以适用于反分析以及其他的结构优化计算问题。本次研究，针对山岭隧道涉及过程中横断面尺寸几何参数设计，给出了较好的解决方案。在符合规范要求、隧道使用要求的情况下，通过上述介绍的优化方法，可以减小开挖面，节省可观的工程造价。此外，针对模筑现浇二次衬砌，本文提出了变厚度二次衬砌设计思路，并且将衬砌离散成42个单元来建立计算模型，来进行衬砌厚度优化，也是具有实际意义的。通过优化，发现变厚度的衬砌设计能减少大量混凝土用量，节省可观的工程造价。另外通过ANSYS和自编程序两条途径分别进行优化对比，得到较为合理的最优解。

附录 A

1. 隧道建模程序

tunnel_Function.py:

```
from abaqus import * import testUtils testUtils.setBackwardCompatibility() from abaqusConstants
import * from part import * from material import * from section import * from assembly import *
from step import * from interaction import * from load import * from mesh import * from
optimization import * from job import * from sketch import * from visualization import * from
connectorBehavior import * def createTunnel(thickness,n,l,R): myModel = mdb.Model (name = 'Mountain
Tunnel') import part mySketch_L = myModel.ConstrainedSketch (name = 'Mountain Tunnel Lining',
sheetSize = 10000.)
#Part Tunnel #Tunnel Sketch
mySketch_L.ArcByCenterEnds (center = (0., 0.), point1 = (8.65 * cos(pi/2), 8.65 * sin(pi/2)),
point2 = (8.65 * cos(3 * pi/4), 8.65 * sin(3 * pi/4)))
mySketch_L.ArcByCenterEnds (center = (2.3115,2.3553), point1 = (8.65 * cos(3 * pi/4), 8.65 * sin
(3 * pi/4)), point2 = (-7.351,.5529))
mySketch_L.ArcByCenterEnds (center = (0., 23.5829), point1 = (-6.3279, -.3734), point2 = (0,
-1.2146))

mySketch_L.FilletByRadius(curve1 = mySketch_L.geometry[3],curve2 = mySketch_L.geometry[4],nearPoin
t1 = (-7.42507873535156, 1.19895263671875),
nearPoint2 = (5.91974304199219, -.399648132324219), radius = 1.5),
mySketch_L.ConstructionLine(point1 = (0.0, 8.65),point2 = (0.0, -1.0))
mySketch_L.copyMirror (mirrorLine = mySketch_L.geometry[6], objectList = (mySketch_L.geometry
[4], mySketch_L.geometry[5],mySketch_L.geometry[3],mySketch_L.ge ometry[2]))
#Left Bottom Bolt mySketch_L.Line (point1 = (-2.3115,2.3553), point2 = ((8.65) * cos(3 * pi/4 +
pi/8)2.3115, (8.65) * sin(3 * pi/4 + pi/8) + 2.3553))
mySketch_L.Line (point1 = (-2.3115,2.3553), point2 = ((8.65) * cos(3 * pi/4 + pi/4)2.3115,
(8.65) * sin (3 * pi/4 + pi/4) + 2.3553))
mySketch_L.Line( point1 = (-2.3115,2.3553),point2 = ((8.65) * cos(3 * pi/4 + 3 * pi/8)2.3115,
(8.65) * sin(3 * pi/4 + 3 * pi/8) + 2.3553))
mySketch_L.autoTrimCurve (curve1 = mySketch_L.geometry[11],point1 = ((8.65 - 5) * cos (3 * pi/4 +
pi/8)2.3115, (8.65 - 5) * sin(3 * pi/4 + pi/8) + 2.3553))
mySketch_L.autoTrimCurve ( curve1 = mySketch_L.geometry[12], point1 = ((8.65 - 5) * cos (3 * pi/4 +
```

```
pi/4)2.3115, (8.65-5) * sin(3 * pi/4 + pi/4) + 2.3553))
mySketch_L.autoTrimCurve(curve1 = mySketch_L.geometry[13],point1 = ((8.655) * cos(3 * pi/4 + 3 * pi/8) - 2.3115,(8.65 - 5) * sin(3 * pi/4 + 3 * pi/8) + 2.3553))
mySketch_L.copyMirror(mirrorLine = mySketch_L.geometry[6], objectList = (mySketch_L.geometry[14],mySketch_L.geometry[15],mySketch_L.geometry[16]))

#Top Bolt for i in range(0,n+1):
mySketch_L.Line(point1 = (0.,0.),point2 = ((8.65 + 1) * cos(pi/4 + pi * i/2/n),(8.65 + 1) * sin(pi/4 + pi * i/2/n)))
for i in range(0,n+1):
mySketch_L.autoTrimCurve(curve1 = mySketch_L.geometry[20 + i],point1 = ((8.651) * cos(pi/4 + pi * i/2/n),(8.65 - 1) * sin(pi/4 + pi * i/2/n)))
myTunnel = myModel.Part(name = 'Tunnel',dimensionality = TWO_D_PLANAR,type = DEFORMABLE_BO DY)
myTunnel.BaseWire(sketch = mySketch_L)
#Part Ground

mySketch_G = myModel.ConstrainedSketch(name = 'Mountain Tunnel Ground',sheetSize = 50.)
mySketch_G.rectangle(point1 = (-50.,29.11),point2 = (50., -45.))
myGround = myModel.Part(name = 'Ground',dimensionality = TWO_D_PLANAR,type = DEFORMABLE_BO DY)
myGround.BaseShell(sketch = mySketch_G)
mySketch = myModel.ConstrainedSketch(gridSpacing = 5.8292, name = 'mySketch', sheetSize = 233.1719, transform = myGround.MakeSketchTransform(sketchPlane = myGround.faces[0], sketchPlaneSide = SIDE1, sketchOrientation = RIGHT, origin = (0.0, -7.945, 0.0)))
mySketch.ArcByCenterEnds(center = (0.,0. + 7.945), point1 = (8.65 * cos(pi/2),8.65 * sin(pi/2) + 7.945), point2 = (8.65 * cos(3 * pi/4),8.65 * sin(3 * pi/4) + 7.945))
mySketch.ArcByCenterEnds(center = (2.3115,2.3553 + 7.945), point1 = (8.65 * cos(3 * pi/4), 8.65 * sin (3 * pi/4) + 7.945),point2 = (-7.351,.5529 + 7.945))
mySketch.ArcByCenterEnds(center = (0., 23.5829 + 7.945), point1 = (-6.3279, -.3734 + 7.945), point2 = (0,1.2146 + 7.945))
mySketch.FilletByRadius(curve1 = mySketch.geometry[3],curve2 = mySketch.geometry[4],nearPoint1 = (7.53121398925781, 1.11057525634766 + 7.945), nearPoint2 = (-5.53602600097656, -.506614685058594 + 7.945), radius = 1.500)
mySketch.ConstructionLine(point1 = (0.0, 8.650), point2 = (0.0, -1.0))
mySketch.copyMirror(mirrorLine = mySketch.geometry[6],
objectList = (mySketch.geometry[4],mySketch.geometry[5],mySketch.geometry[3],mySketch.geometry[2]))
myGround.PartitionFaceBySketch(faces = myGround.faces[0:1], sketch = mySketch)
import material
#Material Bolt
myBolt = myModel.Material(name = 'Bolt')
elasticProperties = (2E8,0.3)
```

```
myBolt.Elastic(table=(elasticProperties,))
myBolt.Density(table=((3.0,),))
#Material Lining
myLining=myModel.Material(name='Lining')
elasticProperties=(3.5E7,0.3)
myLining.Elastic(table=(elasticProperties,))

myLining.Density(table=((2.3,),))
#Material Ground_1
myGround_1=myModel.Material(name='Ground_1')
elasticProperties=(5E3,0.35)
myGround_1.Elastic(table=(elasticProperties,))
myGround_1.Density(table=((1.89,),))
myGround_1.MohrCoulombPlasticity(table=((2., 0.0), ))
myGround_1.mohrCoulombPlasticity.MohrCoulombHardening(table=((5, 0.0), ))
#Material Ground_2
myGround_2=myModel.Material(name='Ground_2')
elasticProperties=(20E3,0.2)
myGround_2.Elastic(table=(elasticProperties,))
myGround_2.Density(table=((2.0,),))
myGround_2.MohrCoulombPlasticity(table=((13., 0.0), ))
myGround_2.mohrCoulombPlasticity.MohrCoulombHardening(table=((28, 0.0), ))
#Material Ground_3
myGround_3=myModel.Material(name='Ground_3')
elasticProperties=(30E3,0.2)
myGround_3.Elastic(table=(elasticProperties,))
myGround_3.Density(table=((2.3,),))
myGround_3.MohrCoulombPlasticity(table=((13., 0.0), ))
myGround_3.mohrCoulombPlasticity.MohrCoulombHardening(table=((33, 0.0), ))
#Material Ground_4
myGround_4=myModel.Material(name='Ground_4')
elasticProperties=(50E3,0.2)
myGround_4.Elastic(table=(elasticProperties,))
myGround_4.Density(table=((2.5,),))
myGround_4.MohrCoulombPlasticity(table=((16., 0.0), ))
myGround_4.mohrCoulombPlasticity.MohrCoulombHardening(table=((35, 0.0), ))
import section

#Section Bolt
myModel.CircularProfile(r=R,name='Profile-Bolt')
myModel.BeamSection(consistentMassMatrix=False,integration=DURING_ANALYSIS,material='Bolt',
```

```
na me = 'Bolt ',poissonRatio = 0. 0,profile = 'Profile - Bolt ',temperatureVar = LINEAR)
for i in range(1,4):
endpoint = ((8. 65) * cos(3 * pi/4 + pi/8 * i) - 2. 3115,(8. 65) * sin(3 * pi/4 + pi/8 * i) + 2. 3553,0. 0)
e = myTunnel.edges.findAt((endpoint,))
myTunnel.Set(edges = e,name = 'Bolt ' + str(i))
myTunnel.SectionAssignment (offset = 0. 0, offsetField = '', offsetType = MIDDLE _ SURFACE, region =
myTunne l.sets['Bolt ' + str(i)],sectionName = 'Bolt ', thicknessAssignment = FROM_SECTION)
myTunnel.assignBeamSectionOrientation(method = N1_COSINES,n1 = (0. 0, 0. 0, 1. 0), region = myTunnel.
sets['Bolt ' + str(i)])
for i in range(1,4):
endpoint = ((8. 65) * cos(pi/4 - pi/8 * i) + 2. 3115,(8. 65) * sin(pi/4 - pi/8 * i) + 2. 3553,0. 0)
e = myTunnel.edges.findAt((endpoint,))
myTunnel.Set(edges = e,name = 'Bolt ' + str(i + 3))
myTunnel.SectionAssignment (offset = 0. 0, offsetField = '', offsetType = MIDDLE _ SURFACE, region =
myTunne l.sets['Bolt ' + str(i + 3)],sectionName = 'Bolt ', thicknessAssignment = FROM_SECTION)
myTunnel.assignBeamSectionOrientation(method = N1 _COSINES,n1 = (0. 0, 0. 0, 1. 0),region = myTunnel.
sets['Bolt ' + str(i + 3)])
for i in range(0,n + 1):
endpoint = ((8. 65 + 1) * cos(pi/4 + pi * i/2/n),(8. 65 + 1) * sin(pi/4 + pi * i/2/n),0. 0)
e = myTunnel.edges.findAt((endpoint,))          myTunnel.Set(edges = e,name = 'Bolt ' + str(i + 7))
myTunnel.SectionAssignment (offset = 0. 0, offsetField = '', offsetType = MIDDLE _ SURFACE, region =
myTunne l.sets['Bolt ' + str(i + 7)],sectionName = 'Bolt ', thicknessAssignment = FROM_SECTION)
myTunnel.assignBeamSectionOrientation(method = N1_COSINES,n1 = (0. 0, 0. 0, 1. 0), region = myTunnel.
sets['Bolt ' + str(i + 7)])
# Section Lining
myModel.RectangularProfile(a = 1. 0,b = thickness,name = 'Profile - Lining ')

myModel.BeamSection(consistentMassMatrix = False, integration = DURING_ANALYSIS, material = 'Lining
', name = 'Lining ',poissonRatio = 0. 0,profile = 'Profile - Lining ',temperatureVar = LINEAR)
origin1 = (0,2. 7638,1)
origin2 = (0,2. 7638, - 1)
radius = 8. 06
myTunnel. Set ( edges = myTunnel. edges. getByBoundingCylinder ( origin1, origin2, radius), name =
'Lining ')
myTunnel. SectionAssignment ( offset = 0. 0, offsetField = '', offsetType = MIDDLE _ SURFACE, region =
myTunne l.sets['Lining '],sectionName = 'Lining ',thicknessAssignment = FROM_SECTION)
myTunnel.assignBeamSectionOrientation(method = N1_COSINES,n1 = (0. 0, 0. 0, 1. 0), region = myTunnel.
sets['Lining '])
# Section Ground
myGround.DatumPlaneByPrincipalPlane(offset = 13. 050, principalPlane = XZPLANE)
myGround.DatumPlaneByPrincipalPlane(offset = 22. 150, principalPlane = XZPLANE)
```

```
myGround.DatumPlaneByPrincipalPlane(offset = 26.790, principalPlane = XZPLANE)
myGround.PartitionFaceByDatumPlane(datumPlane = myGround.datums[3],faces = myGround.faces[1])
myGround.PartitionFaceByDatumPlane(datumPlane = myGround.datums[4],faces = myGround.faces[2])
myGround.PartitionFaceByDatumPlane(datumPlane = myGround.datums[5],faces = myGround.faces[3])
myModel.HomogeneousSolidSection(material = 'Ground_1 ',name = 'GroundSection1 ',thickness = None)
myGround.Set(faces = myGround.faces[4:5],name = 'Ground1 ')
myGround.SectionAssignment(region = myGround.sets['Ground1 '],sectionName = 'GroundSection1 ')
myModel.HomogeneousSolidSection(material = 'Ground_4 ',name = 'GroundSection5 ',thickness = None)
myGround.Set(faces = myGround.faces[3:4],name = 'Ground5 ')
myGround.SectionAssignment(region = myGround.sets['Ground5 '],sectionName = 'GroundSection5 ')
for i in range(0,3):
myModel.HomogeneousSolidSection(material = 'Ground_' + str(i + 2),name = 'GroundSection ' + str(i +
2),thickne ss = None)
myGround.Set(faces = myGround.faces[i:i + 1],name = 'Ground ' + str(i + 2))
myGround.SectionAssignment ( region = myGround.sets [' Ground ' + str ( i + 2 )], sectionName = '
GroundSection ' + s tr(i + 2))
myGround.Surface(name = 'S_Ground ',side1Edges = myGround.edges[10:18])
myTunnel.Surface(name = 'M_Tunnel ',side2Edges = myTunnel.edges.getByBoundingCylinder(origin1,

origin2, radius))
# Assembly
import assembly
myAssembly = myModel.rootAssembly
myInstance_T = myAssembly.Instance(name = 'TunnelInstance ',part = myTunnel,dependent = OFF)
myInstance_G = myAssembly.Instance(name = 'GroundInstance ',part = myGround,dependent = OFF)
# Interaction
# Bolt Embedded region Ground
myAssembly.Set(faces = myInstance_G.faces,name = 'Ground')      for i in range(0,n + 7):
myModel.EmbeddedRegion(absoluteTolerance = 0.0,embeddedRegion = myAssembly.sets['TunnelInstance.B
olt' + str ( i + 1)], fractionalTolerance = 0.05, hostRegion = myAssembly.sets[' Ground '], name = '
BoltEmbedded' + str(i + 1),toleranceMethod = BOTH,weightFactorTolerance = 1e - 06)
# Tunnel Tie Ground
myModel.Tie( adjust = ON, master = myInstance_T.surfaces[' M_Tunnel '], name = ' Tunnel - Ground ',
positionToleranceMethod = COMPUTED, slave = myInstance_G.surfaces[' S_Ground '], thickness = ON,
tieRotat ions = ON)
# Step
myModel.GeostaticStep(name = 'Geo ',previous = 'Initial ')
mdb.models[' Mountain Tunnel '].steps[' Geo '].setValues ( matrixSolver = DIRECT, matrixStorage =
UNSYMMETRIC, maxInc = 1.0, minInc = 1e - 05, nlgeom = ON, timeIncrementationMethod = AUTOMATIC,
utol = 1e - 01)
myModel.StaticStep ( matrixSolver = DIRECT, matrixStorage = UNSYMMETRIC, name = ' tunnelLoad ',
```

```
previous='Geo',timePeriod=1.0,initialInc=1.,description='Load of the tunnel')
# Interaction Excavation
myModel.ModelChange(activeInStep = False, createStepName = 'Geo', includeStrain = False, name = '
Remove-Lining', region=myAssembly.sets['TunnelInstance.Lining'])
for i in range(0,n+7):
myModel.ModelChange(activeInStep = False, createStepName = 'Geo', includeStrain = False, name = '
Remove-Bolt'+str(i+1), region=myAssembly.sets['TunnelInstance.Bolt'+str(i+1)])

myModel.ModelChange(activeInStep = False, createStepName = 'tunnelLoad', includeStrain = False,
name='Excavation', region=myAssembly.sets['GroundInstance.Ground5'])
myModel.ModelChange(activeInStep = True, createStepName = 'tunnelLoad', includeStrain = False,
name='Add-Lining', region=myAssembly.sets['TunnelInstance.Lining'])
for i in range(0,n+7):
myModel.ModelChange(activeInStep = True, createStepName = 'tunnelLoad', includeStrain = False,
name='Add-Bolt'+str(i+1), region=myAssembly.sets['TunnelInstance.Bolt'+str(i+1)])
import load# BC_L
myAssembly.Set(edges=myInstance_G.edges[1:2],name='tunnelBC_L1')
myAssembly.Set(edges=myInstance_G.edges[4:5],name='tunnelBC_L2')
myAssembly.Set(edges=myInstance_G.edges[7:8],name='tunnelBC_L3')
myAssembly.Set(edges=myInstance_G.edges[20:21],name='tunnelBC_L4')
myModel.DisplacementBC(name='BC_L1',createStepName='Initial',region=myAssembly.sets['tunnelBC
_L1'],u1=SET,u2=UNSET,ur3=SET)
myModel.DisplacementBC(name='BC_L2',createStepName='Initial',region=myAssembly.sets['tunnelBC
_L2'],u1=SET,u2=UNSET,ur3=SET)
myModel.DisplacementBC(name='BC_L3',createStepName='Initial',region=myAssembly.sets['tunnelBC
_L3'],u1=SET,u2=UNSET,ur3=SET)
myModel.DisplacementBC(name='BC_L4',createStepName='Initial',region=myAssembly.sets['tunnelBC
_L4'],u1=SET,u2=UNSET,ur3=SET)
#BC_R
myAssembly.Set(edges=myInstance_G.edges[3:4],name='tunnelBC_R1')
myAssembly.Set(edges=myInstance_G.edges[6:7],name='tunnelBC_R2')
myAssembly.Set(edges=myInstance_G.edges[9:10],name='tunnelBC_R3')
myAssembly.Set(edges=myInstance_G.edges[18:19],name='tunnelBC_R4')
myModel.DisplacementBC(name='BC_R1',createStepName='Initial',region=myAssembly.sets['tunnelBC
_R1'],u1=SET,u2=UNSET,ur3=SET)

myModel.DisplacementBC(name='BC_R2',createStepName='Initial',region=myAssembly.sets['tunnelBC
_R2'],u1=SET,u2=UNSET,ur3=SET)
myModel.DisplacementBC(name='BC_R3',createStepName='Initial',region=myAssembly.sets['tunnelBC
_R3'],u1=SET,u2=UNSET,ur3=SET)
myModel.DisplacementBC(name='BC_R4',createStepName='Initial',region=myAssembly.sets['tunnelBC
```

```
_ R4 '],u1 = SET,u2 = UNSET,ur3 = SET)
#BC_B
myAssembly.Set(edges = myInstance_G.edges[8:9],name = 'tunnelBC_B')
myModel.DisplacementBC (name = 'BC_B', createStepName = 'Initial', region = myAssembly.sets
['tunnelBC_B' ],u1 = SET,u2 = SET,ur3 = SET)
#Load(Gravity)
myModel.Gravity(comp1 = 0.0,comp2 = 9.8,createStepName = 'Geo',distributionType = UNIFORM, name =
'Gravity')
#Mesh    import mesh
myAssembly.setElementType (elemTypes = (ElemType (elemCode = CPE4R, elemLibrary = STANDARD,
secondOrderAccuracy = OFF, hourglassControl = DEFAULT, distortionControl = DEFAULT), ElemType
(elemCode = CPE3,elemLibrary = STANDARD)),regions = (myInstance_G.faces,))
myAssembly.DatumPlaneByPrincipalPlane(offset = -15.0, principalPlane = YZPLANE)
myAssembly.DatumPlaneByPrincipalPlane(offset = 15.0, principalPlane = YZPLANE)
myAssembly.DatumPlaneByPrincipalPlane(offset = -8.0, principalPlane = XZPLANE)
myAssembly.PartitionFaceByDatumPlane (datumPlane = myAssembly.datums[16], faces = myAssembly.
instances['GroundInstance'].faces)
myAssembly.PartitionFaceByDatumPlane (datumPlane = myAssembly.datums[17], faces = myAssembly.
instances['GroundInstance'].faces)
myAssembly.PartitionFaceByDatumPlane (datumPlane = myAssembly.datums[18], faces = myAssembly.
instances['GroundInstance'].faces)
myAssembly.PartitionFaceByShortestPath(faces = myInstance_G.faces.findAt(((0.0, -7.0,0.0),),),
point1 = myInstance_G.vertices[5], point2 = myInstance_G.InterestingPoint(myInstance_G.edges[19],
CENTER))

myAssembly.PartitionFaceByShortestPath(faces = myInstance_G.faces.findAt(((0.0, -7.0,0.0),),),
point1 = myInstance_G.vertices[9], point2 = myInstance_G.vertices[6])
myAssembly.PartitionFaceByShortestPath(faces = myInstance_G.faces.findAt(((0.0, -7.0,0.0),),),
point1 = myInstance_G.vertices[13], point2 = myInstance_G.vertices[18])
myAssembly.PartitionFaceByShortestPath(faces = myInstance_G.faces.findAt(((0.0, -7.0,0.0),),),
point1 = myInstance_G.InterestingPoint (myInstance_G.edges[20], CENTER), point2 = myInstance_G.
vertices[9])
myAssembly.setMeshControls (regions = myInstance_G.faces.findAt (((0.0, -45.0, 0.0),),),
technique = STRUCTURED)    myAssembly.seedPartInstance(deviationFactor = 0.1,minSizeFactor = 0.1,
regions = (myInstance_G,),size = 2)
myAssembly.generateMesh(regions = (myInstance_G,))
myAssembly.seedPartInstance(deviationFactor = 0.1,minSizeFactor = 0.1,regions = (myInstance_T,),
size = 1)
myAssembly.generateMesh(regions = (myInstance_T,))
#Odb Nodeset
origin1 = (0.,8.65,1.)
```

```
origin2 = (0.,8.65, - 1.)
radius = 0.01
myAssembly.Set(name = 'TOP NODE', nodes = myInstance_G.nodes.getByBoundingCylinder (origin1,
origin2, radius))
```

（程序代码由巩一凡编写）

2. 调用程序

```
tunnel_Optimization.py:
from abaqus import * from abaqusConstants import *
from tunnel_Function import createTunnel
import odbAccess import visualization import sys, os.path from xlwt import Workbook from math
import *

path = os.path.abspath('') w = Workbook()
#float·list thick = [i/20.0 for i in range(4,12)] length = [j/2. for j in range(4,12)] Radius = [k/
200.0 for k in range(3,9)] uy = [] job = [] stress = [] strain = [] energe = [] total_energe = [] for
thickness in thick:
for n in range(18,19,2):
for l in length:
for R in Radius:
createTunnel(thickness,n,l,R)
try:
jobName = "Tunnel - %03d - %02d - %04d - %04d" %(1000 * thickness,n,l * 1000,R * 1000)
myJob = mdb.Job(name = jobName,model = 'Mountain Tunnel')
myJob.submit()
myJob.waitForCompletion()
print 'finish'
#odb uy
odb = visualization.openOdb(path = jobName + '.odb')
topNode = odb.rootAssembly.nodeSets['TOP NODE']
u = odb.steps['tunnelLoad'].frames[-1].fieldOutputs['U']
u1 = u.getSubset(region = topNode)
deflection = u1.values[0].data[1]
job.append(jobName)

uy.append(float(deflection))
#odb strain
LiningElem = odb.rootAssembly.instances['TUNNELINSTANCE'].elementSets['LINING']
for k in range(len(LiningElem.elements)):
e = odb.steps['tunnelLoad'].frames[-1].fieldOutputs['E']
e1 = e.getSubset(region = LiningElem.elements[k])
```

```
strain = e1.values[0].data[0]
#odb stress
s = odb.steps['tunnelLoad'].frames[-1].fieldOutputs['S']
s1 = s.getSubset(region=LiningElem.elements[k])
stress=s1.values[0].data[0]
#energe
energe.append(float(0.5*abs(strain)*sqrt(0.5*abs(stress))))
total_energe.append(sum(energe))
except BaseException, e:
job.append(jobName)
uy.append(0)
total_energe.append(0) #uy xls write ws_u=w.add_sheet('uy') for i in range(len(job)):
ws_u.write(i,0,job[i])
ws_u.write(i,1,uy[i]) ws_e=w.add_sheet('total_energe') for i in range(len(job)):
ws_e.write(i,0,job[i])
ws_e.write(i,1,total_energe[i]) localPath=os.path.join(path,'data.xls') w.save(localPath)
```

3. 神经网络

```
%读取数据,读取之前必须先加入到 matlab 中去

xlsfile='samples.xlsx';    %组织训练数据的输入和输出,输入是 3712 个 4 维数据,输出是 3712 个 1 维数据
[input1]=xlsread(xlsfile,1,'B2:E3713');
[output1]=xlsread(xlsfile,1,'A2:A3713');
%测试数据的输入是 200 个 4 维输入和 200 个 1 维输出
[input2]=xlsread(xlsfile,1,'B3714:E3913'); [output2]=xlsread(xlsfile,1,'A3714:A3913');
%训练数据的归一化,输入的数据样本是一行是一个,归一化的时候是所有样本中
%度点的数据归一化,matlab 归一化行,因此要转置一下 inputs 是归一化后的记录
%参数,为了保持一致性,我们后面还要对测试样本进行同条件的归一化以及反归一化的复原操作
[inputn,inputps]=mapminmax(input1');
[outputn,outputps]=mapminmax(output1');
%创建 BP 神经网络,把列出优化的参数都给列 global net net=newff(inputn,outputn,8);%8 个隐含层
net.trainParam.epochs=1000;%迭代次数为 1000 次
net.trainParam.lr=0.1;%学习速率为 0.1
net.trainParam.goal=0.00001%目标误差
%训练神经网络
net=train(net,inputn,outputn);
%测试输入数据归一化
inputn_test=mapminmax('apply',input2',inputps);
%仿真
an=sim(net,inputn_test);
```

```
%对仿真输出值进行反归一化操作
BPoutput = mapminmax('reverse',an,outputps);
%画出实际输出和预测输出的图像,画在同一个框中
figure(1)
plot(BPoutput,':og')
hold on
plot(output2,'-*');
%计算误差率
error = BPoutput - output2'; mean(abs((error)./BPoutput))
max(abs((error)./BPoutput)) save My_net net   %保存训练好的神经网络
```

（程序由逯兴邦编写）

4. 遗传算法

```
主程序 clear all; clc;
%fid = fopen('log.txt','W');
%遗传算法演示程序 1%初始化种群数量 PopSize = 1000; LastMax = 0; NowMax = 1; Generation = 1; n = 500;
%繁衍代数 %变异率 MutationRat = 0.2; %杂交率 CrossOverRat = 0.4; %1、计算所需二进制位数,将表现型转化为基因型,上下限及精度
m1 = RequiredStringLength(200,550,1);
m2 = RequiredStringLength(12,30,0.1);
m3 = RequiredStringLength(2500,5500,10);
m4 = RequiredStringLength (15,40,0.1);
m = m1 + m2 + m3 + m4; %1、初始化种群 Genies = ''; for i = 1:PopSize;
Genies(i,:) = DeInStringBlank(RandBinStr(m)); end % while NowMax - LastMax > 1e-7 writerObj = VideoWriter('GAOP.avi'); open(writerObj); h = animatedline; xlabel('种群代数','FontSize',14); ylabel('代价 F','FontSize',14); title('搜索最小代价 Fmin','FontSize',14); while Generation < n

Generation = Generation + 1;
%模拟杂交
for i = 1:PopSize;
WhetherCrossOver = CloseRand(0,1,1,1);
if WhetherCrossOver < CrossOverRat
CrossOverMan = fix(CloseRand(1,PopSize,1,1));
CrossOverWoman = fix(CloseRand(1,PopSize,1,1));
CrossBegin = fix(CloseRand(1,m,1,1));
[Genies (CrossOverMan,:), Genies (CrossOverWoman,:)] = CrossOver (Genies (CrossOverMan,:), Genies (CrossOverWoman,:),CrossBegin);
end
%模拟变异
MutationChoose = CloseRand(0,1,1,1);
```

```
if MutationChoose< = MutationRat
MutationCount = fix(CloseRand(1,m,1,1));
Genies(i,:) = Mutation(Genies(i,:),MutationCount);
end
end
%2、二进制解码
BinX1 = Genies(:,1:m1);
BinX2 = Genies(:,m1 + 1:m1 + m2);
BinX3 = Genies(:,m1 + m2 + 1:m1 + m2 + m3);
BinX4 = Genies(:,m1 + m2 + m3 + 1:m);
DecX1 = []; DecX2 = []; DecX3 = []; DecX4 = []; X1 = []; X2 = []; X3 = []; X4 = [];
for i = 1:PopSize;
[DecX1(i,:),X1(i,:)] = GADecode(BinX1(i,:),200,550); [DecX2(i,:),X2(i,:)] = GADecode(BinX2(i,:),
12,30);

[DecX3(i,:),X3(i,:)] = GADecode(BinX3(i,:),2500,5500); [DecX4(i,:),X4(i,:)] = GADecode(BinX4
(i,:),15,40);
end %3;
计算度量函数
Val = GAAim(DecX1,DecX2,DecX3,DecX4,X1,X2,X3,X4);
[MinVal(Generation,1),MinIndex] = min(Val(:,1)); MinVal(Generation,2:7) = [Val(MinIndex,2),Val
(MinIndex,3),X1(MinIndex),X2(MinIndex),X3(MinIndex), X4(MinIndex)];
%fprintf(1,'ID = %d,x1 = %s,x2 = %s,fun = %e 。
\n',Generation,BinX1(MaxIndex,:),
BinX2(MaxIndex,:),MaxVal);
%fprintf(1,'ID = %d,fun = %e。\n',Generation,MaxVal)
fprintf(1,'ID = %d,F = %e\tw = %e\tz = %e\tt = %e\tn = %e\tl = %e\tr = %e.\n',Generation,
MinVal(Generation,1:7));
addpoints(h,Generation,MinVal(Generation,1));
drawnow limitrate %画图,输出视频 frame = getframe(gcf); writeVideo(writerObj,frame);
%4、轮盘赌选择
%4.1、计算 total fitness TF = sum(0.5 - Val(:,1));
%4.2、计算各基因链轮盘赌可能性 p = (0.5 - Val(:,1))/TF;
%4.4、生成随机数
%4.5、轮盘赌选择 NewGenies = ''; for i = 1:PopSize;
%4.3、计算累计轮盘赌可能性
q = cumsum(p);
Choose = CloseRand(0,1,1,1);
index = find(q>= Choose);
NewGenies(i,:) = Genies(index(1),:);
end Genies = NewGenies;
```

```
end % plot(1:1:10,MinVal);
MinVal(1,:) = [];
[MinFVal,Index] = min(MinVal(:,1));

fprintf(1,'MinFID = %d,F = %e\tw = %e\tz = %e\tt = %e\tn = %e\tl = %e\tr = %e.\n',Index + 1,
MinVal(Index,:));
hold on;
plot(Index + 1,MinVal(Index,1),'or');
str1 = {['MinFID = ',num2str(Index + 1),' 代 F = ',num2str(MinVal(Index,1)),' w = ',num2str(MinVal
(Index,2)),'mm  z = ',num2str(MinVal(Index,3)),'万元;'], ['t = ',num2str(MinVal(Index,4)),'mm n
= ',num2str(MinVal(Index,5)),'  l = ',num2str(MinVal(Index,6)),'mm  r = ',num2str(MinVal (Index,
7)),'mm']};
text(3,0.34,str1,'FontSize',13);
frame = getframe(gcf);
writeVideo(writerObj,frame);
close(writerObj);
% fclose(fid);
```

（程序由张永来编写）

附录 B

1. 基于 ANSYS 的偏压连拱隧道衬砌优化命令流

```
/filname,twin_tunnel2d
/TITLE,optimization of a twin tunnel under asymmetrical load
/NOPR                                   ! 菜单过滤
keyw,pr_set,1                           ! 保留结构分析功能
keyw,pr_struc,1
*set,t1,1.2                       ! thickness of the left tunnel lining
*set,t2,1.0                       ! thickness of the middle tunnel lining
*set,t3,1.3                       ! thickness of the right tunnel lining
vtot=34.8852*(t1+t3)+15.372*t2                    ! objective function
/prep7
et,1,plane42
keyopt,1,3,2                        ! 设置为平面应变
et,2,beam3
R,1,t1,(t1**3)/12,t1,,,,              ! 左隧道初期支护
R,2,t2,(t2**3)/12,t2,,,,              ! 中导洞初期支护
R,3,t3,(t3**3)/12,t3,,,,              ! 右隧道初期支护
mp,ex,1,1.700e9                    ! 隧道边界以外围岩参数(五级)
mp,prxy,1,0.4
mp,dens,1,1850
tb,dp,1
tbdata,1,1.5e5,27
mp,ex,2,1.7001e9                  ! 中墙处围岩
mp,prxy,2,0.4
mp,dens,2,1850
tb,dp,2
tbdata,1,1.5e5,27
mp,ex,3,1.701e9                    ! 左洞上台阶围岩材料
mp,prxy,3,0.4
mp,dens,3,1850
tb,dp,3
```

```
tbdata,1,1.5e5,27
mp,ex,4,1.702e9                    ! 左洞下台阶围岩材料
mp,prxy,4,0.4
mp,dens,4,1850
tb,dp,4
tbdata,1,1.5e5,27
mp,ex,5,1.703e9                    ! 左洞中墙与中导洞开挖部分围岩材料
mp,prxy,5,0.4
mp,dens,5,1850
tb,dp,5
tbdata,1,1.5e5,27
mp,ex,6,1.704e9                    ! 右洞上台阶围岩材料
mp,prxy,6,0.4
mp,dens,6,1850
tb,dp,6
tbdata,1,1.5e5,27
mp,ex,7,1.705e9                    ! 右洞下台阶围岩材料
mp,prxy,7,0.4
mp,dens,7,1850
tb,dp,7
tbdata,1,1.5e5,27
mp,ex,8,1.706e9                    ! 右洞中墙与中导洞开挖部分围岩材料
mp,prxy,8,0.4
mp,dens,8,1850
tb,dp,8
tbdata,1,1.5e5,27
mp,ex,9,30.01e9                    ! 中导洞初期支护(中部)一直存在
mp,prxy,9,0.2
mp,dens,9,2500
mp,ex,10,30.02e9              ! 中导洞初期支护(左上部)在开挖左上洞时被挖掉
mp,prxy,10,0.2
mp,dens,10,2500
mp,ex,11,30.03e9            ! 中导洞初期支护(左下部)在开挖左下洞时被挖掉
mp,prxy,11,0.2
mp,dens,11,2500
mp,ex,12,30.04e9              ! 中导洞初期支护(右上部)在开挖右上洞时被挖掉
mp,prxy,12,0.2
mp,dens,12,2500
mp,ex,13,30.05e9            ! 中导洞初期支护(右下部)在开挖右下洞时被挖掉
mp,prxy,13,0.2
mp,dens,13,2500
```

```
mp,ex,14,30.06e9          ! 左洞初期支护(上部)
mp,prxy,14,0.2
mp,dens,14,2500
mp,ex,15,30.07e9          ! 左洞初期支护(下)部
mp,prxy,15,0.2
mp,dens,15,2500
mp,ex,16,30.08e9          ! 右洞初期支护(上部)
mp,prxy,16,0.2
mp,dens,16,2500
mp,ex,17,30.09e9          ! 右洞初期支护(下)部
mp,prxy,17,0.2
mp,dens,17,2500
mp,ex,18,30.10e9          ! 中墙 C25 混凝土
mp,prxy,18,0.2
mp,dens,18,2500
save                      ! 建立模型
k,1,-6.575
k,2,-8.535
k,3,-4.615
k,4,-6.575,12.0905
circle,1,6.03,,,180
circle,2,7.99
circle,3,7.99
circle,4,15.06
ldele,3,5,1,1
ldele,7,8,1,1
ldele,10,12,1,1
lcsl,all
ldele,5,7,2,1
ldele,8,10,2,1
ldele,15,16,1,1
nummrg,all,,,,low
numcmp,all
k,11,0,1.444
circle,11,2.45,,,180
k,15,-2.45,-2.425
l,14,15
lcsl,all
ldele,17,,,1
k,18,0,-2.3936
l,17,18
```

```
ldele,7,,,1
k,19,-0.912,-2.425
larc,8,19,17,7.99
lcsl,all
ldele,12,17,5,1
nummrg,all,,,,low
numcmp,all
lsymm,x,all
nummrg,all,,,,low
numcmp,all
k,28,-50,-39.57
k,29,50,-39.57
k,30,50,60.43
k,31,-50,0
l,28,29
l,29,30
l,30,31
l,28,31
al,27,28,29,30
asbl,1,all
numcmp,all                                ！切分平面
wprota,,,90
asbw,all
wpoff,,,-6.575
asbw,all
wpoff,,,-8.5
asbw,all
wpcsys
wprota,,,90
wpoff,,,6.575
asbw,all
wpoff,,,8.5
asbw,all
wpcsys
wprota,,90
asbw,all
wpoff,,,-8.5
asbw,all
wpoff,,,16
asbw,all
wpcsys
```

```
lcomb,12,62
lcomb,25,68
lcomb,2,5
lcomb,15,18
kwpave,16
wprota,,,90
asel,s,,,19,44,25
asbw,all
allsel
kwpave,25
asel,s,,,31,46,15
asbw,all
wpcsys                                    ! 划分网格
allsel
lsel,s,,,30,39,9
lsel,a,,,68,72,4
lesize,all,,,18
lsel,s,,,45,53,8
lsel,a,,,94
lsel,a,,,97,101,1
lesize,all,,,9
lsel,s,,,2,3,1
lsel,a,,,5,7,2
lsel,a,,,11,20,9
lsel,a,,,24,40,16
lsel,a,,,15,16,1
lsel,a,,,38,44,6
lsel,a,,,46,58,6
lsel,a,,,59,66,7
lsel,a,,,63,65,2
lsel,a,,,77,79,2
lsel,a,,,69,78,9
lsel,a,,,80,81,1
lsel,a,,,83,89,1
lsel,a,,,90,91,1
lsel,a,,,102,104,1
lesize,all,,,6
lsel,inve
lsel,u,,,30,39,9
lsel,u,,,68,72,4
lsel,u,,,45,53,8
```

```
lsel,u,,,94
lsel,u,,,97,101,1
lesize,all,,,12
allsel
/replot
lsel,s,line,,11,24,13
type,2
mat,9
real,2
lmesh,all
lsel,s,line,,12
type,2
mat,10
real,2
lmesh,all
lsel,s,line,,63
type,2
mat,11
real,2
lmesh,all
lsel,s,line,,25
type,2
mat,12
real,2
lmesh,all
lsel,s,line,,69
type,2
mat,13
real,2
lmesh,all
lsel,s,line,,1,9,8
lsel,a,line,,8
type,2
mat,14
real,1
lmesh,all
lsel,s,line,,2,4,1
lsel,a,line,,6,10,4
type,2
mat,15
real,1
```

```
lmesh,all
lsel,s,line,,21,22,1
lsel,a,line,,14
type,2
mat,16
real,3
lmesh,all
lsel,s,line,,15,17,1
lsel,a,line,,19,23,4
type,2
mat,17
real,3
lmesh,all
save
allsel
asel,s,,,21,25,4
asel,a,,,33,37,4
type,1
mat,2
mshape,0,2D
mshkey,1
amesh,all
asel,s,area,,17,34,17
type,1
mat,3
mshape,0,2D
mshkey,1
amesh,all
asel,s,area,,20,23,3
type,1
mat,4
mshape,0,2D
mshkey,1
amesh,all
asel,s,area,,22,32,10
type,1
mat,5
mshape,0,2D
mshkey,1
amesh,all
asel,s,area,,18,38,20
```

```
type,1
mat,6
mshape,0,2D
mshkey,1
amesh,all
asel,s,area,,24,27,3
type,1
mat,7
mshape,0,2D
mshkey,1
amesh,all
asel,s,area,,26,36,10
type,1
mat,8
mshape,0,2D
mshkey,1
amesh,all
allsel
lsel,s,line,,3,4,1
lccat,all
lsel,s,line,,94,99,5
lccat,all
lsel,s,line,,16,17,1
lccat,all
lsel,s,line,,97,101,4
lccat,all
lsel,s,line,,81,86,5
lccat,all
lsel,s,line,,84,88,4
lccat,all
lsel,s,line,,80,90,10
lccat,all
lsel,s,line,,83,90,7
lccat,all
lsel,s,line,,6,7,1
lccat,all
lsel,s,line,,19,20,1
lccat,all
asel,s,,,1,16,1
asel,a,,,19,35,16
asel,a,,,28,30,1
```

```
asel,a,,,39,45,1
type,1
mat,1
mshape,0,2D
mshkey,1
amesh,all
lsel,s,lcca
ldele,all
allsel
save
/solu
antype,static
lsel,s,loc,x,-50
lsel,a,loc,x,50
nsll,s
d,all,ux,0
allsel
lsel,s,loc,y,-39.57
nsll,s
d,all,uy,0
allsel
acel,,9.8
save
deltim,0.05,0.01,0.1
autots,on
pred,on
lnsrch,on
nlgeom,on
nropt,full
cnvtol,f,,0.02,2,0.5
save
time,1                          ! 自重应力计算
esel,s,type,,2
ekill,all
esel,all
esel,s,live
nsle,s
nsel,invert
d,all,all
allsel
solve
```

```
save
time,2                              ! 开挖中导洞及施加衬砌,施筑中墙
esel,s,mat,,5,8,3
ekill,all
esel,s,mat,,2
mpchg,18,all
esel,s,mat,,9,13,1
ealive,all
nsle,s
ddele,all,all
esel,all
esel,s,live
nsle,s
nsel,invert
d,all,all
save
allsel
solve
time,3                                    ! 全断面开挖左洞
esel,s,mat,,3,4,1
esel,a,mat,,10,11,1
ekill,all
esel,s,mat,,14,15,1
ealive,all
nsle,s
ddele,all,all
esel,all
esel,s,live
nsle,s
nsel,invert
d,all,all
allsel
solve
save
time,4                                    ! 全断面开挖右洞
esel,s,mat,,6,7,1
esel,a,mat,,12,13,1
ekill,all
esel,s,mat,,16,17,1
ealive,all
nsle,s
```

```
ddele,all,all
esel,all
esel,s,live
nsle,s
nsel,invert
d,all,all
allsel
solve
save
/post1
set,last
esel,s,mat,,18                    ! 得到中墙最大等效应力
nsle,s
nsort,s,eqv
*get,s86,sort,,max
esel,s,mat,,14,15,1               ! 左洞衬砌最大应力
etable,lcom,nmisc,2
*get,L_smax,elem,97,etab,lcom
esel,s,mat,,9                     ! 中洞衬砌最大应力
etable,mcom,nmisc,2
*get,M_smax,elem,12,etab,mcom
esel,s,mat,,16,17,1               ! 右洞衬砌最大应力
etable,rcom,nmisc,2
*get,R_smax,elem,181,etab,rcom
allsel
*get,ux51,ux,51
*get,ux63,ux,63
*get,ux133,ux,133
*get,ux145,ux,145
*get,uy50,uy,50
*get,uy98,uy,98
*get,uy132,uy,132
*get,uy180,uy,180
L_ux = abs(ux51 - ux63)           ! 左洞水平收敛
L_uy = abs(uy50 - uy98)           ! 左洞竖向收敛
R_ux = abs(ux133 - ux145)         ! 右洞水平收敛
R_uy = abs(uy132 - uy180)         ! 右洞竖向收敛
esel,s,type,,2
/eshape,2                         ! 以实体单元模式显示杆单元
/view,1,1,1,1                     ! 显示轴测图
eplot
```

```
finish
！此处需写入ANSYS对应的工作空间位置
LGWRITE,'tunnel','lgw','C:\USERS\LONGGANGTIAN\',COMMENT
/input,'tunnel','lgw'
/opt                                  ！进入优化处理模块
opanl,'tunnel','lgw'                  ！指定分析文件(批处理模式中不用该命令)
！以下为定义设计变量
opvar,t1,dv,0.3,1.2
opvar,t2,dv,0.1,0.5
opvar,t3,dv,0.4,1.3
！以下定义状态变量
opvar,s86,sv,,1.2583e7
opvar,L_smax,sv,-1.19e7,1.27e6
opvar,M_smax,sv,-1.19e7,1.27e6
opvar,R_smax,sv,-1.19e7,1.27e6
opvar,L_ux,sv,,0.072
opvar,L_uy,sv,,0.072
opvar,R_ux,sv,,0.072
opvar,R_uy,sv,,0.072
opvar,vtot,obj,,,2                         ！定义目标函数
！优化计算控制选项
opdata,,,
oploop,prep,proc,all
opprnt,on
opkeep,on
optype,first                          ！定义优化方法为一阶方法
opfrst,45                             ！最大迭代次数为45
opexe                                 ！开始优化分析
！绘制重量-迭代次数函数曲线
/axlab,x,interation number
/axlab,y,structure weight
plvaropt,vtot
！绘制状态变量t1,t2,t3-迭代次数函数曲线
/axlab,y,basic dimention
plvaropt,t1,t2,t3
！最大应力-迭代次数函数曲线
/axlab,y,max stress
plvaropt,s86,L_smax,M_smax,R_smax
！收敛位移-迭代次数函数曲线
/axlab,y,displacement
plvaropt,L_ux,R_ux,L_uy,R_uy
```

（程序由田龙岗编写）

2. 可靠度分析的 MATLAB 代码

（1）基于安全系数的优化算法

```
function main              % 计算主程序
clear
clc
format long
global xx
global x
gendata
FORM
```

```
=====================================================================================
global xx
global x
xx = [ - 1.0098E + 01   - 4.3697E + 01   - 1.6671E + 01   1.3160E + 01   4.4690E + 00   1.3315E + 00
5.4739E + 00   4.8671E + 00   - 3.1940E + 01   1.6067E + 00   - 1.8386E + 01   3.6008E + 01
- 1.2970E + 00   2.7740E + 00   - 5.5151E + 00   - 7.8078E - 02   1.7096E + 02   - 2.2550E + 00
4.0322E + 01   - 7.0191E + 01   2.1934E + 00   - 5.1550E + 00   1.0452E + 01   - 9.5237E - 01
- 1.8194E + 02   1.4333E + 00   - 3.3442E + 01   4.4642E + 01   - 1.7000E + 00   3.6750E + 00
- 7.8833E + 00   8.2500E - 01   - 1.9795E + 00   9.5711E - 01   - 9.3259E + 01   3.0957E + 00
- 4.6111E - 01   1.1704E - 01   1.4392E - 01   - 4.4786E - 02   4.2117E + 00   - 4.3907E + 00
5.4512E + 02   - 2.0692E + 01   1.5969E + 00   3.8531E - 01   8.8271E - 01   1.2405E - 01   1.5333E +
00   6.4667E + 00   - 8.3440E + 02   4.1667E + 01   - 2.2667E + 00   - 8.6667E - 01   - 1.6000E + 00
- 3.3333E - 01   - 2.7918E + 00   5.8890E + 01   - 1.8204E + 00   - 1.0272E + 01   - 4.1370E + 00
5.0086E - 01   4.1255E + 00   - 7.8274E - 01   1.7570E + 00   - 4.4466E + 01   9.0969E - 01   1.1464E +
01   4.0910E + 00   - 2.3955E - 01   - 3.0314E + 00   5.7895E - 01   - 1.8333E - 01   1.2525E + 01
2.4986E - 11   - 4.3000E + 00   - 1.4000E + 00   2.5000E - 02   6.7500E - 01   - 1.6667E - 01
9.8255E + 00   1.5747E + 01   3.3963E + 01   - 3.2831E + 01   - 1.5965E + 00   - 2.6738E + 00
- 3.9273E + 00   2.8801E - 01   - 2.5937E + 00   - 6.8917E + 00   - 1.3657E + 01   1.6542E + 01
6.5880E - 01   1.0168E + 00   1.3536E + 00   - 1.1792E + 00   3.1379E - 01   1.1805E + 00   2.1067E +
00   - 2.9751E + 00   - 1.0686E - 01   - 1.4078E - 01 - 1.7980E - 01   3.2567E - 01   - 4.9342E + 00
- 6.8033E + 00   4.9183E + 00   - 8.8454E + 00   1.2769E + 00   9.4442E - 01   1.4620E + 00
- 1.0629E + 00   2.9744E + 00   4.5082E + 00   - 3.8380E + 00   5.8861E + 00   - 9.1511E - 01
- 7.3144E - 01   - 1.1788E + 00   6.4254E - 01   - 5.5802E - 01   - 9.8025E - 01   9.2593E - 01
- 1.2420E + 00   2.0988E - 01   1.7284E - 012.8395E - 01   - 1.3580E - 01   1.6176E - 01   2.9863E -
01   - 1.7923E - 01   5.1418E - 01   - 4.9857E - 02   - 7.1389E - 02   - 1.0747E - 01   - 6.3094E -
02   - 4.7930E - 03   - 1.0131E - 02   1.9495E - 03   - 1.5120E - 02   1.2339E - 03   1.5321E - 03
2.2381E - 03   1.4022E - 03   5.4616E - 05   1.1558E - 04   1.7782E - 05   1.5792E - 04   - 9.7377E -
06   - 9.3143E - 06   - 1.2701E - 05   - 9.3143E - 06   - 5.7635E - 01   - 3.9118E - 01   - 6.2618E -
01   1.3895E + 00   - 2.7503E - 02   6.1862E - 02   - 5.6203E - 03   8.2152E - 03   8.3026E - 03
6.6565E - 03   7.7010E - 03   - 4.0670E - 02   3.5667E - 04   - 1.0665E - 03   1.7330E - 04
```

```
-5.0312E-04   -4.8457E-05   -5.6790E-05   -6.2037E-05   4.3951E-04   -1.5432E-06
6.7901E-06   -3.0864E-06   6.1728E-06];                    %系数矩阵
    x=[1.7 1.5 27 30];
=====================================================================================
    function FORM
    global xx
    global x
    y0=[0.3 0.1 0.4]
    options=optimset('LargeScale', 'off','Display','iter','TolFun',1e-8,'MaxIter',1e2,'
MaxFunEvals',1e7,'TolX',1e-8,'TolCon',1e-8);
    [DP,C] = fmincon('objFORM',y0,[],[],[],[],[],[],'conFORM',options);
    [Ineq_con,Eq_con]=conFORM(y0);
    DP
    C
=====================================================================================
    function C=objFORM(y)
    C=getCost(y);
=====================================================================================
    function Cost=getCost(t)
    Cost=34.8852*t(1)+15.372*t(2)+34.8852*t(3);
=====================================================================================
    function [Ineq_con,Eq_con]=conFORM(y)
    global xx
    global x
    Fs=getFs(y);
    for i=1:8
        aa(i)=1.3-Fs(i);
    end
    aa(9)=0.3-y(1);
    aa(10)=y(1)-1.2;
    aa(11)=0.1-y(2);
    aa(12)=y(2)-0.3;
    aa(13)=0.4-y(3);
    aa(14)=y(3)-1.3;
    Ineq_con=aa;
    Eq_con=[];
=====================================================================================
    function [Fs]=getFs(t)
    global xx
    global x
    aaA=[t x];
```

```
Aa(1,1) = 1.0;
m = length(aaA)
for j = 1:m
    Aa(1,(3 * j - 1):(3 * j + 1)) = [aaA(j),aaA(j)^2,aaA(j)^3];
end
Bb = Aa * xx;
n = length(Bb);
Fs(1,1) = 11.9/abs(Bb(1))
Fs(1,2) = 11.9/abs(Bb(2))
Fs(1,3) = 11.9/abs(Bb(3))
Fs(1,4) = 12.583/abs(Bb(4))
Fs(1,5) = 72/abs(Bb(5))
Fs(1,6) = 72/abs(Bb(6))
Fs(1,7) = 72/abs(Bb(7))
Fs(1,8) = 72/abs(Bb(8))
```

(2) 安全系数对基本参数的敏感性分析

```
function mainPf
clear
clc
format long
global xx r
global xmean xcov xsd xxxcov
global t ti
gendata
nnn = length(xxxcov);
ijkl = 1;
for i = 1:nnn
    for j = 1:nnn
        for ij = 1:nnn
            for ijk = 1:nnn
                xcov = [xxxcov(i),xxxcov(j),xxxcov(ij), xxxcov(ijk)];
                xsd = xmean. * xcov;
                beta = getbeta(t);
                cov(ijkl,:) = xcov;
                betat(ijkl,:) = beta;
                for ni = 1:8
                    pf(1,ni) = normcdf( - beta(ni));
                end
                pft(ijkl,:) = pf(1,:);
                ijkl = ijkl + 1;
            end
```

```
            end
        end
    end
    Tdata=[cov betat pft];
    xlswrite('pf.xls',Tdata);
```

==

```
    global xx r
    global xmean xcov xsd xxxcov
    global t
xx=[-1.0098E+01  -4.3697E+01  -1.6671E+01  1.3160E+01  4.4690E+00  1.3315E+00
5.4739E+00  4.8671E+00  -3.1940E+01  1.6067E+00  -1.8386E+01  3.6008E+01
-1.2970E+00  2.7740E+00  -5.5151E+00  -7.8078E-02  1.7096E+02  -2.2550E+
004.0322E+01  -7.0191E+01  2.1934E+00  -5.1550E+00  1.0452E+01  -9.5237E-01
-1.8194E+02  1.4333E+00  -3.3442E+01  4.4642E+01  -1.7000E+00  3.6750E+00
-7.8833E+00  8.2500E-01  -1.9795E+00  9.5711E-01  -9.3259E+01  3.0957E+00
-4.6111E-01  1.1704E-01  1.4392E-01  -4.4786E-0  24.2117E+00  -4.3907E+00
5.4512E+02  -2.0692E+01  1.5969E+00  3.8531E-01  8.8271E-01  1.2405E-01  1.5333E+
00  6.4667E+00  -8.3440E+02  4.1667E+01  -2.2667E+00  -8.6667E-01  -1.6000E+00
  -3.3333E-01  -2.7918E+00  5.8890E+01  -1.8204E+00  -1.0272E+01  -4.1370E+00
5.0086E-01  4.1255E+00  -7.8274E-01  1.7570E+00  -4.4466E+01  9.0969E-01  1.1464E+
01  4.0910E+00  -2.3955E-01  -3.0314E+00  5.7895E-01  -1.8333E-01  1.2525E+01
2.4986E-11  -4.3000E+00  -1.4000E+00  2.5000E-02  6.7500E-01  -1.6667E-01
9.8255E+00  1.5747E+01  3.3963E+01  -3.2831E+01  -1.5965E+00  -2.6738E+00
-3.9273E+00  2.8801E-01  -2.5937E+00  -6.8917E+00  -1.3657E+01  1.6542E+01
6.5880E-01  1.0168E+00  1.3536E+00  -1.1792E+00  3.1379E-01  1.1805E+00  2.1067E+
00  -2.9751E+00  -1.0686E-01  -1.4078E-01  -1.7980E-01  3.2567E-01  -4.9342E+
00  -6.8033E+00  4.9183E+00  -8.8454E+00  1.2769E+00  9.4442E-01  1.4620E+00
-1.0629E+00  2.9744E+00  4.5082E+00  -3.8380E+00  5.8861E+00  -9.1511E-01
-7.3144E-01  -1.1788E+00  6.4254E-01  -5.5802E-01  -9.8025E-01  9.2593E-01
-1.2420E+00  2.0988E-01  1.7284E-01  2.8395E-01  -1.3580E-01  1.6176E-01  2.9863E-
01  -1.7923E-01  5.1418E-01  -4.9857E-02  -7.1389E-02  -1.0747E-01  -6.3094E-
02  -4.7930E-03  -1.0131E-02  1.9495E-03  -1.5120E-02  1.2339E-03  1.5321E-03
2.2381E-03  1.4022E-03  5.4616E-05  1.1558E-04  1.7782E-05  1.5792E-04  -9.7377E-
06  -9.3143E-06  -1.2701E-05  -9.3143E-06  -5.7635E-01  -3.9118E-01  -6.2618E-
01  1.3895E+00  -2.7503E-02  6.1862E-02  -5.6203E-03  8.2152E-03  8.3026E-03
6.6565E-03  7.7010E-03  -4.0670E-02  3.5667E-04  -1.0665E-03  1.7330E-04
-5.0312E-04  -4.8457E-05  -5.6790E-05  -6.2037E-05  4.3951E-04  -1.5432E-06
6.7901E-06  -3.0864E-06  6.1728E-06;
    xmean=[1.7 1.5 27 30];
    xcov=[0.1 0.1 0.1 0.1];
    xsd=xmean.*xcov;
```

```
r=[1 0 0 0
   0 1 0 0
   0 0 1 0
   0 0 0 1];
t=[0.3 0.1 0.939];
xxxcov=[0.03,0.06,0.09,0.12,0.15,0.18];
```
==
```
function beta=getbeta(t)
global at
m=8;
for ti=1:m
    at=ti;
    beta(1,ti)=FORMbeta(t);
end
```
==
```
function beta=FORMbeta(t)
global xmean
y0=xmean-xmean;
options=optimset('LargeScale','off','Display','iter','TolFun',1e-3, 'MaxIter',1e2, '
MaxFunEvals', 1e7,'TolX',1e-3,'TolCon',1e-3);
[DP,beta] = fmincon(@objFORM,y0,[],[],[],[],[],[],@conFORM,options);
end
```
==
```
function b=objFORM(y1)
global r
b1=y1*inv(r)*y1';
b=sqrt(b1);
end
```
==
```
function [Ineq_con,Eq_con]=conFORM(y)
global xmean xsd
global x
DistModel='Normal';
switch DistModel
    case 'LogNormal'
        for i=1:length(xmean)
          kexi=sqrt(log(1+(xsd(i)/xmean(i))^2)) ;
          lamda=log(xmean(i))-0.5*kexi^2;
          x(i)=exp(lamda+kexi*y(i));
        end
    case 'Gumbel'
```

```
            for i = 1:length(xmean)
               aerfa = pi/xsd(i)/sqrt(6) ;
               u = xmean(i) - 0.5772/aerfa;
                 x(i) = u - log( - log(normcdf(y(i))))/aerfa;
            end
        case 'Normal'
            x = y.* xsd + xmean;
        otherwise
            disp('Unknown distribution! ')
    end
    Fs = getFs(t,x);
    for i = 1:8
        aa(i) = 1.0 - Fs(i);
    end
    bb = aa(at);
    Ineq_con = [];
    Eq_con = bb;
    end
    end
==========================================================================================
    function Fs = getFs(t,x)
    global xx
    aaA = [t x];
    Aa(1,1) = 1.0;
    m = length(aaA);
    for j = 1:m
         Aa(1,(3 * j - 1):(3 * j + 1)) = [aaA(j),aaA(j)^2,aaA(j)^3];
    end
    Bb = Aa * xx;
    n = length(Bb);
    Fs(1,1) = 11.9/abs(Bb(1));
    Fs(1,2) = 11.9/abs(Bb(2));
    Fs(1,3) = 11.9/abs(Bb(3));
    Fs(1,4) = 12.583/abs(Bb(4));
    Fs(1,5) = 72/abs(Bb(5));
    Fs(1,6) = 72/abs(Bb(6));
    Fs(1,7) = 72/abs(Bb(7));
    Fs(1,8) = 72/abs(Bb(8));
```

（程序由龚文平编写）

附录 C

ANSYS 模型代码

```
l,5,9
l,6,10
l,7,11
l,8,12
l,9,10
l,10,11
l,11,12
lsel,s,,,15,17
latt,1,1,1
lsel,s,,,8,10
latt,1,2,1
lsel,s,,,1,3
latt,1,3,1
lsel,s,,,4,7,3
lsel,a,,,11,14,3
latt,1,4,1
lsel,s,,,5,6
lsel,a,,,12,13
latt,2,5,1
allsel
lesize,all,,,10
lmesh,all
/pnum,elem,1
sfbeam,110,1,pres,42.26,33.54
sfbeam,109,1,pres,50.98,42.26
sfbeam,108,1,pres,63.3,50.98
sfbeam,107,1,pres,75.69,63.3
sfbeam,106,1,pres,88.22,79.46
sfbeam,105,1,pres,96.97,88.22
sfbeam,104,1,pres,105.72,96.97
sfbeam,103,1,pres,114.48,105.72
sfbeam,102,1,pres,123.23,114.48
sfbeam,101,1,pres,131.99,123.23
sfbeam,40,1,pres,142.09,128.62
sfbeam,39,1,pres,155.56,142.09
sfbeam,38,1,pres,169.7,155.56
sfbeam,37,1,pres,183.16,169.7
sfbeam,36,1,pres,210.1,195.29
sfbeam,35,1,pres,224.92,210.1
sfbeam,34,1,pres,239.06,224.92
sfbeam,33,1,pres,253.2,239.06
sfbeam,32,1,pres,268.01,253.2
sfbeam,31,1,pres,282.15,268.01
sfbeam,140,1,pres,-42.26,-33.54
sfbeam,139,1,pres,-50.98,-42.26
sfbeam,138,1,pres,-63.3,-50.98
sfbeam,137,1,pres,-75.69,-63.3
sfbeam,136,1,pres,-88.22,-79.46
sfbeam,135,1,pres,-96.97,-88.22
sfbeam,134,1,pres,-105.72,-96.97
sfbeam,133,1,pres,-114.48,-105.72
sfbeam,132,1,pres,-123.23,-114.48
sfbeam,131,1,pres,-131.99,-123.23
sfbeam,70,1,pres,-142.09,-128.62
sfbeam,69,1,pres,-155.56,-142.09
sfbeam,68,1,pres,-169.7,-155.56
sfbeam,67,1,pres,-183.16,-169.7
sfbeam,66,1,pres,-210.1,-195.29
esel,s,elem,,141,170,1
sfbeam,all,1,pres,47.75,47.75
```

```
esel,s,elem,,71,100,1
sfbeam,all,1,pres,12,12
esel,s,elem,,3,4,1
esel,a,elem,,27,28,1
sfbeam,all,1,pres,30,30
esel,s,elem,,1,30,1
sfbeam,all,1,pres,-163.7,-163.7
allsel
/pnum,elem,0
/pnum,node,1
sfbeam,65,1,pres,-224.92,-210.1
sfbeam,64,1,pres,-239.06,-224.9
sfbeam,63,1,pres,-253.2,-239.06
sfbeam,62,1,pres,-268.01,-253.2
sfbeam,61,1,pres,-282.15,-268
*do,i,3,11
psprng,i,tran,11625,,-1
*enddo
psprng,1,tran,17812.5,,-1
psprng,2,tran,11587.5,,-1
psprng,12,tran,11587.5,,-1
psprng,22,tran,17812.5,,-1
*do,i,23,31
psprng,i,tran,11625,,-1
*enddo
*do,i,13,21
psprng,i,tran,11550,,-1
*enddo
allsel
acel,,9.8
finish
/solu
solve
finish
/post1
pldisp,1
etable,sforce,smisc,1
pretab,sforce
/pnum,elem,1
/pnum,node,0
/prep7
*do,i,171,201
edele,i
ndele,i-5
*enddo
/pnum,elem,0
finish
/solu
solve
finish
/post1
etable,m1,smisc,6
etable,m2,smisc,12
plls,m1,m2,-1
pretab,m1
etable,m3,smisc,2
etable,m4,smisc,8
plls,m3,m4,-1
```

参 考 文 献

[1] 罗林.重力式挡土墙断面设计的优化.岩土工程技术,2005,19(5):262-267.

[2] 曹卫华,郭正.最优化技术方法及MATLAB的实现[M].北京:化学工业出版社,2005.

[3] 赵继俊.优化技术与MATLAB优化工具箱[M].北京:机械工业出版社,2011.

[4] 陈军斌,杨悦.最优化方法[M].北京:中国石化出版社,2011.

[5] 王开荣.最优化方法[M].北京:科学出版社,2012.

[6] 张可村,李焕琴.工程优化方法及其应用[M].西安:西安交通大学出版社,2007.

[7] 李董辉,童小娇,万中.数值最优化算法与理论[M].北京:科学出版社,2010.

[8] 李春明.优化方法[M].南京:东南大学出版社,2009.

[9] 李敏强,寇纪淞,林丹,等.遗传算法的基本理论与应用[M].北京:科学出版社,2002.

[10] 蒋金山,何春雄,潘少华.最优化计算方法[M].广州:华南理工大学出版社,2005.

[11] 夏明耀,曾进伦.地下工程设计施工手册[M].北京:中国建筑工业出版社 2014.

[12] 侯学渊,钱达仁,杨林德.软土工程施工新技术[M].合肥:安徽科学技术出版社,1999.

[13] 赖炎连,贺国平.最优化方法[M].北京:清华大学出版社,2008.

[14] 高立.数值最优化方法[M].北京:北京大学出版社,2014.

[15] 张炳华,侯昶.土建结构优化设计(2版)[M].上海:同济大学出版社,1998.

[16] 马昌凤,柯艺芬,谢亚君.最优化计算方法及其MATLAB程序实现(2版)[M].北京:国防工业出版社,2015.

[17] 吴薇,周春光,梁艳春.智能计算[M].北京:高等教育出版社,2009.

[18] 赵庶旭,党建武,张海振,等.神经网络—理论、技术、方法及应用[M].北京:中国铁道出版社,2013.

[19] 张雨浓,杨逸文,李巍.神经网络权值直接确定法[M].广州:中山大学出版社 . 2010.

[20] 梁旭.现代智能优化混合算法及其应用(2版)[M].北京:电子工业出版社,2014.

[21] 吴剑国,赵丽萍.工程结构优化的神经网络方法[J].计算力学学报,1998. 15(1):69-74.

[22] JTG/TD 70—2010.公路隧道设计细则[M].北京:中华人民共和国交通出版社,2010.

[23] JTG F60—2009.公路隧道施工技术规范[M].中华人民共和国交通出版社,2009.

[24] JTG D70—2004.公路隧道设计规范[M].中华人民共和国交通出版社,2004.

[25] 彭丽敏,刘小兵.隧道工程[M].长沙:中南大学出版社,2009.

[26] 刘国庆,杨庆东.ANSYS工程应用教程[M].北京:铁道出版社,2003.

[27] 谭建国.使用ANSYS进行有限元分析[M].北京:北京大学出版社,2005.

[28] 赵天玉.模拟退火算法及其在组合优化中的应用[J].计算机与现代化,1999.

[29] 吉根林.遗传算法研究综述[J].计算机与现代化,2004.

[30] 齐威.ABAQUS 6.14 超级学习手册[M].北京:人民邮电出版社,2016.

[31] 高跃峰.拓扑优化方法在软弱围岩隧道结构优化中的适用性研究[D].河南理工大学,2014.